建设工程
创新创优实践

——武陟县人民医院门急诊医技综合楼
工程创新创优纪实

张季超　周明军　雷　霆　张栋梁　吴会军
段敬民　皇　民　高梦起　张雪松　高　策

著

U0254191

中国建筑工业出版社

图书在版编目（CIP）数据

建设工程创新创优实践：武陟县人民医院门急诊医
技综合楼工程创新创优纪实 / 张季超等著 . —北京：
中国建筑工业出版社，2023.12
  ISBN 978-7-112-29409-1

Ⅰ.①建… Ⅱ.①张… Ⅲ.①医院—建筑工程—工程
管理—武陟县 Ⅳ.①TU246.1

中国国家版本馆 CIP 数据核字（2023）第 241435 号

本书着重阐述武陟县人民医院门急诊医技综合楼及地下停车场工程争创鲁班奖的创新
实践，为类似创优工程申请建筑工程优质工程奖及鲁班奖提供了实践经验。对广大建筑业
企业深入开展创精品活动，保障工程质量与安全生产具有重要的学习借鉴和推广应用价值。
　　本书内容包括鲁班奖工程创新创优实践、武陟县人民医院工程设计概况、工程质量控
制、武陟县人民医院工程专项施工技术、工程创新创优、关键技术创新及应用。
　　本书可供从事土木工程领域的专业技术人员及研究人员使用，也可作为申报建筑工程
优质工程奖、中国建设工程鲁班奖的参考书。

责任编辑：毕凤鸣
责任校对：赵　力

建设工程创新创优实践——武陟县人民医院门急诊医技综合楼工程创新创优纪实
张季超　周明军　雷　霆　张栋梁　吴会军　段敬民　皇　民　高梦起　张雪松　高　策　著
*
中国建筑工业出版社出版、发行（北京海淀三里河路 9 号）
各地新华书店、建筑书店经销
华之逸品书装设计制版
北京云浩印刷有限责任公司印刷
*
开本：787 毫米×1092 毫米　1/16　印张：21½　字数：405 千字
2024 年 11 月第一版　　2024 年 11 月第一次印刷
定价：**65.00** 元
ISBN 978-7-112-29409-1
（42103）

版权所有　翻印必究
如有内容及印装质量问题，请与本社读者服务中心联系
电话：（010）58337283　　QQ：2885381756
（地址：北京海淀三里河路 9 号中国建筑工业出版社 604 室　邮政编码：100037）

前言

　　鲁班奖是中国建设工程质量最高奖，争创鲁班奖的工程质量要求高且应满足安全、适用、美观等多方面要求，是一次成优、采用先进施工技术、具有细部亮点的工程。以争创鲁班奖为目标的创优工程需积极采用建筑新技术、新工艺，创新工程亮点，提高工程质量。鲁班奖的设立与评选工作，带动了建筑行业整体质量管理水平的全面、全方位提高。本书结合武陟县人民医院门急诊医技综合楼工程创新创优纪实，为创优工程申请鲁班奖提供了实践经验。

　　本书在编写过程中，认真总结、系统梳理了武陟县人民医院工程的创优经验，对工程中独特的、创新的、具有实效的做法进行了总结提炼。本书来源于实际工程施工，全书共分6章，主要内容包括鲁班奖工程创新创优实践、武陟县人民医院工程设计概况、武陟县人民医院工程质量控制、武陟县人民医院工程专项施工技术、武陟县人民医院工程创新创优、关键技术创新及应用。本书以文字为主，图文并茂，内容丰富，概念清晰，叙述简明扼要。本书可供从事土木工程领域的专业技术人员及研究人员使用，也可作为申报建筑工程优质工程奖、中国建设工程鲁班奖的参考资料。

　　本书由广州大学张季超、吴会军、高策，郑州一建集团有限公司周明军、雷霆、张栋梁，河南工程学院段敬民、皇民、高梦起，广州番禺职业技术学院张雪松等著。广州大学许勇、王亚辉、博士生张岩，郑州一建集团有限公司原增欢、杜世涛、杨耀增、秦怀忠、郑昊阳、张永超、李喆、李甲、范玉琛、丁波涛、杨瑞、程菲、吕秀芳、裴宗强等参与本书编写工作。

　　在本书编写过程中，参考了国内外近年来出版的相关混凝土结构、钢结构、绿色建筑等方面的教材、规范、手册，以及发表的相关论文，在此向有关作者表示感谢。

　　因编写时间仓促，水平有限，书中难免有遗漏和不足之处，恳请读者批评指正。

目 录

第 1 章
鲁班奖工程创新创优实践

1.1 鲁班奖工程的评选

1.1.1 鲁班奖工程的基本要求

中国建设工程鲁班奖（国家优质工程，以下简称鲁班奖）是我国建设工程质量的最高荣誉奖项，是广大工程建设者争创高水平高质量工程项目的重要标杆。从创设到今天，鲁班奖已经走过了35年，累计评选出3000多项国家级优质工程，在引导建筑企业完善质量体系、加快建筑科技进步、推进节能减排、打造企业品牌等方面发挥了重要作用，有力推动了我国建设工程质量水平整体提升[1]。

鲁班奖作为建筑业最高奖项，参评工程须符合国家有关法律、法规及行业标准、规范，申请鲁班奖的项目必须符合中国建设业协会颁发的鲁班奖评选工作细则确定的各项要求[2]。根据《中国建设工程鲁班奖（国家优质工程）评选办法（2021年修订）》（以下简称《评选办法》）归纳总结了申报鲁班奖工程需满足的7项基本要求，具体内容如下。

1.优中之优

鲁班奖是国内建筑工程最高奖，鲁班奖工程是代表我国当前施工质量最高水平的工程，是在符合设计和规范要求的前提下，好中选好，优中选优的工程。当然，创优没有一个固定的标准，每个地区都不一样，每年都在提高，一年上一个台阶。对于已开展优质结构工程评选的省、自治区、直辖市或行业，申报鲁班奖的工程须获得相应的结构质量最高奖。

2.安全、适用、美观

工程项目应具备结构的独立性和设备系统的完整性，且所有分部、分项工程应全部完成，使用功能完善。申报鲁班奖工程必须满足安全和使用功能的要求，做到安全、经济、适用、耐久。在保证主体结构安全，满足使用功能的同时，达到装饰装修效果。这些对工程的设计和施工都提出了相应的要求。

3.技术含量高

申报鲁班奖工程除必须符合《评选办法》中要求的规模等规定外，其工程技术难易程度、新技术含量也须达到一定要求，技术含量高的工程将占有获奖优势：积极开展科技创新，积极推行绿色建造和智能建造；积极采用新技术、新工艺、新材料、新设备，其中有1项国内领先水平的创新技术或采用由住房和城乡建设部发布的"建筑业10项新技术"不少于7项。

4.精致细腻、整体精品

设计上，具有鲜明的时代感、艺术性和超前性；施工上，体现当代科技水平，开展管理创新、技术创新、工艺创新。

5.通过竣工验收、交付使用

鲁班奖工程是经得起微观检查和时间考验的工程，其特点就是微观之处见水平。工程项目已完成竣工验收备案，经过一年以上时间使用，且没有发现质量缺陷或质量隐患。用户的满意度高是对工程的一个重要要求。必须完成合同中规定的全部内容，包括设计、规划、土地、人防、消防、环保、供电、电信、燃气、供水、绿化、劳动、技监、档案等单项验收，签证齐全，并经当地质量监督部门评定和备案。

6.工程质量符合申报要求

申报鲁班奖工程必须符合法定建设程序，执行国家、行业工程建设标准和有关绿色、节能、环保的规定，工程设计先进合理，并已获得省、自治区、直辖市或本行业工程质量最高奖。申报工程的自评质量等级和有关部门核定等级、实物质量与评定质量等级准确、技术资料齐全情况、技术难度与新技术推广应用情况等均应符合申报要求。

7.符合新规范和"强制性条文"要求

申报鲁班奖工程应符合国家现行规范和标准的要求，尤其直接涉及生命财产安全、人身健康、环境保护和公共利益的"强制性条文"必须遵守。

2022年11月25日，2020—2021年度鲁班奖颁奖暨行业技术创新大会在南宁举办，246项工程荣获鲁班奖。住房和城乡建设部党组书记、部长倪虹出席并讲话。倪虹希望鲁班奖评选工作坚持以推动我国建筑业高质量发展、为人民群众创造高品质生活为出发点和落脚点，公平公正、优中选优，做到"四个更加"，搞好"两个统筹"：一是在获奖项目上，更加面向住宅、市政公用设施等民生工程项目，更加面向科技创新工程项目，更加面向绿色低碳工程项目，更加面向彰显中国文化自信的工程项目；二是在获奖项目所在地域和所属企业上，统筹好经济发达地区和经济欠发达地区，统筹好大型建筑业企业和中小型建筑业企业[1]。

1.1.2 鲁班奖工程的申报与评审

1.鲁班奖工程的申报流程

为进一步规范鲁班奖的评选工作，中国建筑业协会对《中国建设工程鲁班奖

（国家优质工程）评选办法（2017年修订）》部分条文进行了修订，2021年7月9日起施行《中国建设工程鲁班奖（国家优质工程）评选办法（2021年修订）》[2]。

鲁班奖每两年评选一次，获奖工程数额原则上控制在240项左右。鲁班奖获奖单位为获奖工程的主要承建单位、参建单位。鲁班奖的评选工程为我国境内已经建成并投入使用的各类新（扩）建工程，包括住宅、公共建筑、工业交通水利、市政园林工程，各类工程的具体获奖比例视当年的实际参评情况而定，并且值得特别注意的是，《评选办法》中规定已参加过鲁班奖评选而未获奖的工程，不再列入评选范围[2]。因此，鲁班奖工程的评选机会只有一次，无法多次参评。参评工程必须达到工程的过程精品、一次成优。

申报鲁班奖工程由承建单位提出申请，参建单位的资料由承建单位统一汇总申报。申报资料的主要内容和要求如下。

1）申报资料主要内容

（1）申报工程、申报单位及相关单位的基本情况以及建设单位的评价意见；

（2）工程立项批复等法定建设程序文件、承包合同及竣工验收备案等资料；

（3）工程彩色数码照片20张，5分钟工程影像资料（内容包括：工程概况、科技创新、关键施工过程控制、关键节点隐蔽工程检验、质量安全管理、新技术应用和绿色建造、使用效果以及经济社会效益等）。

2）申报资料要求

（1）申报资料由申报单位通过"中国建筑业协会网"传送电子版，并提供鲁班奖申报表原件2份和书面申报资料1套；

（2）鲁班奖申报表中需由相关单位签署意见的栏目，应写明对工程质量具体评价意见；

（3）申报资料中提供的文件、证明材料和印章应清晰，容易辨认；

（4）申报资料要准确、真实，如有变更应有相应的文字说明和变更文件。

中国建筑业协会秘书处依据《中国建设工程鲁班奖（国家优质工程）评选办法（2021年修订）》规定的申报条件和要求，对申报的工程进行申报资料初审，并将初审结果告知推荐单位。工程的评奖申报流程如图1-1-1所示。

2.鲁班奖工程的现场考察

申报鲁班奖的工程通过初审评选后，中国建筑业协会组成若干复查组对通过初审的工程进行复查。工程复查专家从中国建筑业协会专家库中抽取，经中国建筑业协会遴选后组成鲁班奖工程复查专家组。复查专家每年更换三分之一，原则上每位复查专家连续参加复查工作不超过3年。来自企业的复查专家其所在企业近5年应

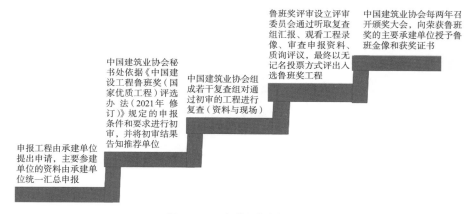

图 1-1-1　工程的评奖申报流程

获得过鲁班奖，并具有3年以上省级优质工程、行业优质工程的检查工作经验。鲁班奖评选工程的复查工作流程大致分为六步，具体复查流程如图1-1-2所示。

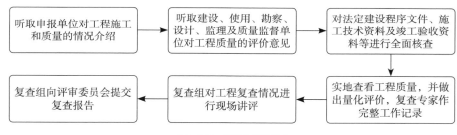

图 1-1-2　具体复查流程

在工程的质量复查工作中有以下注意点：

（1）在复查组听取每个单位对项目质量的评价意见并与每个单位进行讨论时，申报单位应回避。

（2）在对申报工程的资料文件全面核查过程中应重点关注基础和主体结构以及其他重要节点的质量情况。

（3）复查组现场查验质量时申报单位应积极配合。原则上，群体工程的每个单体工程都应检查。

（4）复查报告要对复查工程做出客观、真实、全面的评价，并应提出"达标""基本达标""不达标"的意见。

3.鲁班奖工程的评审与表彰

中国建筑业协会设立鲁班奖评审委员会，由21人组成，其中主任委员1人，副主任委员2至4人。评审委员原则上应具有建设工程技术类正高级职称，有较高社会影响力和职业操守。评审委员会通过听取复查组汇报、观看工程影像资料、审查申报资料、质询评议，最终以投票方式评出入选鲁班奖工程。评审结果经中国建筑业协会会长会议审定后，在"中国建筑业协会网"或有关媒体上公示。

中国建筑业协会每两年召开颁奖大会，向荣获鲁班奖的主要承建单位授予鲁班金像和获奖证书；向荣获鲁班奖的主要参建单位颁发奖牌和获奖证书；向鲁班奖工程承建单位的项目经理颁发证书。地方建筑业协会、有关行业建设协会和获奖单位可根据本地区、本部门和本单位的实际情况，对获奖单位和有关人员给予奖励。获奖工程的建设单位可向中国建筑业协会申请颁发鲁班金像作为纪念。

1.2 工程创优全过程质量控制体系

1.2.1 质量控制的特点

从功能和目的来说，质量控制就是为了测试产品的质量，使产品能够达到质量要求，是质量管理的重要部分。项目质量控制共有三方面含义：第一，从概念定义来看，质量控制是产品生产中的科学检测与研究，用以确保产品质量；第二，从过程角度出发，及时发现并解决问题，以减少资源浪费，并使产品达到合格；第三，从目标、意义来看，质量控制是为了使产品、系统和流程符合标准要求而采取的一系列措施，使产品更加标准化[3]。建设工程的质量管控存在众多影响因素，施工中材料使用差异、操作误差、环境变化和机械设备的损耗都会引发质量事故。

申报鲁班奖工程的质量控制是为了确保正常施工，确保工程符合合同要求，借助于一系列测试和检查的方法和手段进行的质量管控。建设工程的质量控制特点众多，主要有影响因素多、易发生质量变异、部分工程部位的隐蔽性强、质量检验难度大等方面的特点。建设工程质量控制的特点及难点如图1-2-1所示。在工程项目建设和质量控制过程中，注意质量控制的特点与重难点，确保项目按照质量要求标准正常运行至关重要。

1.2.2 创优工程质量控制细部策划

鲁班奖创优工程是满足高质量要求且具备自身建筑特色与质量亮点的建设工程。工程的质量控制点与工程建设亮点的细部策划对于工程创优至关重要。通过对一系列有关鲁班奖创优的工程相关文献归纳，得出创优工程质量控制点及工程质量

建设工程创新创优实践
——武陟县人民医院门急诊医技综合楼工程创新创优纪实

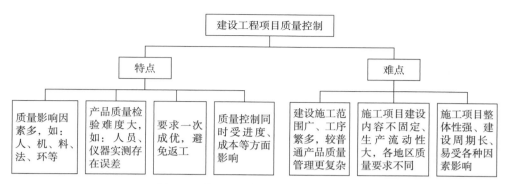

图1-2-1　建设工程质量控制的特点及难点

策划亮点，为今后此类高质量要求的创优工程质量管理研究提供参考。

（1）通过对工程质量管理现状分析，结合全面质量管理理论，从人、机、料、法、环（4M1E）5个方面出发，总结得到工程质量管理影响因素分析图，如图1-2-2所示。

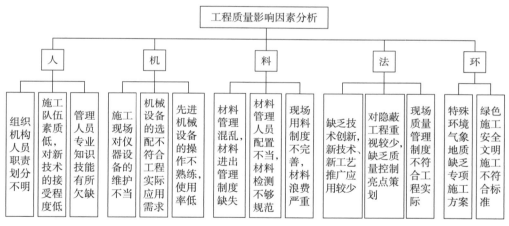

图1-2-2　工程质量管理影响因素分析图

（2）通过施工现场实践，对工程质量常见问题分类总结，参考相关工程质量文献，并结合现行国家规范及工艺工法标准，总结日常建设工程现场施工中的常见质量问题，从施工准备、施工过程、施工收尾三阶段分别设置工程的质量控制点。

（3）通过对工程质量影响因素分析，结合现场质量问题及工程质量控制点，策划工程创优质量亮点，整体工程的策划亮点主要集中在屋面、吊顶、地面、室内装饰、卫生间、门窗、幕墙、电气安装、管道安装等方面，具体亮点的细部策划要点较多，下面仅展示屋面工程的策划亮点（表1-2-1）。

屋面工程细部亮点策划	屋外大面	屋面平整、线条通顺、分格均匀，排气道、透气孔、屋面管道等细部处理精细
		板材、面砖平整方正，泛水部位面砖镶贴高度一致，色泽均匀、拼缝顺直、表面平整
	女儿墙	女儿墙压顶面砖排砖合理，立杆设置不锈钢圆台美观实用
		女儿墙檐口下端应做鹰嘴或滴水线，女儿墙压条，精致耐用
	屋面泛水	异型屋面泛水采用与屋面砖同色的小规格面砖，排砖整齐，弧度一致
		泛水高度符合设计要求顺直流畅，屋面泛水圆弧流畅均匀美观
	天沟、檐沟、过水口	天沟过水通畅，过水口成排成线，过水口标高设置合理
		定制石材地漏盖装饰，石材四角对缝，安装精美
	排气管、通气管	排气管是可拆卸的，防水泛水翻边并锁口；排气管打胶保护，出屋面管道分类处理
		屋面排气孔处理做工精细，布设在一块地砖的正中，造型美观实用
	屋面接水簸箕、屋面栈桥	水落管、承水斗设置合理，水簸箕、箅子做工规范
		穿越屋面管道部位处理，美观大方、适用，定制跨管栈桥，栈桥基座防水处理
	屋面爬梯、支墩、构架	爬梯分类设置，实用美观，墩座泛水弧度统一美观，屋面及基础墩排砖合理，缝隙均匀
		构架施工精良，角线到位，与周围面砖对缝一致，双重滴水处理

1.2.3　全过程质量控制体系建立

　　质量控制体系的建立和运行必须将工程项目确定为质量控制的主体和目标，使项目组织者能够根据各自的项目方向实施控制体系。建筑施工质量控制的基本要求是通过实体质量的检验验收[4]。根据施工全过程的建筑工程质量控制，制定如下内容：

　　（1）根据创优工程的要求总结，创优工程的质量标准应满足或严于国家质量验收标准，因此应根据工程实际制定针对创优工程项目自身的建设项目质量标准。

　　（2）质量控制的基本环节：全面质量管理（TQC）应在所有人员参与的工程建设过程中实施，利用动态控制原理结合PDCA循环，改进质量控制。总结建立创优工程施工全过程质量控制体系，如图1-2-3所示。

　　（3）将施工过程划分为施工准备阶段、现场施工阶段、工程收尾阶段三阶段，分别建立各阶段的质量控制体系。

　　工程的施工准备阶段，必须对整个施工过程的分析足够清晰，整体质量控制主要包括整个施工现场布置、材料工程、各项工序验收工程、材料报告、制度制定等，其重点工作如图1-2-4所示。

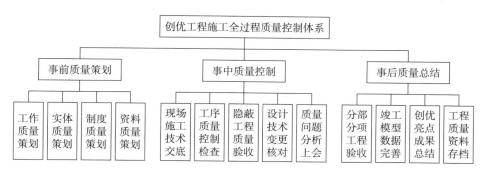

图1-2-3 创优工程施工全过程质量控制体系

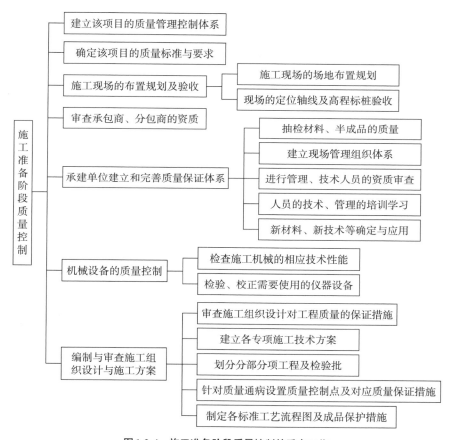

图1-2-4 施工准备阶段质量控制的重点工作

现场施工阶段，必须根据相关的国家法律和条例严格执行管理控制工作。在这一时期，必须消除可能存在的质量隐患，针对质量控制难点及创优亮点进行重点管控[5]。为了保证质量，实现质量控制的最终结果，无论是工程材料的检验还是对所有工序的质量验收，都必须严格控制。避免质量问题发生，逐层进行全面监测，在工程初期就消除质量隐患，预防和解决好工程质量问题，其重点工作如图1-2-5所示。

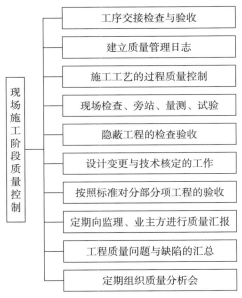

图1-2-5 现场施工阶段质量控制的重点工作

施工收尾阶段，主要包括工程验收、完善模型及图纸、对质量问题数据分析、总结工程亮点、进行创优总结、整理汇总资料文件，其重点工作如图1-2-6所示。

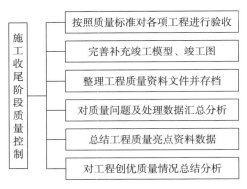

图1-2-6 施工收尾阶段质量控制的重点工作

1.3 武陟县人民医院创新创优实践

武陟县人民医院门急诊医技综合楼及地下停车场工程建设项目，位于河南省焦作市武陟县朝阳二路东段北侧，是一座集医疗、急救、预防、保健、康复、科研于一体、设计先进、功能完备的现代智能化二级甲等综合医院。总建筑面积47632.91m²，建筑结构形式为钢筋混凝土框架结构，地下一层、地上四层，层高分别为4.65m、5.4m、4.5m、4.2m、4.2m，建筑高度20.25m，设计使用年限为50年，抗震设防类别为乙类，抗震设防烈度为8度，防火设计建筑耐火等级一级。武陟县人民医院工程由郑州一建集团有限公司承建，工程开工时即确定了要建设"精品工程"的工程目标，并提出了安全目标确保"省级安全文明工地"，争创"国家级安全文明工地"，质量目标确保"中州杯"，争创鲁班奖的口号。

武陟县人民医院工程先后取得国家级安全文明工地、河南省优质结构工程、河南省建设工程"中州杯"等荣誉称号，是优中之优的工程。工程采用建筑业10项新技术中的8大项，17小项，其他技术3项，技术攻关2项，积极采用新技术、新工艺，技术含量高。武陟县人民医院工程于2019年12月26日竣工备案并交付使用，工程设计床位1000张，建成使用后改善了武陟县人民群众的就医条件。

1.3.1 门急诊医技综合楼工程设计及施工

1. 门急诊医技综合楼工程设计概况

门急诊医技综合楼共四层，根据医院功能需求在不同楼层设计不同科室。工程平面呈"品"字形，对外立面、屋面、墙面、吊顶、地面、建筑给水排水及采暖、消防给水灭火系统、通风空调系统、建筑电气、电梯工程、智能建筑等方面进行工程设计。

2. 门急诊医技综合楼工程专项施工技术

1）弧形结构

门急诊医技综合楼南侧为弧形结构，南侧中部、东侧及西侧均有装饰柱，顶部为花架，造型别致，楼层层高3.3～5.4m，洞口多，四周节点多，保温施工复杂。石材幕墙施工方案主要是利用BIM技术进行排版策划虚拟安装确定石材的规格尺寸，节点部位调整石材缝隙与非整块石材尺寸达到整体立面效果。

2）模板工程专项施工

在工程中对柱模板、梁模板、楼板模板、剪力墙模板、楼梯模板、后浇带独立支撑模板、电梯坑、集水坑模板、基础砖胎膜进行工程设计，并详细介绍其工艺流程、模板安装顺序及技术要点。

模板工程施工中往往会出现质量问题，在实际施工过程时应制定质量控制措施。为了防止出现轴线移位、标高偏差、结构变形、成品破坏或其他质量问题，制定了以下控制措施：质量标准及技术控制措施、施工安全保证措施、成品保护措施、文明施工保证措施、常见模板工程质量问题防治措施。

1.3.2 工程质量控制

武陟县人民医院工程借助BIM技术有效地指导工程施工，在水电安装工程、钢结构工程施工中实现了全过程的BIM技术应用，加强了项目工程的精细化施工，产生了很好的社会效益和经济效益。施工质量的控制与管理已经成为工程项目能否成功完成的关键[6]。随着大数据、BIM技术、物联网等技术迅速发展，通过大数据技术对质量统计分析进行数据处理，从事前准备、事中控制以及事后总结等方面，使项目管理过程得到改进，工程实体质量得到实时有效控制，最终提高项目的质量控制水平。建设项目的质量不仅反映了项目投资的价值，而且深刻影响着人民的生活质量[7]。

武陟县人民医院工程在地基与基础工程、主体结构工程、建筑装饰装修工程、屋面工程、安装及智能建筑工程等方面进行工程质量控制及评价，详述各项工程施工工艺流程、施工方法、质量控制措施等。在工程施工过程中，加强工程质量的管理，可以保证工程的顺利完成，保证工程的效益[8]。

1.3.3 工程创新创优

工程创新不仅包含绿色施工科技创新，还包括BIM技术应用、企业自主创新技术及专利。绿色施工是一个贯穿于整个施工过程的系统工程，施工过程中与绿色施工相关的每一个细节都需要提前策划，完善的绿色施工管理方法，是绿色施工实施的保证。绿色施工体现的是一种环境保护的理念和意识。在实际施工过程中，一些绿色施工的做法如混凝土结构智能喷淋养护系统，其材料成本高出常规人工洒水养护不少，但其提高了养护效率，保证了养护质量，减少了人工的投入，后期还可作为临时用水管道，综合使用成本低，经济效益十分可观。武陟县人民医院工程大力推广使用LED节能灯具，取得了显著的经济效益，节约了大量的电能，减少了燃煤的消耗，为节能减排作出了自己的一份贡献。

武陟县人民医院工程在保证建筑质量、安全的前提下，严格按照国家行业标准规范细化绿色施工方案，围绕节材、节水、节能、节地和环境保护的"四节一环保"目标，积极推进应用新技术、新材料，提高工程科技含量，促进施工技术革新与创新。该项目从办公区生活区晾晒棚到施工现场的安全防护棚、楼层临边围护等，均采用项目自制的安全可靠的工具化、定型化可拆卸式的围护工具，周转循环使用，达到节材与材料资源再利用的目的；特别是施工现场的雨水回收系统，达到了预期节水效果；太阳能器具的推广使用也使该项目更为绿色环保。

工程利用BIM技术，通过REVIT模型、广联达GGJ模型、BIM5D，对拟建项目进行全方位模拟，包括邻近设施及物料的放置、施工道路合理位置的设置、砌体排砖优化、墙地砖排版优化、设备安装优化等，通过BIM技术对高支模方案进行优化，以达到最佳效果。加大量化分析数据的搜集，通过大数据对比分析绿色施工与常规施工的数据值，为项目的降本增效提供有益的参考依据。生活区管理方面增加人力、物力的投入，不断创新、开拓思路，利用各种措施，在满足规范要求的基础之上精益求精。施工过程中做到精细化、标准化，加强管理，加强监督，使被动管理转变为主动执行，严格按照绿色施工方案实施。

在实施绿色施工的同时，积极开展建筑业10项新技术的应用，在节材、节能、节地、节水和环境保护等方面取得更显著的社会、环境与经济效益。与此同时企业自主创新两项新技术并取得专利，两项新技术分别为新浇筑结构混凝土自动养护装置、二次结构管线暗埋砌块钻孔装置。

项目开工之时即确定了鲁班奖的质量目标，根据郑州一建集团有限公司施工现场质量、安全、环境、绿色施工、资料及屋面实施指南的标准化管理要求，编制切实可行的《施工组织设计》《创优方案》等，依据项目特点进行图纸深化设计，精细施工管理。在创新创优方面秉承以下原则：

①目标明确，策划先行；②体系健全，保障有力；③管理有据，覆盖全面；④手段先进，优化实施；⑤一季一刊，一室一案；⑥强化交底，样板保证；⑦过程控制，一次成优；⑧智慧工地，精细管理。

1.3.4 关键技术创新及应用

武陟县人民医院工程采用建筑业10项新技术中的8大项，17小项，其他技术3项，技术攻关2项，具体项目名称见表1-3-1。

为实现新技术应用的预定目标，项目部按照河南省住房和城乡建设厅及郑州一建集团有限公司大力开展推广应用10项新技术工作的有关文件精神，成立推广应用新技术领导小组，制定新技术应用工作计划，定人、定项、定时，落实到位。

新技术应用   表 1-3-1

项目序号	项目名称	分项内容	使用阶段及部位
1	地基基础和地下空间工程技术	土工合成材料应用技术	基础
2	混凝土技术	轻骨料混凝土	降板填充
		混凝土裂缝控制技术	基础及主体
3	钢筋及预应力技术	高强钢筋应用技术	基础及主体
		大直径钢筋直螺纹连接技术	基础及主体
4	模板及脚手架技术	清水混凝土模板技术	基础及主体
5	机电安装工程技术	管线综合布置技术	安装工程
		金属矩形风管薄钢板法兰连接技术	通风工程
		非金属复合板风管施工技术	通风工程
6	绿色施工技术	预拌砂浆技术	砌筑、抹灰、地面
		粘贴式外墙外保温隔热系统施工技术	外墙保温
		工业废渣及（空心）砌块应用技术	室内填充墙
		铝合金窗断桥技术	外窗
7	防水技术	聚氨酯防水涂料施工技术	卫生间
8	信息化应用技术	虚拟仿真施工技术	全过程
		工程量自动计算技术	全过程
		建设工程资源计划管理技术	全过程
9	其他技术	施工扬尘控制技术	全过程
		施工噪声控制技术	全过程
		工具式定型化临时设施技术	全过程
10	其他攻关技术	框架结构混凝土新型养护技术	基础及主体
		二次结构管线暗埋砌块钻孔技术	基础及主体

1.3.5 创优策划

　　武陟县人民医院门急诊医技综合楼及地下停车场工程，为武陟县重点建设工程，地处朝阳二路东段北侧。工程以富于创意的构思理念、科学合理的功能分区、清晰流畅的交通组织为原则进行规划，争取成为配套设施完善、服务一流、技术一流，国内领先的二级甲等医院，体现当地的建筑景观及环境风貌。工程建设规模大，设计定位高，采用了多项先进合理的施工新技术。

　　工程建设伊始，即将"精品工程"作为工程目标，工程质量目标为"鲁班奖"，工程先后取得国家级安全文明工地荣誉、河南省建设工程"中州杯"。项目部以此为契机，更加努力，一步一个脚印、一步一个台阶，完善创优过程，积极推行安全生产绿色施工，坚持"每建必精、每做必优"的质量观，把项目打造成精品工程，最终荣获中国建设工程质量的最高奖"鲁班奖"。

精品工程的创建需要从策划、实施过程、总结提炼全过程进行控制，其中技术和质量是两个主要的内容。开展技术创新是精品工程水平不断提升的动力，是建筑企业的核心竞争力；确保质量创优是工程建设的直接目标，是建筑企业立信于社会的重要基石。

1.工程特点、重点及难点

1）工程特点

（1）施工单层面积大。工程单层面积大，对施工段的划分以及各施工段进度的协调、管理提出了新的要求。

（2）特殊性、重要性。武陟县人民医院迁建项目是武陟县人民心中的夙愿，也是武陟县委、县政府确定的"十大民生工程"之一，武陟县人民医院新址的建成，将极大地改善武陟县人民的医疗条件。

（3）工期紧、任务重。合同总工期紧，任务重，要在规定的工期内完成施工，关键在于精心组织，周密安排，从人力、物力和财力方面给予有力的保障。

（4）专业工种多。工程施工过程中，有基础、地下防水工程、较大体积钢筋混凝土结构、一般装修、二次精装修、给水排水、电气、消防系统安装、通风空调、电梯、智能建筑、医疗气体管道工程、医疗设备安装工程、园林绿化等专业队伍，施工过程中须做好总包管理，使各工种配合协调。

（5）文明施工要求高。工程东临武陟县公安局，北临武陟县司法局，南临黄河交通学院，且是武陟县重点代表性民生工程，现场对环境保护、噪声控制、文明施工、安全生产等方面有较高的要求。施工过程中必须严格控制，真正做到安全生产、文明施工、保护环境、控制噪声。以严谨的科学态度，拼搏求实的工作作风，一流的管理水平，创一流的工程质量、一流的工程速度，顺利完成各项管理目标。

2）工程重点及难点

（1）安全隐患多。门急诊医技综合楼单体占地面积约9590m²，且楼内有多处高度不一的镂空庭院，施工过程中应着重加强此处安全防护工作。

（2）造型复杂。门急诊医技综合楼南侧为弧形造型，弧形曲线总长度为160m，且曲线变化大，在主体结构及装饰施工时弧形墙体线型控制难度大。

（3）工程目标高。工程装修档次高，应用新技术、新工艺和新材料较多，质量要求高，且为争创鲁班奖项目。

2.对争创鲁班奖工程的相关认识

1）坚定创奖目标

一个工程确定要创鲁班奖，必须制定目标，坚定创鲁班奖信心，并采取切实可行的措施。在工程的实际过程中，将目标分解落实到基层，并严格管理，严格控制，严格检验。

2）创新、创优、创高

（1）创新：认识上树立新观念，管理上开拓新思路，技术上应用新材料、新工艺、新技术、新设备。

（2）创优：优化综合工艺，优化控制器具，提倡一次成活，一次成优。各级验收和各类评审均达优良。

（3）创高：不断提高企业人员素质、企业标准和质量目标，创出高的操作技艺、高的管理水平和高的工程质量。

3）针对性管理

以工程项目为目标，研究提高工程项目管理的标准化程度，不断提高标准规范化水平，提倡制度的完善和责任制的落实。

突出工序质量控制的研究，不断完善改进操作工艺，提高操作技能，用操作质量来保证工程质量。突出预控和过程控制；突出过程精品，提倡一次成优，达到精品、效益双控。突出整体质量，做到每道工序是精品，每道工序的环节、过程是精品，用过程精品来达到整体精品。

4）全面参与

创鲁班奖需要项目部全体管理人员和操作工人的努力，也需要业主、监理方、设计方等全面参与。

5）突出质量目标的不断提高

创建优质工程是不断提高企业管理水平和技术水平的过程。通过创建优质工程，达到质量管理的完善、制度措施的齐全、落实检查的及时和总结改进的不断完善。

通过创建优质工程，不断提高技术与操作人员水平，不断筛选优化组合形成综合工艺，不断完善和提高企业综合水平。创建优质工程，对于企业综合水平的提高、质量意识的加强、工艺的不断改进等都具有巨大的促进作用。

6）过程精品，一次成优

在创鲁班奖过程中，必须对工程施工的全过程进行策划，加强过程控制和严格检验，以达到过程精品，一次成优。

7）验收高标准

鲁班奖工程的质量水平是国内一流水平，应当采用高于国家标准、行业标准、地方标准和同期同类工程标准的企业标准。

8）质量技术控制要点

（1）结构安全可靠性控制：①强度的控制包括使用材料、构配件、设备等质量合格，施工过程中要保证正确使用，以满足工程的总体强度要求；②刚度和稳定性的控制主要是完善结构的平面和空间体系，保证达到结构整体稳定；③水平和竖向位置（轴线、含垂直度、标高）控制，应使结构的位置正确，受力和传递合理，保证使用空间及尺寸，以满足使用功能；④几何尺寸（断面尺寸、平整、方正）控制，应保证结构断面尺寸正确、表面平整。

（2）装饰的完美性控制：完善装修设计，进行多方案比较，除保证安全外，应从尺寸、对称、对比、色差、环境等方面优化设计方案，提高装饰的完整性、协调性。采购合格、环保的装饰材料，严格进场检验，充分发挥材料的优良性能，提高装饰效果。改进和完善装饰工程的足尺大样和样板工程的工作，以体现设计意图和效果，使工程达到安全、适用、美观。

（3）安装的安全适用控制：①设备管道安装位置、标高正确，固定牢固可靠；②设备管道坡度、强度、严密性、朝向正确合理，保证功能，开关方便和使用安全；③接地防护设施有效，使用安全标示清晰、检修维护方便。

（4）用资料和数据来反映工程质量：工程在施工过程中资料应及时整理，对相关指标的控制应符合该项目制定的标准，同时用数据来反映工程质量。

9）资料完整

现行国家标准《建筑工程施工质量验收统一标准》GB 50300—2013规定，"单位（或子单位）工程质量控制资料"及"单位（子单位）工程安全功能检查资料及主要功能检查记录"应"完整"，不得有漏缺项。

10）推广应用新技术

创鲁班奖过程中，要提高质量水平，消除质量问题和攻克技术难关都需通过推广应用新技术来解决。同时还要注意项目建设的成本，坚持质量和效益的统一。

11）深化诚信意识，创建企业品牌

在市场竞争的情况下，企业诚信是企业生存的必备条件。诚信是宏观的，企业的诚信是通过多个微观量化的诚信指数来考核和评定。创鲁班奖要和企业诚信相结合。建立企业诚信度应注意以下几个方面：合同的全面履约、金融和经济信用度、顾客的满意率、质量的合格率、事故伤亡率、社会的投诉率、现场的文明施工等。

3.创建鲁班奖工程的必备条件

（1）工程必须获得省建筑安全文明施工标准化工地称号，未获得的不得参加"中州杯"评审。

（2）工程须获得"中州杯"优质工程奖，工程质量全省名列前茅。

（3）符合法定建设程序（包括立项、批复、规划许可、用地许可、承包合同、施工许可证等）、国家工程建设强制性标准，以及有关省、地市节能、环保的规定，工程设计先进合理。

（4）申报的工程应列入省（部）级建筑业新技术应用示范工程。

（5）不得发生一般及以上生产安全事故、质量事故（发生较大安全事故的企业两年内不得申报"中州杯"，三年内不得申报鲁班奖工程）。

（6）主承建单位在工程建设中存在商业贿赂并受到刑事处罚的，或工程建设中严重违反建筑市场行为规则，受到县级及其以上建设行政主管部门处罚的，一律不得申报。

（7）因施工质量、安全生产、文明施工及恶意拖欠民工工资等在社会造成不良影响的，不得申报参加评审。

（8）在质量、安全、文明施工等检查中，被建设行政主管部门处罚并不积极认真整改的，不得申报参加评审。

（9）工程按设计文件并已完成节能设计的全部内容，有相应的系统节能检测要求，达不到节能设计要求的工程，不能参加评审。

（10）申报的工程应在施工过程实施现行国家标准《建筑工程施工质量评价标准》GB/T 50375—2016，工程结构质量应达到优良标准，工程整体质量应符合现行国家标准《建筑工程施工质量评价标准》GB/T 50375—2016的规定。

（11）工程项目已列入各县（市）区建筑业协会和相关专业局创优计划并报省建协备案。

（12）由相应资质的勘察设计单位设计，施工图由有资质的审核单位审查合格，并出具审核意见书。

（13）未违反国家颁发的"强制性条文"的有关规定。

（14）申报的工程，其公共使用部位（如楼梯间、电梯井前室、厕浴间、走廊、地下室等）不得有二次装饰，其余部位的二次装饰面积不得大于总建筑面积的20%以上。

（15）积极开展全面质量管理活动及QC小组活动，并获得省级及以上的成果奖。

（16）工程项目已完成竣工验收备案，并经过一年使用没有发现质量缺陷和质量隐患，用户反映满意。

（17）积极采用新技术、新工艺、新材料、新设备，其中有1项国内领先水平的创新技术或采用住房和城乡建设部"建筑业10项新技术"不少于7项。

（18）对于尚未开展优质结构工程评选的地区、行业，在施工过程中组织3至5名相关专业的专家，对其地基基础、主体结构施工进行不少于两次的中间质量检查，并有完备的检查记录和评价结论。

（19）在工程施工中，必须全面保存工程每个部位的影像资料，做好5分钟DVD录像光盘（内容主要是施工特点、施工关键技术、施工过程控制、新技术推广应用等，要充分反应工程质量过程控制和隐蔽工程的检验情况）。

4.鲁班奖申报准备工作

1）填写鲁班奖申报表

填写承建单位或申报单位简况，申报工程概况，建设单位、监理单位、使用单位、设计单位及施工质量安全监督单位等有关单位意见，推荐单位的推荐理由，申报资料情况，申报工程获奖情况，分包工程款及劳务分包人员工资支付情况等。

2）申报工程立项批文

工程立项批文包括：《关于武陟县人民医院异地迁建项目申请报告核准的批复》《关于武陟县人民医院新院地下停车场建设项目核准的通知》《关于武陟县人民医院异地迁建改扩建项目可行性研究报告的批复》。

3）申报工程备案材料

武陟县人民医院门急诊医技综合楼及地下停车场工程竣工验收备案表。

4）申报工程证照

武陟县人民医院门急诊医技综合楼及地下停车场工程需准备以下证照：国有土地使用证、建设用地规划许可证、建设工程规划许可证、建设工程规划验收合格证、施工许可证等。

5）环境保护批复及验收文件

《关于〈武陟县人民医院异地迁建改扩建项目环境影响报告书〉的批复》（武环评书〔2017〕01号）以及焦作开通环保有限公司检查报告作为环境保护验收文件。

6）专项验收文件

专项验收文件包括：建设工程消防验收意见书、建筑节能工程施工质量专项验收报告、建设工程档案初验认可、建（构）筑物防雷装置验收检测报告、工程竣工验收意见表等。

7）申报工程所获荣誉

所获荣誉包含：地区（行业）结构质量最高奖证明文件，地区（行业）工程质量最高奖证明文件，省部级工程设计奖，省部级及以上工法、专利、新技术、QC成果，BIM应用成果、企业自评报告，省部级及以上文明工地、绿色施工示范工程获奖文件等。

8）承建单位相关资料

承建单位相关资料包括：承建单位企业法人营业执照、承建单位企业资质等级证书、承建单位承建申报工程承包合同、有关单位更名证明材料等。

9）申报单位承诺书

承建单位、参建单位均须提交承诺书（图1-3-1）。

中国建设工程鲁班奖（国家优质工程）
申报单位承诺书

中国建筑业协会：

经　　　　　（推荐单位）推荐，我单位申报 2020～2021年度第二批中国建设工程鲁班奖（国家优质工程），郑重承诺如下：

一、我单位提交的申报资料齐全、真实、有效，符合《中国建设工程鲁班奖（国家优质工程）评选办法》的要求，不存在弄虚作假现象。

二、我单位在参评过程中，坚决遵守"中央八项规定"精神以及党和国家有关廉政建设的规定，严格执行《中国建设工程鲁班奖(国家优质工程)评选工作纪律规定》，不向评选有关人员(协会领导及工作人员、复查专家、评审委员等)赠送礼品、礼金、购物卡等，不组织与工程复查工作无关的活动。

三、我单位任何个人不与评选有关人员单独联系接触，不进行与评选工作无关的活动。

如有违背上述承诺的行为，我单位愿承担相应责任，按规定接受取消参评资格或荣誉称号等处罚。

申报单位（公章）

法定代表人签字：

年　　月　　日

图1-3-1　鲁班奖申报单位承诺书

5.鲁班奖复查前期及复查阶段的工作安排

工程创鲁班奖全过程包括施工、中间验收、验评资料汇编、竣工验收、回访保修、提名推荐申报、工程现场复查等几个阶段。工程顺利通过竣工验收，交付使用，只是创鲁班奖全过程中的一个主要阶段性成果，回访保修期内的保修维护、工

建设工程创新创优实践
——武陟县人民医院门急诊医技综合楼工程创新创优纪实

020

程的变形观测以及复查前期的准备工作都很重要，而复查阶段的组织配合工作，更是申报单位创鲁班奖的重头戏，工程现场复查是创鲁班奖的关键之战。须有组织地做好迎检复查工作，建立迎检小组，准备好备查资料和日程安排表。

1）简明扼要地开好首次汇报会

复查小组首先需听取承建单位关于申报鲁班奖工程的介绍，介绍需重点突出工程的特点、难点、创新点、采用的施工技术、质量保证措施、各分项分部工程的质量水平和验收（评定）结果，以及最后取得的成果和社会经济效益。准备好书面汇报材料，复查组每位专家人手一份，放映多媒体投影。

2）准备图文并茂，重点突出的汇报材料

（1）工程概况：工程名称、工程类别、工程规模（如占地面积、建筑面积、层数、总高度、结构类型、投资额）、工程开竣工日期、自评工程质量等级和有关部门核定等级。

（2）申报工程的参与单位及建设单位、设计单位和监理单位名称。

（3）工程的特点和施工难点：找准该项工程的闪光点，如何创新、创优、创高，做到管理有新思路，技术有新水平，突出管理的针对性，将工程项目的目标、标准化程度、企业标准规范性，落实在项目上，突出操作的技能性，用操作质量实现工程质量，成为精品工程，突出预控和过程控制，保证一次成优，整体精品。

（4）用数据说明工程的技术、质量水平，用技术含量提升工程项目的品质。

（5）主要的施工技术：从施工测量、地基与基础、主体结构、建筑装饰装修、建筑屋面到建筑给水、排水及采暖、建筑电气、智能建筑、通风与空调、建筑节能及电梯各个分部的施工技术。有重点地阐明采用了哪些新技术、新工艺、新材料、新设备。

（6）质量管理措施及其手段。

（7）目标管理、精品策划、过程监督、阶段考核、持续改进。

（8）在计划安排上、在施工组织上、在工程质量预控上、在材料选型上、在施工工艺上，有哪些独到之处。

（9）所取得的质量成果及所产生的社会、经济效益。

3）充分利用多媒体光盘中的5分钟

（1）制作中注意，解说词要与画面同步，画面避免重复出现。需要评委加深印象重点处可打上字幕。所有画面应清晰，可采用渐近、定格、延时等手法加深工艺上亮点的印象。

（2）从摄影放映技巧上分析，在短短的5分钟之内，如何展示该项工程的特点、难点、亮点、规模、体量及效果，使不熟悉该项目的评委了解本项工程。

（3）要重点突出：工程难度大、技术含量高、细部有特色、管理很先进，处处和评审鲁班奖工程的条件紧密结合起来，有的放矢。

（4）相关单位介绍时要求：①画面要求清晰；②反映工程的特点，与工程申报材料中的特点一致；③多运用数据来反映问题。

在这短短的五分钟录像资料内要展示整个工程的英姿，最突出的质量、技术特色以及卓越的工程管理水平。

4）复查小组实地查验工程质量水平时，如何进行配合工作

（1）公共建筑工程的复查按专业分为三个小组。因此应根据专业配备陪检人员（携带必需的检测工具），陪检人员最合适的是：熟悉情况的项目经理、工程技术人员。他们对工程的专业范围与布局熟、检查行走的路线熟，应事先准备好房间锁匙，事先和使用单位打好招呼。

（2）陪检人员宜少而精，当复查小组专家质疑时，应简单明了做出解答。

5）鲁班奖工程的内业资料

应达到：齐全完整、编目清楚、内容翔实、数据准确，各项试验、检测完全合格、隐蔽工程验收均有监理工程师的签证。

1.4 本章小结

本章通过分析鲁班奖工程评选及复查工作应注意的内容及重点，结合《中国建设工程鲁班奖（国家优质工程）评选办法（2021年修订）》的具体内容，总结申报鲁班奖工程需满足的7项基本要求。

本章介绍了武陟县人民医院工程建设项目的工程设计概况，从地基与基础工程、主体结构工程、建筑装饰装修工程、屋面工程、安装及智能建筑工程等方面进行工程质量控制及评价，重点阐述了门急诊医技综合楼工程弧形结构和模板工程的专项施工技术。在实施绿色施工科技创新的同时，积极开展建筑业10项新技术的应用，采用建筑业10项新技术中的8大项，17小项，其他技术3项，技术攻关2项。本章总结了工程特点及难点，明确申报鲁班奖的必备条件，简述鲁班奖申报的相关准备工作及复查阶段的工作，不断完善工程创优过程，坚持"每建必精、每做必优"的质量观，把项目打造成精品工程，最终武陟县人民医院门急诊医技综合楼及地下停车场工程荣获中国建设工程鲁班奖。

第 2 章
武陟县人民医院工程设计概况

2.1 工程简介

武陟县人民医院门急诊医技综合楼及地下停车场工程建设项目位于武陟县朝阳二路东段北侧，是一栋集医疗、急救、预防、保健、康复、科研和教学于一体的现代化综合性大楼，是武陟县民生工程、重点工程。该工程建筑面积47632.91m²，地上四层，地下一层。整体建筑结构形式为钢筋混凝土框架结构，抗震设防类别为乙类，抗震设防烈度为8度，结构设计使用年限为50年，防火设计建筑耐火等级一级。医院正面图如图2-1-1所示。

图2-1-1　医院正面图

建设单位：武陟县人民医院。

勘察单位：河南省水文地质工程地质勘察院有限公司。

设计单位1：上海市卫生建筑设计研究院有限公司。

设计单位2：河南朝阳建筑设计有限公司。

监理单位：河南建达工程咨询有限公司。

施工单位：郑州一建集团有限公司。

武陟县人民医院工程于2016年7月9日开工，2019年6月4日竣工验收，2019年12月26日竣工备案。建筑外立面为石材幕墙和断桥铝合金通窗；四个采光内院外墙为仿石材真石漆。局部外立面及俯视图如图2-1-2所示。

图2-1-2　局部外立面及俯视图

2.1.1 建筑工程概况

武陟县人民医院工程结构钢筋采用大直径直螺纹高强钢筋，混凝土使用预拌商品混凝土，下沉间填充混凝土采用轻骨料混凝土，填充墙体采用蒸压加气混凝土砌块砌筑，外墙节能保温采用55mm厚岩棉板，门窗采用断热低辐射铝合金中空玻璃窗，玻璃采用6Low-E单银钢化+12A+6mm钢化透明玻璃，房间采用聚氨酯防水涂料。

武陟县人民医院工程强电、弱电间采用水泥砂浆地面，空调机房、新风机房、卫生间、新生儿洗浴中心/水疗室/熏蒸室等采用防滑地砖，公共走道、电梯厅、办公、诊室、候诊区域等部位采用防滑玻化砖，一层精装部位、室内楼梯采用大理石地面，医护走道、手术区等部位采用PVC地板；踢脚均同地面；空调机房、新风机房内墙面为穿孔板吸音墙面，电梯厅、候诊区域、公共走道、门诊急救、住院大厅、门诊大厅、儿科等部位内墙面为干挂玻化砖墙面，背景墙及独立框柱采用干挂石材，办公、诊室等部位采用墙裙加乳胶漆墙面，检验科、牙科部分为玻璃隔墙，检验科走道为铝塑板墙面；空调机房、新风机房等部位顶棚为轻钢龙骨岩棉装饰吸声板，电梯厅、候诊区域、公共走道、办公、药房、诊室等部位顶棚为轻钢龙骨铝合金方板，出入院结算、急诊大厅、门诊大厅、门诊中厅等部位顶棚为轻钢龙骨铝单板，人流手术、卫生通道、医护走道、手术区、门诊手术、隔离手术、污物廊等部位为铝塑板装饰板，会议室、接待室为纸面石膏板吊顶；外墙采用55mm厚岩棉板，荔枝白石材幕墙，室外台阶为毛面花岗石面，屋面为聚氨酯与SBS相结合防水屋面，部分屋面为种植屋面。

建筑工程概况见表2-1-1。

建筑工程概况   表2-1-1

建筑面积			47632.91m²		
层数	地上	4层	层高	3.3～5.4m	建筑高度为20.250m
	地下	1层			
建筑工程做法	外墙面	石材幕墙、高级外墙涂料外保温墙面			
	楼地面	PVC地板（公共部分、各科室、药房、值班室、办公室、餐厅、会议厅等）			
		防滑地砖（空调/电梯机房、茶水室、胃镜等科室、手术室、楼梯间）			
		防滑玻化砖（门诊/急诊、住院/门诊大厅、候诊/护士站、口腔科诊室）			
	内墙面	穿孔吸声板（空调机房、电梯机房）			
		玻化砖（电梯厅、候诊区域、门诊急救、候诊/护士站、口腔科诊室等）			
		乳胶漆（公共/医护走道、办公/会议/药房室、医办/主任会议室等）			
	顶棚	轻钢龙骨岩棉装饰吸声板（空调/新风机房、公共/医护走道、手术区等）			
		轻钢龙骨铝合金方板（各洗浴间、抢救/熏蒸室、门诊手术/隔离手术室等）			
		轻钢龙骨纸面石膏板（办公/会议室、数字肠胃室等各种科室）			
		无机涂料（楼梯间、空调/电梯机房、库房）			
	平屋面	屋面1：防水保温上人屋面	参考12J201-A4-A2		
		屋面2：防水保温不上人屋面	参考12J201-A6-A11		
		屋面3：防水保温种植屋面	参考12J201-D4-D8		
		屋面4：防水保温不上人屋面	参考12J201-A4-A1		
保温节能		外保温选用10J121附录3岩棉薄抹灰外墙外保温系统			

2.1.2 结构工程概况

工程采用天然地基，扩展基础，各构件混凝土等级均为C35。工程钢筋采用HPB300、HRB400E级，采用直螺纹连接、搭接连接形式。结构工程概况见表2-1-2。

地基基础	基础底标高	−6.40m		
主体结构	结构形式	框架结构		
	主要结构尺寸	梁（mm×mm）	板厚（mm）	剪力墙（mm）、框架柱（mm×mm）
		450×750 250×550 250×500 450×850	120、130、140、150、160	剪力墙：地下室 250 框架柱：600×600、700×700
	抗震设防类别	乙类		
	混凝土强度等级及抗渗要求	基础	垫层：C15　基础：C35P6	
		主体	1 层以上：C35	
	钢筋	HPB300、HRB400E		

2.1.3 安装工程概况

1.给水排水系统

（1）给水系统

水源取自市政供水管道，分别由朝阳一路和朝阳二路引一根 DN200 进水管进入基地，市政水压 0.3MPa。生活用水采用市政用水直供，手术区平时采用市政供水，并采用后勤楼加压供水作为紧急情况备用。

（2）排水系统

排水系统：工程室内污、废合流，室外雨污水分流，污水集中接至基地内新建污水处理站，经有效处理消毒达标后排至基地东面外港河西路市政污水管道。屋面雨水为重力排水，暴雨重现期为 10 年，屋面雨水会同基地内雨水一并排入朝阳二路市政雨水管网。

（3）消防系统

水源取自市政供水管道，分别由朝阳一路和朝阳二路引一根 DN200 城市给水管道，室外沿建筑四周以管径 DN200 呈环形布置，环网上按间距不大于 120m 布置地上式三个出口消火栓，室内消防用水储存在消防水池。

2.空调与通风

工程主要包括通风、空调及防排烟设计。

变配电室和水泵房，火灾时电动密闭阀关闭且用气体灭火，然后开启电动密闭阀排废气及机械补风。封闭楼梯间采用自然排烟。

火灾发生时，所有通风空调系统均自行关闭，以阻止烟火蔓延。所有通风空调、排烟系统，均在适当位置设有70℃防火阀。防排烟系统受消防中心的集中监控。当排烟温度达到280℃时，排烟风机入口处防火阀熔断关闭，联锁风机也关闭，信号反馈到消防控制室。

3.电气工程

楼内电缆选用WDZA-YJY型交联聚乙烯绝缘、聚烯烃护套无卤低烟A级阻燃电力电缆成束敷设在桥架内，所有应急照明和消防设备负荷干线选用BBTRZ-1000型柔性矿物绝缘防火电缆。凡电缆及母线槽过防火墙或楼板处应以防火胶泥或防火包封堵。凡室外电缆进出建筑物应穿钢管保护，在钢管两端应以防水硅胶封堵。楼内各层照明、空调电源选用紧密式母线槽或电力电缆作为垂直供电干线。各层平面照明、空调、电力线路选用BYJ-450/750型交联聚乙烯绝缘布电线穿管暗敷。单相三眼插座电源线均为BYJ-2×2.5+E2.5SC20（±0.0以上为KJG20）。导线穿管规格除特殊注明外，均为BYJ-2.5，2～4根穿管SC20（±0.0以上为KJG20），5～8根穿管SC25（±0.0以上为KJG25），KJG管的管壁厚度不小于1.5mm。所有引至各照明灯具间的线路均增加1根PE黄绿线。电缆桥架和金属线槽均采用QG系列节能轻质高强型金属桥架和金属线槽。管线过变形缝设置变形缝过路箱并进行软连接，桥架与线槽过变形缝作断开处理。所有消防用电设备的配电线路暗敷时，应穿金属管并应敷设在不燃烧体结构内且保护层厚度不应小于30mm。明敷时（包括敷设在吊顶内），应穿金属管或封闭式金属线槽，并应采取防火保护措施。

2.2 门急诊医技综合楼

地上一层：门诊大厅、门诊急救、儿科、放射科、介入科等。地上二层：中医、内、外科诊室，门急诊输液，门诊手术，门诊检验等。地上三层：内窥镜、五官科、口腔科、妇产科、净化手术室（4间百级层流净化手术室、4间千级层流净化手术室、2间负压净化手术室、7间万级层流净化手术室）、避难间。地上四层：麻醉科、体检中心、会议室、行政办公室。门急诊医技综合楼各层设施如图2-2-1～图2-2-4所示。

工程平面呈"品"字形，外立面为天然石材幕墙；楼内四个露天中空庭院为仿石材真石漆外墙；屋面为上人平屋面，局部为种植区。室外坡道、散水为荔枝面花岗石。墙面：干挂石材、乳胶漆、吸声板、玻璃隔墙、铝塑板等。吊顶：铝

图 2-2-1　地上一层设施

图 2-2-2　地上二层设施

图 2-2-3　地上三层设施

图 2-2-4　地上四层设施

单板、铝扣板、铝格栅、石膏板、铝塑板等。地面：大理石、地砖、环氧自流平、PVC等、地下室环氧耐磨地坪。建筑给水排水及采暖：给水系统、热水系统、排水系统、卫生器具安装等。消防给水灭火系统：室内消火栓、自动喷水灭火系统、消防水炮、防火卷帘、火灾自动报警系统等。通风空调系统：空调（冷、热）水系统，舒适性空调风系统，送、排风系统，多联机热泵系统，净化空调风系统等。建筑电气：电气供配电系统、电气动力系统、电气照明系统、电气节能控制系统、防雷及接地系统等。电梯工程：3部垂直电梯（含2部无障碍直梯）、6部自动扶梯。智能建筑：信息网络系统、综合布线系统、安全技术防范系统、信息导引及发布系统、建筑设备监控系统、应急响应系统、公共广播系统、门诊叫号系统、呼叫对讲系统、会议系统等。内部装修如图2-2-5所示。

2.3　地下停车场

停车场的环氧地面基层平整，表面光洁，色泽一致，均匀密实。地下停车场如图2-3所示。

2.4　感染楼

感染楼（图2-4）位于整个院区的西北角，同时当地盛行风为下风向，位置相

图 2-2-5　内部装修

图 2-3　地下停车场

对独立，距离周边建筑不小于20m的卫生防护间距。车流、物流、人流流线相对独立，互不交叉。

　　根据使用人群和洁净要求不同，流线主要分为物品流线、医护流线及病患流线。其中物品流线包括清洁物品（院外供应）和污染物品。医护流线主要供内部工作人员使用，主要位于清洁区和半清洁区；除了出院病患通过病患出院通道（缓冲）进入清洁区楼梯离开之外，病患流线主要设在污染区。几类不同清洁度要求的

图2-4　感染楼

流线需要严格分隔开，避免流线交叉而使清洁人群物品受到污染。感染楼配置了箱式轨道物流系统，毗邻护士站，为清洁物品的运送提供更便捷、快速的选择。

2.5　后勤楼

　　武陟县人民医院后勤综合楼（图2-5）工程为单幢建筑，为配套手术综合楼使用，配备有病患家属餐厅与医务人员餐厅、洗衣房与洁净被服库、总务办公与总务仓库、药物储存库与设备储存仓库、专家宿舍，为确保医院正常开展医护人员培训和日常活动，还将配备职工之家及医务人员的技能培训场地。

图2-5　后勤楼

2.6 本章小结

本章介绍了武陟县人民医院门急诊医技综合楼的项目概况，包括建筑工程、结构工程及安装工程概况，并简述了门急诊医技综合楼、地下停车场、感染楼、后勤楼的工程设计情况。武陟县人民医院工程设计时坚持以人为本，充分考虑服务对象，采用规范化、整洁的设计，简洁而有益的空间布局，确保科室空间功能及安全程度，力争提高门急诊病人就诊服务水平。

第 3 章
武陟县人民医院工程质量控制

3.1 地基与基础工程

3.1.1 地基承载力检测

地基承载力检测采用浅层平板载荷试验方法。

1.试验目的

通过工程20个实验点，判定该工程天然地基承载力特征值是否满足设计要求。

2.试验依据

（1）委托合同及设计文件。

（2）执行标准：现行国家标准《建筑地基检测技术规范》JGJ 340—2015。

（3）抽检数量：每单位工程500m不应少于1个实验点，且总点数不应少于3个实验点；工程抽检20个实验点。

（4）抽检原则：由甲方、监理方和检测方共同确定。

3.试验过程

（1）试验日期：2016年7月19日—2016年7月27日。

（2）压板尺寸：$1.00m^2$正方形刚性承压板。

（3）加载装置：采用压重平台反力装置，能提供反力不小于336kN。

（4）加荷系统及测量装置。

4.实验方法

试验按照《建筑地基检测技术规范》JGJ 340—2015地基土载荷试验要求进行，加载应分级进行，采用逐级等量加载；分级荷载宜为最大试验荷载的1/12～1/8。其中第一级可取分级荷载的2倍。本次工程20个点浅层平板载荷试验最大加载压力为280kPa，均分为8级。具体分级见表3-1-1。

浅层平板载荷试验分级表 表3-1-1

分级	1	2	3	4	5	6	7	8
荷载（kPa）	35	70	105	140	175	210	245	280

（1）承压板沉降相对稳定标准：在连续两小时内，每小时的沉降量小于0.1mm时，则认为已趋稳定，应再施加下一级荷载。

建设工程创新创优实践
——武陟县人民医院门急诊医技综合楼工程创新创优纪实

（2）沉降观测：每级荷载施加后应按10min、20min、30min、45min、60min测读承压板沉降量，之后应每隔半小时测读一次。

（3）终止加载条件（当出现下列情况之一时，即可终止加载）：

①浅层载荷试验承压板周边的土出现明显侧向挤出，周边土体出现明显隆起；

②本级荷载的沉降量大于前级荷载沉降量的5倍，荷载—沉降（p—s）曲线出现明显陡降；

③在某一级荷载作用下，24h内沉降速率不能达到相对稳定标准；

④浅层平板载荷试验的累计沉降量≥承压板边宽或直径的6%，或累计沉降量≥150mm；

⑤加载至要求的最大试验荷载且承压板沉降达到相对稳定标准。

（4）卸载与沉降观测：卸载应分级进行，每级卸载量应为分级荷载的2倍，逐级等量卸载；当加载等级为奇数时，第一级卸载量宜取分级荷载的3倍；卸载时，每级荷载维持1h，应按第10min、30min、60min测读承压板沉降量；卸载至零后，应测读承压板残余沉降量，维持时间为3h，测读时间应为第10min、30min、60min、120min、180min。

（5）处理后地基极限承载力的确定：

当满足终止加载条件前三种情况之一时，取前一级荷载值；当满足终止加载条件最后一种情况时，取最大试验荷载。

①应绘制荷载—沉降（p—s）、沉降时间对数（s-lgt）曲线，也可绘制其他辅助分析曲线。

②当荷载—沉降（p—s）曲线上有比例界限时，取该比例界限所对应的荷载值。

③当极限荷载<对应比例界限的荷载值的2倍时，应取极限荷载值的一半。

④当满足终止加载条件最后一种情况，且荷载—沉降曲线上无法确定比例界限，承载力又未达到极限时，应取最大试验荷载的一半所对应的荷载值。

⑤当按相对变形值确定天然地基承载力特征值时，以高压缩性土为主的地基，可取s/b或s/d=0.015所对应的压力；以中压缩性土为主的地基，可取s/b或s/d=0.010所对应的压力。

（6）实验数据及资料：

①工程20个试验点最大加载压力为280kPa，整个实验过程正常；

②工程20个实验点数据；

③根据20个点浅层平板荷载试验结果，工程天然地基承载力特征值为140kPa，满足设计要求。

3.1.2 基础混凝土垫层浇筑

基础C15混凝土垫层应一次性浇筑完成，有防水要求的垫层要表面压光并且清除表面杂物，保持垫层表面干爽；大面积垫层需要分仓浇筑，每仓的宽度不得大于一刮杠的长度；门急诊医技综合楼垫层标高不一致，如图3-1-1所示。

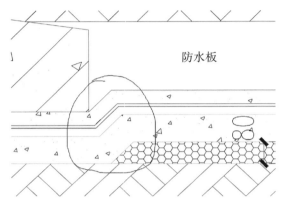

图3-1-1　门急诊医技综合楼垫层标高示意图

门急诊医技综合楼垫层及防水保护层浇筑时为了保证与条基交接处混凝土斜坡的上下口顺直，共考虑两种方案：方案一为在混凝土浇筑时在斜坡上下口挂线，待混凝土半硬时专人对斜坡收面、找直边；方案二为在斜坡上口处支设模板拦边，下口混凝土先打平至聚苯板，待混凝土可上人后再由专人拿尺杆抹用同强度等级细石混凝土抹斜坡；此两种方案经现场实际操作后从各方面考虑后确定以哪种方案为准。

1.基础混凝土浇筑顺序

聚苯板铺设（仅门急诊医技综合楼条基之间空隙存在）→垫层浇筑→防水铺贴→防水保护层浇筑→基础钢筋、模板验收→基础混凝土及吊模混凝土浇筑→混凝土养护→地下室模板、脚手架、钢筋验收（仅门急诊医技综合楼有地下室）→地下室混凝土浇筑→混凝土养护。

2.施工安排

（1）混凝土输送设备：混凝土搅拌运输车、混凝土汽车泵、混凝土地泵。

（2）小型工具：插入式振捣棒（8台）、铝合金刮杠（10根）、木抹子（10个）、小线、胶皮水管（600m）、托板（4个）、混凝土标尺杆（5根）。

（3）人员配备：班组长（4人）、振捣手（8人）、抹面工（10人）、普工（15人）、放料工（2人）。

3. 施工流程

（1）基础条基及基础底板较厚，单体占地面积大，混凝土工程量很大，因此混凝土施工时必须考虑混凝土散热的问题，防止出现温度裂缝。

（2）门急诊医技综合楼基础混凝土浇筑时先一次性浇筑250mm厚（此厚度为抗水板厚度），然后选择低坍落度混凝土浇筑条基，条基混凝土浇筑时应分层连续浇筑，间歇时间不超过混凝土初凝时间，且不得超过2h。每一次浇捣应分层下料，厚度视现场实际情况决定（该部分为吊模）。该处振捣时应格外注意时间，振捣时间过早容易在吊模底部出现留灰，振捣时间过晚，拆模后容易出现因振捣不实或漏振等原因造成的蜂窝、麻面或孔洞，振捣时间最好控制在每层浇筑完成后1h左右开始振捣。

（3）混凝土振捣工具，工程采用插入式振捣器，振捣时要做到"快插、慢拔"，振捣到混凝土表面泛浆无气泡为止，插点间距应不大于400mm，严防漏振；分层浇筑时，上层振捣时应插入下层30～50mm，尽量避免碰撞预埋件、预埋螺栓、钢筋、模板。

（4）浇筑混凝土时，需要经常观察模板、支架、钢筋、预留孔洞和预留管等有无位移情况，一旦发现有变形、位移，应立即停止浇筑，并及时修整和加固模板，然后继续浇筑混凝土。

（5）混凝土收面时应先用托板大致根据标高控制点找平，然后人工分两次收面，两次间隔时间以半小时为宜（具体间隔时间根据天气情况定），条基上面及柱头由专人负责收面。

（6）已浇筑完的混凝土，应在12h以内（视天气情况调整）采用塑料薄膜覆盖和浇水养护；常温养护不得低于7d，对于地下室基础抗渗要求的混凝土覆盖塑料薄膜后，还需采用草帘/棉毡覆盖，且养护时间不得少于14d；养护设专人检查落实，严防因为养护不及时，造成混凝土表面开裂。

（7）地下室混凝土浇筑：

①混凝土浇筑前根据设计强度等级及抗渗要求进行墙、柱、板分部位浇筑。

②剪力墙、柱浇筑混凝土前，先在底部均匀浇筑5～10cm厚与墙体混凝土同配比水泥砂浆，并用铁锹入模，不应用料斗直接灌入模内。

③浇筑时，要将泵管中混凝土喷射在串筒内，由串筒入模。注意随时用布料尺杆丈量混凝土浇筑厚度，分层厚度为振捣棒作用有效高度的1.5倍（一般Φ50振捣棒作用有效高度为470mm）。

④浇筑墙体混凝土应连续进行，上下层混凝土之间时间间隔不得超过水泥的初凝时间，间隔时间一般不应超过2h，每层浇筑厚度按照规范的规定确定。严格按照墙体混凝土浇筑顺序图的要求按顺序分层浇筑、振捣。混凝土下料点应分三点布置。在混凝土接槎处应振捣密实，浇筑时随时清理落地灰。因此必须预先安排好混凝土下料点位置和振捣器操作人员数量。

⑤洞口进行浇筑时，洞口两侧浇筑高度应均匀对称，振捣棒距洞边不小于30cm，在两侧同时振捣，以防洞口变形。大洞口下部模板应开口，并保证振捣密实。

⑥在钢筋密集处或墙体交叉节点处，要加强振捣，保证密实。

⑦振捣棒移动间距应小于40cm，每一振点的延续时间以表面泛浆为准，为使上下层混凝土结合成整体，振捣器应插入下层混凝土5～10cm。振捣时注意钢筋密集及洞口部位，为防止出现漏振，须在洞口两侧同时振捣，下灰高度也要大体一致。大洞口的洞底模板应开口，并在此处浇筑振捣。

⑧墙、柱顶部混凝土浇筑高度应高出板底20～30mm。混凝土墙体浇筑完毕之后，将上口的钢筋加以整理，用木抹子按标高线将墙上表面混凝土找平。

3.2 主体结构工程

3.2.1 主体柱混凝土浇筑

（1）柱浇筑前底部应先填3～5cm厚与混凝土等强度砂浆，柱混凝土应分层浇筑振捣，使用插入式振捣器时每层厚度不大于50cm，振捣棒不得触动钢筋和预埋件。

（2）柱高在2m之内，可在柱顶直接下料浇筑，超过2m时，应采取措施（用串筒）或在模板侧面开洞口安装斜溜槽分段浇筑。

（3）柱混凝土的分层厚度采用混凝土标尺杆计量每层混凝土的浇筑高度，混凝土振捣人员必须配备充足的照明设备，保证振捣人员能够看清混凝土的振捣情况。

（4）柱顶部混凝土浇筑高度应高出板底20～30mm，柱浇筑完毕之后，将上口的钢筋加以整理，用木抹子按标高线将柱上表面混凝土找平。

（5）浇筑完后，应及时将伸出的搭接钢筋整理到位。

（6）主体梁、板混凝土浇筑：

①梁、板应同时浇筑，浇筑方法为由一端开始用"赶浆法"，即先浇筑梁，根据梁高分层浇筑成阶梯形，当达到板底位置时再与板的混凝土一起浇筑，随着阶梯

建设工程创新创优实践
——武陟县人民医院门急诊医技综合楼工程创新创优纪实

形不断延伸，梁板混凝土浇筑连续向前进行。

②梁柱节点钢筋较密时，此处宜用小粒径石子且同强度等级的混凝土浇筑，并用小直径振捣棒振捣。

③浇筑板混凝土的虚铺厚度应略大于板厚，用平板振捣器垂直浇筑方向来回振捣，厚板可用插入式振捣器顺浇筑方向拖拉振捣，并用铁插尺检查混凝土厚度，振捣完毕后用长木抹子抹平。施工缝处或有预埋件及插筋处用木抹子找平。浇筑板混凝土时不允许用振捣棒铺摊混凝土。

（7）施工缝位置：宜沿次梁方向浇筑楼板，施工缝应留置在次梁跨度的中间1/3范围内。施工缝的表面应与梁轴线或板面垂直，不得留斜搓。施工缝宜用木板或钢丝网挡牢。

（8）施工缝处须待已浇筑混凝土的抗压强度不小于1.2MPa后，才允许继续浇筑。在继续浇筑混凝土前，施工缝混凝土表面应凿毛，剔除浮动石子和混凝土软弱层，并用水冲洗干净后，先浇一层同配比水泥砂浆，然后继续浇筑混凝土，同时应细致操作振实，使新旧混凝土紧密结合。

3.2.2 楼梯混凝土浇筑

由于工程所有结构楼梯均用封闭支模法施工，故在浇筑楼梯时应首先选择高坍落度、粒径稍小的混凝土；由于楼梯是封闭支模，故需要根据排气孔及橡皮锤敲击来判断混凝土是否至最底层；混凝土振捣时需尽可能往下续振捣棒，且橡皮锤不断敲击模板上表面及侧模，直至排气孔不再排出空气。

3.2.3 后浇带混凝土浇筑

工程门急诊医技综合楼地下室建筑面积约10000m²，由四条后浇带将整个地下室分成五块，后浇带长度分别为50.2m、55.6m、75.8m、50.3m，地下室外墙后浇带均为6.35m，因此，后浇带的数量较多，工程量较大；工程后浇带均为沉降后浇带，宽度为800mm，厚度与两侧相邻结构相同；在后浇带相邻结构混凝土浇筑完成后即对后浇带钢筋刷水泥浆进行保护，防止锈蚀。

从后浇带设置完成到封闭浇捣有相当长的一段时间，由于后浇带钢筋一旦在外力作用下变形或底板后浇带防水层受损，会对将来混凝土浇筑后的结构质量和防水性能造成不利影响；并且后浇带处钢筋密集，一旦发生污染、变形或损坏，清理和修复十分困难，同时出于安全方面的考虑，故需要对后浇带加以保护。

底板和顶板后浇带采用固定钢制/木质盖板覆盖保护（刷黑黄间隔警示漆），先在后浇带两侧结构预留固定槽，最后完成后浇带的覆盖保护。

外墙后浇带的保护方案：外侧采用砖砌筑挡土墙进行围护，内侧采用木模板封闭。由于后浇带中的钢筋长期暴露在空气中或浸没在水中，极易锈蚀，可在后浇带设置后尽快给后浇带中的钢筋刷纯水泥浆，以防锈蚀（对锈蚀的钢筋用钢丝球刷除）。顶板后浇带在后浇带混凝土达到设计强度的80%后，方可拆除后浇带位置及其两侧的模板和支撑。顶板后浇带留置期间直至后浇混凝土达到上述强度之前，其两侧板块或梁底的模板和支撑不得变动，更不得拆除，且后浇带所在跨内除结构自重外，不得另行施加施工荷载或堆载，以防结构受损。

工程后浇带根据设计要求，在主体结构封顶28d后方可封闭沉降后浇带，用于浇筑后浇带的混凝土采用掺微膨胀剂的补偿收缩混凝土。浇筑前首先必须清除杂物，并排空底板后浇带内的积水，然后去除钢筋表面的水泥薄膜和后浇带两侧的松动石子，必要时，可采用钢丝刷对接缝面认真清理，并用錾子凿去表面砂浆层，使其完全露出新鲜混凝土。如果有钢筋或止水钢板变形现象，必须修整到位，如果有先浇混凝土移位或满溢、流淌至后浇带的现象，必须凿除干净。清理、修整工作完毕后，用水冲洗干净，并排除积水，再进行隐蔽验收。

顶板后浇带由于工程采用独立支模，故需留置清扫口，以方便后浇带封闭之后清理后浇带内的垃圾。后浇带隐蔽验收合格后，外墙后浇带要支设内外侧模，后浇带模板必须具备足够的强度、刚度和稳定性，与先浇混凝土的接触面必须接合严密、平整服贴，必要时可夹以双面胶带或海绵条。各项工作完毕后方可浇筑后浇带混凝土，浇筑前，用水充分湿润新老混凝土接合面，然后铺抹一层水泥浆或与混凝土成分相同的水泥砂浆，或一层涂抹混凝土界面剂。

用于浇捣后浇带的混凝土采用掺微膨胀剂的补偿收缩混凝土，其坍落度控制在120～140mm之间。底板和顶板后浇带仍采用自然流淌方式以形成分层，外墙后浇带应予以人为分层（按500mm/层），以实现分层布料、分层振捣。振捣应细致，不得漏振、欠振和过振，振捣上一层时，振捣棒伸入下一层混凝土50～100mm，以确保连续振捣。为了提高混凝土的密实度，减少混凝土的最终沉实量，对浇筑后的混凝土，有必要在振动界限以内给予二次振捣。现场掌握振动界限的方法是：将运转着的振捣器以其自身的重力逐渐插入混凝土中进行振捣，如果在缓慢拔出振捣器后混凝土仍能自行闭合，而不会在混凝土中留下孔穴，这样就可认为混凝土仍处于流塑状态，在振动界限以内，适宜进行二次振捣。底板

建设工程创新创优实践
——武陟县人民医院门急诊医技综合楼工程创新创优纪实

和顶板后浇带混凝土的找平以两侧先浇混凝土面为准，可略高2～3mm，作为收缩和沉实余量。表面泌水和浮浆要及时清除，不得漫溢到后浇带以外的两侧板面，以免影响观感以及后续构造层与结构层的粘结。混凝土面的收面形式是收光还是留毛面，应与两侧相邻板面相同。底板和顶板后浇带混凝土浇筑后12h内且表面刚刚泛白时，即可覆盖并浇水养护。

外墙后浇带混凝土浇筑后，一周内模板不宜拆除，用以保温保湿养护，且在其外表淋水以保持模板湿润，防止混凝土内水分过快地蒸发。后浇带混凝土养护时间不少于14d。后浇带混凝土浇筑时，必须按规范要求分别留置标准养护和同条件养护试块。

3.2.4 施工缝的留置位置及处理方式

1.施工缝的留置位置

（1）底板、外墙、楼板、梁的竖向施工缝：留置在后浇带处。

（2）墙体水平施工缝：地下室外墙留置在底板上表面500mm处；其他部位留置在楼板上下表面处、梁下底面处。

（3）柱水平施工缝：留置在柱上端主梁底面向下3cm处。

2.施工缝处理

（1）墙、柱及施工缝的接槎位置应先下50～100mm同标号水泥砂浆，以防止在下灰过程混凝土中的砂浆被钢筋沾去，造成下部蜂窝麻面严重，出现烂根。

（2）柱头、梁底（含剪力墙顶）施工缝必须凿毛处理合格，不得有松动石子或浮浆，施工缝处应提前浇水冲刷干净，并先下50mm同标号水泥砂浆，振捣结合良好；由于高低混凝土强度等级不同，互相交叉，高低标高相接吊模处下双层钢板网（固定牢固），混凝土浇筑时需专人严格控制，避免出错，并防止出现冷缝。

（3）柱、墙水平施工缝：柱的水平施工缝留置在梁底标高以上15～20mm处，施工中严格控制浇筑标高，过低则不利于支梁底模，过高则应在柱拆模后凿除多余的混凝土，浪费人工；墙的水平施工缝留置在板底标高以上10mm处，过低则不利于支板底模。

（4）施工缝的处理：在拆模后绑扎钢筋之前，施工队放线人员按照接头位置在墙上弹出边线，接着施工队派专人用砂轮切割机配合錾子将接头位置精确凿出，要求凿除多余的混凝土，以及清除混凝土表面的水泥膜、浮浆、松动石子等。

3.3 屋面工程

3.3.1 施工工艺流程

1.防水保温上人/不上人屋面

结构层清理→设备基础施工→120mm厚泡沫玻璃保温板铺贴→泡沫混凝土（500kg/m³）找坡2%→20mm厚1:3水泥砂浆找平层→刷基层处理剂一遍→2mm厚高聚物改性沥青防水涂料→4mm厚高聚物改性沥青防水卷材→3mm厚高聚物改性沥青防水卷材→350号沥青油毡隔离层→绑扎钢筋网片（Φ6@150双向）→40mm厚C20细石混凝土→20mm厚1:2水泥砂浆→防滑地砖、防水砂浆勾缝。

2.防水保温种植屋面

结构层清理→120mm厚泡沫玻璃保温板铺贴→泡沫混凝土（500kg/m³）找坡2%→20mm厚1:3水泥砂浆找平层→刷基层处理剂一遍→2mm厚高聚物改性沥青防水涂料→3mm厚高聚物改性沥青防水卷材→4mm厚高聚物改性沥青耐根穿刺防水卷材→20mm厚1:3水泥砂浆保护层→绑扎钢筋网片（Φ6@150双向）→50mm厚C20细石混凝土→20mm高凹凸性排蓄水板→土工布过滤层→150mm厚种植土→植被层。

3.3.2 施工方法

施工方法以防水保温种植屋面为例。

（1）结构层清理：施工前确保穿屋面的所有立管、套管已完成，并固定牢固，管周围密封严密。将结构层表面的松散杂物清理干净，铲平突出基层表面的灰渣等粘结物，切除钢筋露头并用水泥砂浆抹平。屋面有裂缝位置，采用聚氨酯涂料涂刷1mm厚。

（2）设备基础施工：若设备未确定，为了不影响整体进度，可将设备基础按常规设备基础尺寸四周各加大100mm进行施工。

（3）玻璃泡沫保温板铺贴：120mm厚玻璃泡沫保温板采用干铺法施工，保温板紧靠在基层表面，并铺平垫稳、拼缝严密，表面与相邻两板的高度一致，相邻两块板接缝应相错半幅或错开300mm。保温层做完后，经检验合格，再做找坡层。

建设工程创新创优实践
——武陟县人民医院门急诊医技综合楼工程创新创优纪实

（4）轻集料混凝土找坡层施工：按设计坡度及水流方向，找出屋面坡度走向，确定找坡层厚度范围，弹线找坡。贴标高点每2m一个（灰饼50mm×50mm），冲筋按坡度要求（2%间距1～2m，按流水方向）。铺装前应适当洒水湿润表面，有利于上下层间结合，但洒水不得过量，以免影响表面干燥，从而影响防水层施工。铺装1:8水泥膨胀型珍珠岩，应按分格块装灰、铺平，用刮杠紧贴冲筋条刮平，找坡后用木抹子搓平，压光，二次收面。压实24h后应洒水养护。

（5）排气道：工程屋面排气孔从保温板中开始留置，以保证保温层、找坡层中多的水分及时排出，避免破坏屋面防水层。排气道留置在找平层中，排气道出气孔留设在分格缝的十字线中间且不大于36m²设置一个排气孔，梅花状布置，高出防水层不小于500mm（距屋面结构层），采用直径50mmPVC管。在找平层施工前，清理排气道周围的垃圾并填上密石，保证所设通道贯通。排气管布置规则如图3-3-1所示，排气管布置图如图3-3-2所示。

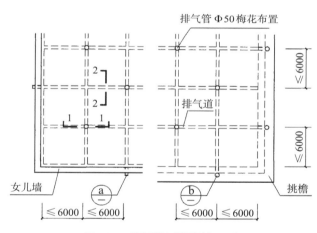

图3-3-1　排气管布置规则（mm）

图3-3-2　排气管布置图

（6）找平层施工：20mm厚1:3（体积比）水泥砂浆，应先按1～2m间距做标高灰饼，并设置分格缝，缝宽20mm，分格缝从女儿墙边开始留设，间距≤6m。在基层与突出屋面结构的交界处和基层的转角处，水泥砂浆找平层应做成圆弧形，圆弧半径50～100mm，排水口周围应做半径500mm和坡度5%的环形坑洼。找平层完成后，表面抹平压光、坚实、平整，无空鼓、无裂缝起砂等缺陷。

（7）防水层施工：工程要求坡度2%，所以卷材铺设应按平行于屋脊方向施工，搭接缝应顺流水方向，接头时标高高处卷材压住标高低处卷材。待找平层干燥后，刷基层处理剂，刷均匀，不露底，不过厚，一次刷好，不宜反复刷，等干燥后方可铺设卷材。在大面积铺设前，首先对阴阳角做附加层施工，包括女儿墙、烟风道、落水口、管根、檐口及阴阳角。卷材裁剪成1000mm宽的长条，每边各500mm。分格缝处裁剪成300mm宽的长条，每边各150mm。天沟防水卷材平行于天沟长度方向，立面与平面相接处由下向上进行，卷材紧贴阴阳角。

SBS改性沥青防水卷材一般采用热熔满粘法施工，要求长边的搭接长度≥100mm，短边的搭接长度≥80mm，为保证搭接长度，可以先在找平层上弹出线。应注意，卷材底部的热熔胶加热不足，会造成卷材与基层粘结不牢固，若加热过度，又容易使卷材烧化，胎体老化降低防水的质量，因此在烘烤时要均匀、适度加热。

卷材端部铺贴完成后，即可进行大面积滚铺，卷材加热后缓缓推压卷材，并随时注意卷材的平整顺直和搭接的宽度，同时要排出卷材下面的空气，保证表面平展无褶皱现象。在铺设过程中避免铺斜、扭曲，如果发现有气泡、空鼓翘边等现象，及时处理。等卷材铺设完成后，热熔封边，对卷材搭接处用喷灯加热，趁热使二者粘结牢固。末端收头用密封膏嵌填封严。第二层做法同第一层，两层卷材不得相互垂直铺设，第二层卷材必须与第一层错开1/2幅宽。卷材铺设完成后，外部检查合格，用碎布条塞住水落口等位置，随后进行灌水试验，水面高出最高点20mm，24h未发现渗漏，合格。

隔离层：待防水层灌水试验合格后，待表面干燥，点粘350沥青油毡一层。当铺设至女儿墙时，必须连续铺设至防水收头位置。

（8）水泥砂浆保护层：水泥砂浆保护层施工方法同找平层施工方法。

（9）细石混凝土施工：根据已弹好的坡度线，拉线找坡做灰饼，顺排水方向冲筋，冲筋的间距为1.5m。屋面找平层施工材料为50mm厚C20细石混凝土，内配Φ6@200单层双向钢筋网，四周墙根处设伸缩缝，缝宽30mm，缝内嵌填密封胶。

混凝土采用物料提升机运输，平板振捣器振捣密实，用抹子摊平，然后用2m

大杠根据两边冲筋标高刮平，再用木抹子找平，最后用铁抹子压实、压光。施工时按6m×6m设置分格缝，缝宽20mm，填嵌缝膏。

①注意事项：一个分格内的细石混凝土应一次连续浇筑完成，滚压或人工拍实、刮平表面，木抹子二次收面。细石混凝土初凝后及时取出分格缝木条，修整好缝边，终凝前用铁抹子压光。找平层内钢筋网片设置在保护层中间偏上部位，在浇筑铺平时压入。细石混凝土保护层养护时间不少于14d，完成养护后干燥和清理分格缝、嵌填密封材料封闭。

②分格缝：分格缝应设置在变形较大和容易变形的屋面板的支撑端、屋面转折处、防水层与突出屋面结构的交界处，尽量与下面的排气管道对齐，两边弹线，切直，宽度为20mm。

（10）排蓄水层和过滤层：排蓄水层应与排水系统连通；排蓄水设施施工前应根据屋面坡向确定整体排水方向；排蓄水层应铺设至排水沟边缘或水落口周边；铺设排蓄水材料时，不应破坏耐根穿刺防水层；20mm高凹凸塑料排蓄水板宜采用搭接法施工，搭接宽度不应小于100mm，凸点向下。

无纺布过滤层施工应符合以下规定：

①空铺于排蓄水层之上，铺设应平整，无皱折；

②搭接宜采用粘合或缝合固定，搭接宽度不应小于150mm；

③边缘沿种植挡土墙上翻高出种植土100mm。

（11）广场砖铺设：采用10mm×200mm×200mm广场砖，对进场的砖进行挑选，将有裂缝、掉角、翘曲和表面上有缺陷的板块剔除。拉水平线，根据屋面面积大小可分段进行铺设，先在每段的两端头各铺一排水泥砖，再以此作为标准进行铺设。铺砖前必须设置伸缩缝并与下面的分格缝上下对齐。

屋面砖分为天蓝色和灰色，大面铺贴灰色广场砖，分格缝两侧、排水沟两侧及出屋面构件四周为蓝色广场砖（图3-3-3）。

图3-3-3　屋面砖

铺砖前将保护层上清理干净后，铺一层20mm厚1:2水泥砂浆结合层，不得铺设面积过大，随铺浆随砌（砂浆配合比宜为1:2水泥:砂的干硬性砂浆），铺砖时应略高于面层水平线，找正、找直、找方，然后用橡皮锤将方砖敲实，使面层与水平线相平。做到面砖砂浆饱满、相接紧密、坚实，花砖缝隙为8～10mm，分格缝宽度为20mm，分格缝间距为6m，广场砖距混凝土构件边缘30mm。要及时拉线检查缝格平直度，用靠尺检查方砖的平整度。

拨缝、修整：铺完2至3行，随时拉线检查缝格的平直度，如超出规定立即修整，将缝拨直，并用橡皮锤拍实，此项工作应在结合层凝结之前完成砖铺设后2d内完成，分格缝用密封胶填实，其余缝用1:1水泥砂浆勾缝。填实灌满后将面层清理干净，待结合层达到强度后，方可上人行走。铺完砖24h后，洒水养护，养护时间不少于7d。

嵌填的密封材料应与接缝两侧粘结牢固，表面应光滑，缝边应顺直，不得有气泡、开裂和剥离等缺陷。

3.3.3 细部节点做法

1.屋面天沟

工程屋面天沟箅子采用树脂成品箅子，规格为500mm×400mm×30mm，沟内坡度为1%。

在铺设保温前在结构板弹排水沟边线，边线净距490mm，然后铺泡沫玻璃保温板；支模浇筑LC5.0轻集料混凝土2%找坡，排水沟边缘处最薄厚度为30mm，排水沟内分格缝同大屋面一样留置，20mm厚1:3水泥砂浆找平层应在找坡层完全干燥后方可施工，防水施工时阴角特别注意，不得出现鼓皱。防水保护层施工时配筋在排水沟内不得断开，混凝土浇筑时应分区浇筑一次成型，铺广场砖之前将排水沟箅子边线弹出，箅子每边应搭在沟壁不小于30mm。

2.屋面女儿墙

女儿墙以门急诊医技综合楼屋面女儿墙为例，门急诊医技综合楼屋面女儿墙高度分别为0.7m、1.5m、1.7m、2.1m四种，因外墙全部为干挂石材，故临外女儿墙石材须翻遍至挑檐以下300mm，其余女儿墙装饰面均为真石漆，墙根阴角均用1:3水泥砂浆做圆弧，圆弧高200mm，宽度为120～150mm；为保证女儿墙保温内面的平直，故需在女儿墙压毡槽以上粉刷层厚度为20mm，压毡槽以下的粉刷层厚度为10mm；在女儿墙内侧真石漆处根据焦作当地风土人情作手绘图。女儿墙节点示

建设工程创新创优实践
——武陟县人民医院门急诊医技综合楼工程创新创优纪实

意图如图3-3-4所示，出屋面构件阴角圆弧示意图如图3-3-5所示。

图3-3-4　女儿墙节点示意图　　　　图3-3-5　出屋面构件阴角圆弧示意图

3. 出屋面管道

工程出屋面管道分为穿屋面管道和屋面排气孔；穿屋面管道为3mm厚镀锌钢套管，出结构面高度为800mm；止水环为3mm厚、80mm宽钢板圈，与钢套管焊接；外裹保温及防水，收口为密封膏封严收口。排气管为Φ110PVC塑料管，根部砌筑砖墩，表面粘贴广场砖，接缝处用结构密封胶密封。出屋面管道做法节点如图3-3-6所示。

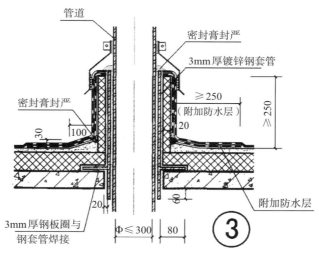

图3-3-6　出屋面管道做法节点（mm）

3.4 建筑装饰装修工程

3.4.1 内墙装饰施工

1.设计概况

室内公共区域墙砖为干挂800mm×800mm浅黄色玻化砖,地面为800mm×800mm浅黄色玻化地砖;室内办公室房间墙砖为湿贴400mm×800mm浅黄色玻化砖(地砖上墙),地砖为800mm×800mm浅黄色玻化地砖;室内有水房间墙砖为湿贴300mm×600mm白色釉面砖,地砖为600mm×600mm灰色防滑地砖;公共卫生间墙砖为湿贴300mm×600mm黄色釉面砖,地砖为600mm×600mm灰色防滑地砖;无障碍卫生间、更衣室、较小卫生间墙砖为湿贴300mm×600mm黄色釉面砖,地砖为300mm×300mm黄色防滑砖。四层多功能会议室舞台为浸渍纸层压木质地板,面积约80m²。所有地砖均预先现场实测实量,画图排版,卫生间等有水房间均下降2cm,无障碍卫生间过门石做斜坡过渡。

2.做法概况

1)室内干挂墙砖做法

室内干挂墙砖:干挂800mm×800mm玻化砖。

干挂墙砖剖面图如图3-4-1所示。

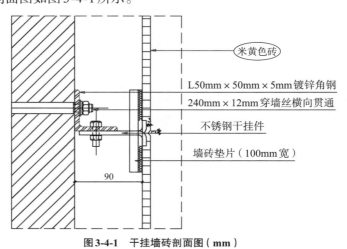

图3-4-1 干挂墙砖剖面图(mm)

2)室内湿贴墙砖做法

(1)12(10)mm厚400mm×800mm牙白色抛光砖密贴,阳角磨45°角,阴角打

建设工程创新创优实践
——武陟县人民医院门急诊医技综合楼工程创新创优纪实

密封胶嵌缝，面砖由800mm×800mm×12（10）mm地板砖切割而成，涂刷强力瓷砖背涂胶。

（2）15mm厚的聚合物粘接砂浆结合层。

（3）M20预拌混合砂浆面层。

（4）M5.0预拌混合砂浆打底。

（5）专用界面剂一道（甩前喷湿墙面）。

（6）混凝土或加砌块墙体基层。

室内普通房间地砖铺设示意图如图3-4-2所示。室内有水房间地砖铺设示意图如图3-4-3所示。室内普通房间墙砖粘贴示意图如图3-4-4所示。室内有水房间墙砖粘贴示意图如图3-4-5所示。

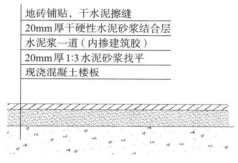

地砖铺贴，干水泥擦缝
20mm厚干硬性水泥砂浆结合层
水泥浆一道（内掺建筑胶）
20mm厚1:3水泥砂浆找平
现浇混凝土楼板

图3-4-2　室内普通房间地砖铺设示意图

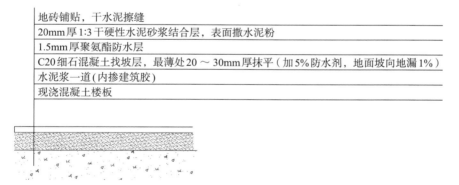

地砖铺贴，干水泥擦缝
20mm厚1:3干硬性水泥砂浆结合层，表面撒水泥粉
1.5mm厚聚氨酯防水层
C20细石混凝土找坡层，最薄处20～30mm厚抹平（加5%防水剂，地面坡向地漏1%）
水泥浆一道（内掺建筑胶）
现浇混凝土楼板

图3-4-3　室内有水房间地砖铺设示意图

3）主要工艺流程

（1）干挂墙砖：实测实量→排版画图→依据排版图弹线→打干挂钢排架→检查钢排架与墙体固定情况→按砖色号选料→上固定挂件→瓷砖挂胶部位背部打磨→抹云石胶固定找平→挂抹干挂AB胶固定牢固→外部粘502胶水防止变形→24h后清扫墙面→贴成品保护标识。

10mm厚玻化砖贴前充分浸湿（背涂玻化砖背胶）

15mm厚粘接砂浆结合层

素水泥浆一道

8mm厚M20预拌砂浆抹平（填充墙和混凝土墙之间加网格布）

8mm厚M5预拌砂浆打底扫毛

专用界面剂甩毛（用于加气混凝土砌块墙）

原建筑墙体

图3-4-4　室内普通房间墙砖粘贴示意图

10mm厚玻化砖贴前充分浸湿（背涂玻化砖背胶）

15mm厚粘接砂浆结合层

1.5mm厚聚合物水泥基复合防水涂料防水层至吊顶高

8mm厚M20预拌砂浆抹平（填充墙和混凝土墙之间加网格布）

8mm厚M5预拌砂浆打底扫毛

专用界面剂甩毛（用于加气混凝土砌块墙）

原建筑墙体

图3-4-5　室内有水房间墙砖粘贴示意图

（2）地砖：实测实量→排版画图→依据排版图弹线→清扫整理基层地面→定标高、放线→安装标准块→选料→浸润→拌料→铺贴→清洁→养护→成品保护。

湿贴墙砖：实测实量→排版画图→依据排版图弹线→检查原墙面空鼓→修补空鼓→刷108建筑胶→刷瓷砖背胶→集中加工切割倒角→浸砖→拌瓷砖胶砂浆→粘贴→打扫墙面→清缝→填缝→成品保护。

（3）浸渍纸层压木质地板：实测实量→木龙骨支撑体系→钉基层板→铺防潮膜→铺木地板→踢脚线→清洁→成品保护。

4）主要施工方法

（1）墙砖干挂施工

实测实量、排版画图。

二次优化后，墙地砖不照缝，门间墙尽量用整砖，门头上面采用两块砖对拼，砖缝居中。此方法均为大块砖，门口通缝上去，均匀美观，预计能节约15%砖材料。优化后的干挂砖排版图如图3-4-6所示。

①弹线：依据干挂砖排版图在现场墙体上放线放样，利用标高一米线弹出各砖层位置线。

②干挂砖排布：干挂砖排布为200mm高灰色踢脚，往上依次排列为800mm

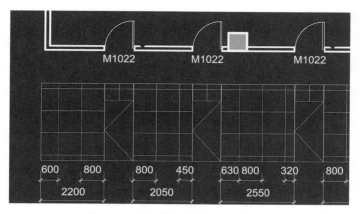

图3-4-6 优化后的干挂砖排版图（mm）

高浅黄色玻化砖，故+50mm一道钢架，+200mm一道钢架，+1000mm一道钢架，+1800mm一道钢架，吊顶处一道收口钢架，根据标高控制线将预先钻孔的50mm×50mm×5mm镀锌角钢用240mm×12mm不锈钢穿墙丝固定在墙体上。

③按色号选料：由于用砖量过大，因此生产同一批次玻化砖不可能用于全部工作面，所以要按照不同批次砖（色号）分类、分区域、分块使用，保证同一垂直、水平面不能出现两种色号砖（注：不同色号砖可用色带砖、波打线砖过渡）。

④固定不锈钢挂件：根据已施工完成的地砖查看平行于干挂墙面的地砖缝，从头到尾排测墙体是否平行于地砖缝，误差是否过大，然后推断最合适的干挂砖至墙体厚度，一般为100mm，头尾各固定一个挂件，利用五线仪、线绳将中间所有挂件固定完毕。最常用的干挂件有70mm、80mm、90mm、100mm、120mm。

⑤瓷砖挂胶部位背部打磨：施工干挂砖时要先预排好一块砖的挂胶位置，然后用角磨机将干挂砖挂胶部打磨，使其表面粗糙无污染，这样才能保证干挂砖与干挂件的充分粘接。

⑥挂砖固定：挂砖时从底向上施工，利用五线仪将干挂砖找平，然后抹云石胶临时固定，待云石胶干硬后随即挂抹干挂AB胶固定牢固，云石胶起临时固定作用，干挂AB胶起永久受力固定作用。为保证作业面砖块不翘鼓不变形，在干挂砖外部四角用502胶水粘小砖块，防止变形。干挂砖所有阳角均采用内倒海棠角，可集中加工。

⑦成品保护：施工24h后清扫墙面，将小砖块去除，贴成品保护标识。

（2）地砖粘贴施工

①依据排版图弹线：项目管理人员利用经纬仪、激光五线仪在各个房间将排版图放样至墙面上。因为放线至地面上会影响施工材料堆放，所以砖缝线统一放线

至墙面上，施工时再由工人从墙面砖缝基准线引至地面，按照放样砖缝线施工。

走廊放线时宜先在走廊十字交界处架设仪器，利用仪器找东西向和南北向走道的平行线、垂直线，画出基准点，用长线绳迁出总体排布轮廓。

②清扫整理基层地面：将地面垫层上的落地灰、杂物清理并錾掉。用钢丝刷刷掉粘结在垫层的砂浆，清扫干净。

③定标高、放线、安装标准块：依据墙面砖缝基准线，利用激光五线仪将墙面砖缝线引线至地面，画点，然后横、纵向分别用线绳两头放在地面基准点上，拉紧，横纵向交叉点就是第一块砖砖脚点。利用事先放好的标高一米线量定尺寸架设激光水平仪，利用激光线确定整间房间的水平面。依据以上条件可铺砂灰安装标准块，一般标准块为整砖，在房间的某个角落；公共走廊标准块在路口交叉处，以保证路口的每个方向都是照缝施工。

④选料：由于用砖量过大，因此生产同一批次玻化砖不可能用于全部工作面，所以要按照不同批次砖（色号）分类、分区域、分块使用，保证同一垂直、水平面不能出现两种色号砖（注：不同色号砖可用色带砖、波打线砖过渡）。使用砖必须符合方正平整要求，不符合要求的单独存放退货。

⑤浸润：地砖铺贴前要将瓷砖充分润湿，以保证有足够的水与水泥进行反应，地面也应洒水湿润。

⑥拌料：地砖铺设采用1:4或1:3干硬性水泥砂浆粘贴（砂浆干硬程度以手捏成团不松散为宜），水泥砂浆在料场集中拌制。

⑦铺贴：将地砖按照要求放在水泥砂浆上，用橡皮锤轻轻敲击地砖饰面直至密实平整达到要求，砂浆厚度控制在20～30mm。在干硬性水泥砂浆上撒素水泥，并洒适量清水。根据水平线用铝合金水平尺找平，激光水平仪复核。铺完第一块后向两侧或后退方向，顺序镶铺。砖缝一般为1mm，铺装时要保证砖缝宽窄一致，纵横在一条线上。铺贴时要先铺房间后铺走道，门口加过门石与走道分隔。

非贯通与贯通管道根部管道处理节点如图3-4-7和图3-4-8所示。

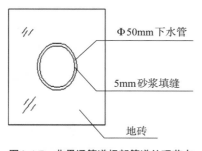

图3-4-7　非贯通管道根部管道处理节点

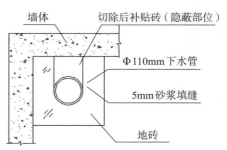

图3-4-8　贯通管道根部管道处理节点

建设工程创新创优实践
——武陟县人民医院门急诊医技综合楼工程创新创优纪实

地漏安装节点如图3-4-9所示。

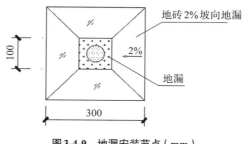

图3-4-9　地漏安装节点（mm）

⑧清洁、养护、成品保护：铺贴时如地砖表面有水泥砂浆等杂物要用棉纱随时擦干净。房间铺好后要把门口封闭防止人进去踩踏。根据凝固情况随时养护，养护时间不少于7d。当水泥砂浆达到强度后，清理擦洗，颜色要与地砖同色，并用棉纱把灰浆和污物擦干净。当交叉作业较多时先铺一层保护膜，再铺一层3mm纤维板保护。

（3）湿贴墙砖施工

①依据排版图弹线：因为湿贴墙砖在地砖之后，且地砖缝与墙砖缝照齐，所以地砖线就是墙砖砖缝线，但有柱脚阳角的墙砖尺寸如不大于800mm，可用一块砖代替对缝两块砖。项目部依据以上条件对墙砖线进行复核。

②检查原粉刷墙面是否空鼓、修补空鼓：施工前项目部对已施工完成的粉刷墙面及已施工完成的地砖进行空鼓检查和标高复核检查，如存在不合格之处及时修复处理，以保证整体质量齐头并进。

③刷108建筑胶、刷瓷砖背胶：在粉刷墙面上提前一天涂刷两遍108建筑胶，使胶水浸润至粉刷层内，涂刷高度为贴砖高度。在瓷砖背面粘灰面满刷瓷砖背胶，涂刷后分块排放晾干。

④集中加工阳角海棠角：工程瓷砖阳角采用海棠角，背部需要倒角，为使倒角宽度尺寸一致，项目部集中加工切割倒角。湿贴墙砖背倒海棠角示意图如图3-4-10所示。

⑤浸砖：釉面砖粘贴前要将瓷砖充分润湿，以保证有足够的水与水泥反应（注：全瓷砖不需要浸水，釉面砖须浸水浸泡）。

⑥拌瓷砖粘接剂：工程采用成品瓷砖粘接剂，将瓷砖胶泥倒入干净灰桶内，用电动拌灰机加水搅拌，拌成粘稠膏状即可。即拌即用，使用时间不能超过4h。

⑦粘贴：用墙砖专用激光仪找平。粘贴时由底向上，将拌好的瓷砖胶泥均匀涂抹在瓷砖背面上，然后将砖按压在墙面上，用橡皮锤敲打揉压，使砖面与水平基

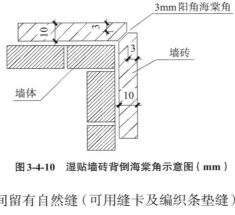

图3-4-10　湿贴墙砖背倒海棠角示意图（mm）

准线平行，砖与砖之间留有自然缝（可用缝卡及编织条垫缝）。

⑧墙砖与线盒交接部位做法：开关插座保持同一水平线，线盒切口与线盒内口平齐，线盒切口与线盒间孔隙用砂浆收平压光。

⑨墙裙与墙面构造做法：白水泥推圆角，阳角处尖角过渡。墙裙顶部构造节点如图3-4-11所示。

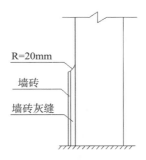

图3-4-11　墙裙顶部构造节点

⑩打扫墙面、清缝、填缝、成品保护：粘贴时如墙砖表面有灰膏等杂物要用棉纱随时擦干净。待墙砖施工24h后及时将缝卡及编织条拔出。根据凝固情况，要随时养护，养护时间不少于7d。待墙砖凝固后将瓷砖缝隙用毛刷打扫干净，用彩色填缝剂填缝，填缝剂要加水拌成膏状用砂架填缝（注：填缝剂须含有建筑胶成分，以免日后脱落）。填缝完成后贴保护膜保护。

（4）浸渍纸层压木质地板施工

①基层清理干净，楼面无积水、无杂物、无污物。

②弹出木龙骨分格线及标高控制线。

③钉木龙骨支撑体系，与建筑结构面用钢钉连接牢固，木龙骨间距300mm（所用木龙骨经防火、防腐处理）。

④木龙骨上部钉两层18mm阻燃板，阻燃板错缝对接，尽量使用整张板，表面

平整，连接牢固。

⑤在阻燃板表面铺防潮衬垫，防潮衬垫必须满铺，不得漏铺。

⑥安装浸渍纸层压木地板，拼缝严密，表面平整。

⑦安装塑料踢脚线，对接牢固、顺直。

⑧浸渍纸层压木质地板施工如图3-4-12所示。

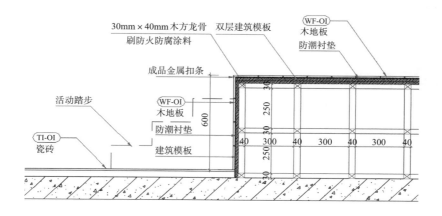

图3-4-12　浸渍纸层压木质地板施工（mm）

（5）墙面抹灰

①操作工艺顺序：

砌体验收→墙面浇水→弹准线→专用界面剂甩毛→贴灰饼、冲筋→做护角→墙面冲筋→抹底灰（8mm厚1:1:6水泥石灰膏砂浆）→修抹预留孔洞、电气箱、槽盒→抹罩面灰（5mm厚1:0.5:2.5水泥石灰膏砂浆抹平）。

②施工方法：

a.基层处理：抹灰基层为加气混凝土墙体基底处理：抹灰前检查加气混凝土墙体，对松动、灰浆不饱满的拼缝及梁、板下的顶头缝，用胶灰填塞密实。将露出墙面的舌头灰刮净，墙面的突出部位剔凿平整。墙面坑洼不平处、砌块缺棱掉角以及剔凿的设备管线槽、洞，应用胶灰整修密实、平顺。用托线板检查墙体的垂直偏差及平整度，将抹灰基层处理完好。

抹灰基层为混凝土墙基底处理：混凝土墙采用大胶合板模板浇筑出的混凝土墙面较光滑，抹灰前要对其表面进行处理，将光滑表面清扫干净，用10%火碱水除去混凝土表面的油污后，将碱液冲干净后晾干，采用机械喷涂或用笤帚甩上一层1:1稀粥状水泥细砂浆（内掺20%107胶拌制），使其凝固在光滑的基层表面，用手掰不动为好。

b.洒水湿润：将墙面浮土清扫干净，分数遍浇水湿润。由于加气混凝土块吸水速度先快后慢，吸水量慢而延续时间长，故应增加浇水的次数，使抹灰层有良好的凝结硬化条件，不致在砂浆的硬化过程中水分被加气混凝土吸走。浇水量以水分渗入砌块深度8～10mm为宜，且浇水宜在抹灰前一天进行。遇风干天气，抹灰时墙面仍干燥不湿，应再喷一遍水，但抹灰时墙面不湿浮水，以利砂浆强度增长，不易出现空鼓、裂缝。喷水后立即刷一遍掺建筑胶素水泥浆，再开始抹灰。

c.贴灰饼、冲标筋：用托线板检测一遍墙面不同部位的垂直、平整情况，然后用激光水准仪进行墙面冲筋。以墙面的实际高度决定灰饼和冲筋的数量。一般水平及高度距离以1.5m为宜。用1:1:6水泥石灰混合砂浆做成100mm见方的灰饼，灰饼厚度以满足墙面抹灰达到垂直度的要求为宜。上下灰饼均用托线板找垂直，水平方向用靠尺板或拉通线找平，先上后下，保证墙面上、下灰饼表面处在同一平面内，以作为冲筋的依据。

依照已贴好的灰饼，沿水平或垂直方向在各灰饼之间用水泥混合砂浆冲筋，反复搓平，上下吊垂直。采用激光贴饼工艺示意图如图3-4-13所示。

图3-4-13 采用激光贴饼工艺示意图

d.抹水泥砂浆：踢脚板、墙裙在踢脚线的高度范围内，先用7mm的1:3水泥砂浆打底，然后做8mm的1:2水泥砂浆抹面并压光。

e.抹门窗口水泥砂浆护角：室内门窗口的阳角和门窗套、柱面阳角，均应抹水泥砂浆护角，其高度不得小于2m，护角每侧包边的宽度不小于50mm，阳角、门窗套上下和过梁底面要方正。操作方法是先用2:1:8水泥混合砂浆打底。第二遍用1:1:6的水泥混合砂浆与标筋找平。做护角要两面贴好靠尺，待砂浆稍干后再用素水泥膏抹成小圆角（用阳角抹子），护角厚度超出墙面底灰一个罩面灰的厚度，抹灰完成后与墙面灰层平齐。

f.抹底子灰：在加气混凝土砌块刷好掺胶素水泥浆以后应及时抹灰，不得在素水泥浆风干后再抹灰，否则形成隔离层，不利于基层粘结。抹灰时不要将标筋碰坏。第一遍抹水泥石灰膏砂浆打底，配合比为1:1:6，厚度8mm；扫毛或划出纹线，养护，待干后再抹1:1:6混合砂浆，厚度与所充筋齐平，用大杠将墙面刮平，木抹子搓平。用托线板检查，要求垂直、平整，阴、阳角方正，顶板（梁）与墙面交角顺直，管后阴角顺直、平整、洁净。

修抹墙面上的箱、槽、孔洞，当底灰找平后，应立即将暖气、电气等设备的箱、槽、孔洞口周边50mm的底灰砂浆清理干净，并使用1:1:4水泥混合砂浆将孔洞口周边抹平、抹齐、方正、光滑，抹灰时比墙面底灰超出一个罩面灰的厚度，确保槽、洞周边修整完好。

g.刷水泥石膏灰砂浆：刷素水泥浆后，用1:0.5:2.5水泥石膏灰砂浆分两遍抹灰，再沿罩面抹平，厚5mm。

h.冬季施工：加气混凝土墙面的室内抹灰，应采取外封闭、内加温等保温措施，确保所使用的各种材料不得受冻，抹灰时砂浆的温度不得低于5℃。加气混凝土墙面抹灰的环境温度不应低于5℃。在冬季施工中用冻结法砌筑的墙体，在抹灰前应采取解冻措施。应待墙体全部解冻后，且环境温度在5℃以上，方可进行加气混凝土墙面抹灰工作。不得在零下温度的环境中和尚未解冻的墙面上抹灰。

（6）乳胶漆墙面

①操作工艺顺序：

基层处理→第一遍耐水腻子刮平→第二遍耐水腻子刮平→打磨→第一遍乳胶漆→第二遍乳胶漆→第三遍乳胶漆。

②施工方法：

a.基层处理时应将墙面的浮砂、灰尘、疙瘩清除干净，油污用碱水清刷干净。

b.在墙上先喷、刷一道胶水（重量配比为水:乳液＝5:1），喷/刷要均匀，不得有遗漏。

c.刮腻子：在满刮腻子前，用水和石膏将墙面上坑、洞、磕碰处缝隙处找平。不同结构基层，接缝处容易开裂，应贴绷带，再进行刮腻子，刮腻子的道数可由墙面的平整度所决定。图纸要求为两遍。

第一遍先横向满刮，每刮一板要干净利落。干燥后打磨飞腻子，刮第二遍竖向满刮，所用的材料及方法同第一遍腻子，干燥后打磨。第三遍腻子最好用纯滑石粉腻子，因为滑石粉细腻，刮最后一遍时不易出道子，打磨砂纸就省力，质量也好。第三遍腻子必须将墙面顶面刮平刮光，干燥后用0号砂纸磨平磨光。

d.刷乳胶漆：刷第一道乳胶漆之前先刷一遍底胶或把乳胶漆加入50%稀胶水，涂刷乳胶漆的顺序为先刷顶后刷墙面，涂刷墙面的顺序是先上后下。乳胶漆使用前先用搅拌器搅拌均匀并适当加水。第一遍干后补腻子，打磨砂纸清扫干净。

第二道乳胶漆操作要求同第一遍，使用前充分搅拌不要太稠。漆膜干燥后，用细砂纸打磨表面小疙瘩和排笔毛。磨完后扫干净。

第三遍乳胶漆操作要求与第二遍相同，由于乳胶漆膜干燥较快，应连续迅速操作，可两、三个人一起操作，要上下顺刷，互相衔接，下一排刷紧接上一排刷，避免出现接头。乳胶漆墙面示意图如图3-4-14所示。

图3-4-14 乳胶漆墙面示意图

③成品保护：

乳胶漆墙面未干，不要清扫场地，以免尘土沾污表面，漆面干燥后，不得挨近墙面泼水以免溅上泥污，将墙面沾污。经常行走的通道，应适当覆盖，防止其他工种工人手不干净摸墙。墙面阳角完工后要妥善保护，防止磕碰；涂刷墙面时对已施工完毕的地面、门窗、玻璃、五金均应做好防护，不得污染。

（7）穿孔吸声板施工

①操作工艺顺序：

墙面：排版→弹龙骨分格线→安装固定龙骨→安装横向支撑龙骨→填塞玻璃丝棉→安装半封堵阻燃板基层→安装吸声板（横向排布）→细部阳角封边→验收→成品保护。

顶棚：机电吊杆安装→排版→弹龙骨分格线→安装固定龙骨→安装竖向C形龙骨→安装横向支撑龙骨→安装岩棉钉→填塞玻璃丝棉→固定玻璃丝布→安装三角龙骨→安装穿孔铝扣板→细部封边→验收→成品保护

②吸声墙面做法见表3-4-1。

吸声墙面做法

表 3-4-1

施工部位	吸声墙面施工做法
1. 空调机房 2. 水泵房 3. 发电机房 4. 风机房	1. 条形吸声板
	2. 半封 12mm 阻燃板衬底
	3. 40mm 隔音岩棉，建筑胶粘剂粘贴于龙骨档内
	4. 75mm×50mm×0.7mm 轻钢龙骨用膨胀螺栓与墙面固定
	5. 梁、柱、墙上钻孔打入 M6×75 膨胀螺栓
	6. 8mm 厚 M5.0 预拌砂浆分层抹平
	7. 加气混凝土砌块墙体建筑胶水泥浆甩浆

③施工方法：对需安装龙骨架的地面和墙面进行抹灰或修整。排版设计达到美观大方的效果，且尽量避免窄条。墙面排版时从地面起排至顶棚。按照设计在地面及墙面上弹线，标出沿顶（地）龙骨的位置，同时标出机电设备、管道检查口等开口位置。用射钉固定沿顶（地）龙骨，射钉间距≤600mm。射钉一般用于混凝土墙体，M6×80 膨胀螺栓一般用于砌筑抹灰墙体，自攻钉一般用于石膏板墙体与吸声墙固定龙骨的连接，以保证上述部位的龙骨安装牢固。用 U 形龙骨做成 100mm 长固定龙骨，开口向外用膨胀螺栓固定在墙面上，固定龙骨的中心间距为 600mm。把竖龙骨开口向内用抽芯铆钉固定在固定龙骨上，并用抽芯拉铆钉将沿（地）顶龙骨与竖龙骨紧固连接，注意在安装的过程中要保证竖龙骨的垂直度和平整度。安装暗设管线和插座时，如需在竖龙骨开孔，孔径≤25mm，宽度＞25mm 的做加固处理，如在开孔部位增加固定龙骨与竖向龙骨连接。

当墙面出现单边尺寸＞300mm 的洞口时，如风管、桥架穿墙，应在铝板与穿墙管线交接的部位增加加强龙骨以保证铝板安装平整。把玻璃丝棉裁剪成 550mm×550mm 的方块，压入竖向龙骨和横向龙骨之间的间隔中后用万能胶把玻璃丝布粘贴在龙骨上，也可利用三角龙骨压住。检查龙骨框架的整体性和牢固程度，合格后安装半封闭阻燃板基层，阻燃板裁切成 20cm 宽，用自攻螺纹和轻钢龙骨固定，阻燃板条基层竖向布置，以方便吸声板横向布置的固定。安装 20mm 厚吸声板饰面，吸声板为长条状，两侧为凹凸卡槽，施工时由下向上横向施工，上层凸型卡槽插入下层凹型卡槽，用小射钉固定在阻燃板基层上。吸声板在阳角、窗口、门口合角处采用同吸声板颜色 25mm×25mm×3mm 阳角条封边。先在阳角粘贴双面胶，然后在阳角条内侧涂抹适当结构胶粘接。吸声板墙面施工完毕后，在吸声板底部安装 100mm 高 PVC 踢脚线，吸声板截面详图及穿孔吸声墙面板完成示意图如图 3-4-15 和图 3-4-16 所示。

第3章　武陟县人民医院工程质量控制

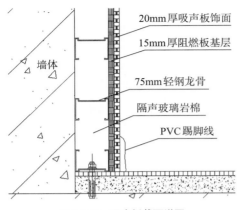

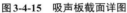

20mm厚吸声板饰面

15mm厚阻燃板基层

75mm轻钢龙骨

墙体

隔声玻璃岩棉

PVC踢脚线

图3-4-15 吸声板截面详图

图3-4-16 穿孔吸声墙面板完成示意图

（8）室内隔墙施工

①设置玻璃隔墙的部位如下：

二层检验科：走廊、生化大厅、样本接收、标本接收、细胞室、取精室、小儿采血、特殊采血、体液室。

二层康复大厅：康复大厅、走廊、质量信息办公室、主任办公室、医生办公室、女更值、男更值、资料室。

三层牙科：牙科走廊、牙科诊室。

②施工工艺流程：墙体基层处理→弹线、找平→钢架焊接安装→玻璃安装→打密封胶。

③施工方法：将墙体基层清理干净，弹水平线及玻璃隔墙中线；安装钢架立柱，在墙体转角及门口处均设置钢立柱；立柱完成后安装横梁，横梁高度根据施工图纸确定，门口处加设横梁；吊顶上部墙体用岩棉、石膏板封堵密实；用50mm角钢做斜撑，把立柱、横梁与结构顶板、梁连在一起；根据弹出的控制线位置安装玻璃，阴角处打密封胶；立柱与横梁上均做阻燃板基层，面层用不锈钢板做装饰面。

工艺详图如图3-4-17～图3-4-21所示。

（9）铝塑板墙面施工

①操作工艺流程：墙体基层处理→弹线、抄平→木龙骨→阻燃板→铝塑板开槽→铝塑板安装。

②施工方法：基层墙面清理干净，凸出的部位剔凿平整，凹进的部位用水泥砂浆抹平晾干。弹出水平控制线，按铝塑板尺寸弹出分割线，根据分割线钉木龙骨，同一部位用两根木龙骨，外侧立面挂线绳，保证在同一垂直面上。在木龙骨

建设工程创新创优实践
——武陟县人民医院门急诊医技综合楼工程创新创优纪实

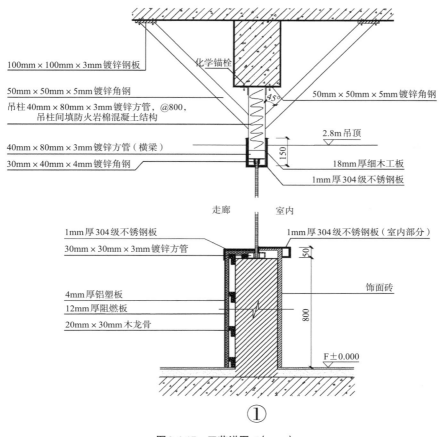

100mm×100mm×3mm镀锌钢板
50mm×50mm×5mm镀锌角钢
吊柱40mm×80mm×3mm镀锌方管，@800，
吊柱间填防火岩棉混凝土结构
40mm×80mm×3mm镀锌方管（横梁）
30mm×40mm×4mm镀锌角钢

化学锚栓
45°
50mm×50mm×5mm镀锌角钢
2.8m吊顶
150
18mm厚细木工板
1mm厚304级不锈钢板

走廊　室内
1mm厚304级不锈钢板
30mm×30mm×3mm镀锌方管
4mm厚铝塑板
12mm厚阻燃板
20mm×30mm木龙骨

1mm厚304级不锈钢板（室内部分）
50
饰面砖
800
F±0.000

①

图3-4-17　工艺详图-1（mm）

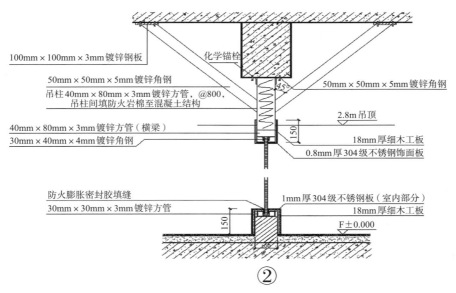

100mm×100mm×3mm镀锌钢板
50mm×50mm×5mm镀锌角钢
吊柱40mm×80mm×3mm镀锌方管，@800，
吊柱间填防火岩棉至混凝土结构
40mm×80mm×3mm镀锌方管（横梁）
30mm×40mm×4mm镀锌角钢

化学锚栓
45°
50mm×50mm×5mm镀锌角钢
2.8m吊顶
150
18mm厚细木工板
0.8mm厚304级不锈钢饰面板

防火膨胀密封胶填缝
30mm×30mm×3mm镀锌方管
150
1mm厚304级不锈钢板（室内部分）
18mm厚细木工板
F±0.000

②

图3-4-18　工艺详图-2（mm）

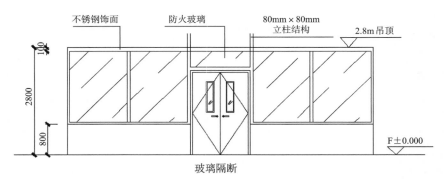

图 3-4-19 工艺详图-3（mm）

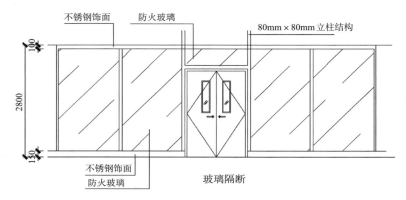

图 3-4-20 工艺详图-4（mm）

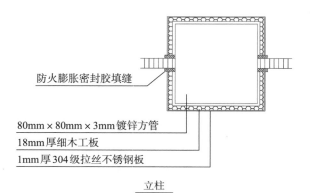

立柱

图 3-4-21 工艺详图-5

上钉12mm阻燃板，相邻板块之间留10mm缝隙。铝塑板用专业开槽机四边开槽折边，折边后与阻燃板尺寸一致，开槽深度不宜过深，不能穿透铝塑板，且保证折角完成后达90°。最后用结构胶把铝塑板粘到阻燃板上，表面平整顺直，铝型板墙面剖面示意图如图3-4-22所示。

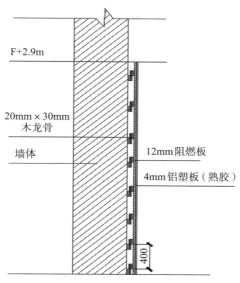

图 3-4-22 铝塑板墙面剖面节点图（mm）

3.4.2 室内整体面层环氧地坪施工

1.施工工艺流程

管道井：楼地面清理→抄平弹线→做标高灰饼→素水泥浆（内掺建筑胶）→水泥砂浆地坪→底涂施工→中涂施工→面涂批补→面涂施工。

设备层：楼地面清理→抄平弹线→做标高灰饼→混凝土地面扫浆→混凝土地坪→水泥砂浆找平→两层防水卷材→隔离层→保护层。

2.施工方法

1）强、弱电井，水井，暖井，医气井等管道井地面

（1）水泥砂浆为20mm厚1:2.5水泥砂浆，摊铺前不得有松散颗粒和垃圾，并提前洒水使地基湿润，为减少泌水，应控制水灰比。

（2）在管道井四周墙、柱上抄好相对+50cm标高线并做好明显标记。

（3）楼地面局部不平的位置应剔凿平整，凹下部位用混凝土料补平，均匀密实，表面平整。

（4）保证边角密实，墙柱边角等部位用木抹拍浆，保证四角平齐美观。

（5）洒水养护，防止表面水分蒸发，养护时间不少于7d。

（6）底涂施工：把环氧封闭底漆配好后，辊涂、刮涂或刷涂，使其充分润湿混凝土，并渗入混凝土内层。

（7）中涂施工：将中涂材料与适量的石英砂充分混合搅拌均匀，用镘刀镘涂成一定厚度的平整密实层。

（8）面涂批补：采用面涂材料配石英细粉批涂，填补中涂较大颗粒间的空隙，待完全固化后，用无尘打磨机打磨地面，用吸尘器吸尽灰尘、打磨平整。

（9）面涂施工：将环氧色漆及固化剂混合均匀后，可镘涂、刷涂、辊涂或喷涂，使其流平，获得平整均匀的表面涂层。

2）设备层地面

（1）四层设备层预留洞口四周砌筑防水台，防水台截面尺寸为150mm宽×200mm高，并用1:2.5水泥砂浆粉刷施工。

（2）在四周墙体及框架柱上抄好相对+50cm线标高，并作明显标记。

（3）用水泥砂浆做标高灰饼。

（4）楼地面扫浆，保证扫浆均匀，无遗漏。

（5）地坪混凝土强度等级为C25，现场坍落度控制在180～200mm之间，采用商品混凝土。混凝土浇筑前表面不得有松散颗粒和垃圾，并提前洒水使地基湿润，为减少泌水，应控制水灰比。

（6）混凝土浇筑后应二次收面，表面磨光，机械磨不到的地方采用人工收面磨光。

（7）洒水养护，防止表面水分蒸发，养护时间不少于7d。

（8）做30mm厚1:2.5水泥砂浆找平层，地漏口5m范围内找坡，地漏口5m范围内涂刷2mm厚聚氨酯防水涂料。

（9）上部采用两层400g/m²的聚乙烯丙纶防水卷材，与非固化型防水粘接料复合防水施工，立面防水上翻150mm高，墙根部用1:2.5砂浆砌120mm×53mm砖粉刷做踢脚线。

（10）防水卷材上部做0.2mm厚塑料薄膜隔离层一道。

（11）隔离层上做40mm厚C25细石混凝土保护层地面，设分格缝，并进行聚氨酯油膏嵌缝处理。

相关设备示例如图3-4-23所示。

3）石材地面施工

（1）工程一层门诊大厅地面、住院大厅地面、急诊大厅地面为25mm厚花岗石；楼梯采用干硬性砂浆石材面层，面层石材选用两种：踏步板及平台板采用20mm/25mm厚芝麻白花岗石，波打线和踢脚线选用20mm厚中国黑花岗石。

建设工程创新创优实践
——武陟县人民医院门急诊医技综合楼工程创新创优纪实

混凝土切缝机

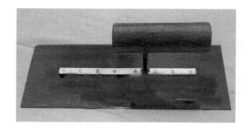
抹刀

图 3-4-23　相关设备示例

（2）施工工艺流程：

大厅地面：根据现场及材料规格设计绘制施工图→清理基层→找标高、放定位线→按照排版图对石材进行编号，分料→铺贴板材→擦缝→打蜡。

楼梯：根据现场及材料规格设计绘制施工图→清理基层→找标高、放定位线→按照排版图对石材进行编号，分料→施工踏步踢脚线→施工踏步板→施工平台板→施工平台踢脚线→擦缝→打蜡。

（3）施工方法：

①依据排版图弹线：项目管理人员利用经纬仪、激光五线仪在施工现场将排版图放样至墙面上。因为放线至地面上会影响施工材料堆放，所以石材砖缝线统一放线至墙面上，施工时再由工人从墙面砖缝基准线引至地面，按照放样砖缝线施工。

走廊放线时宜先在走廊十字交界处架设仪器，利用仪器找东西向和南北向走道的平行线、垂直线，画出基准点，用长线绳迁出总体排布轮廓。

②基层清理：将作业面的积灰、油污、浮浆及杂物清理干净。如有突出部分应凿平。

③找标高、放定位线：施工图确认后现场测量，为了控制和检查石材板块的位置，在地面弹出十字控制线，并引至墙面底部，一层门诊大厅、住院大厅与急诊大厅要相互拉通线，保证砖缝一致，距离过长应由经纬仪控制，减小尺寸误差。然后依据墙面+50cm标高线找出面层标高，在墙上弹出水平标高线。

④选料：由于用砖量过大，因此生产同一批次石材不可能用于全部工作面，所以要按照不同批次砖分类、分区域、分块使用，保证同一垂直、水平面不能出现色差。

使用石材必须符合方正平整要求，不符合要求的单独存放退货。

⑤拌料：采用1:3干硬性水泥砂浆粘贴结合层粘贴（砂浆干硬程度以手捏成团不松散为宜），水泥砂浆在料场集中拌制。

⑥铺贴：将石材地砖按照要求放在水泥砂浆上，用橡皮锤轻轻敲击直至密实平整达到要求，砂浆厚度控制在40mm左右。在干硬性水泥砂浆上撒素水泥，并洒适量清水。根据水平线用铝合金水平尺找平，激光水平仪复核。铺完第一块后向两侧或后退方向按顺序镶铺。砖缝一般为1mm，铺装时要保证砖缝宽窄一致，纵横在一条线上。铺贴图如图3-4-24所示。

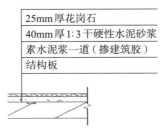

图3-4-24 贴铺图

⑦清洁、养护、成品保护：铺贴时如石材表面有水泥砂浆等杂物要用棉纱随时擦干净。铺好后要封闭现场防止人上去踩踏。根据凝固情况，要随时养护，养护时间不少于7d。当水泥砂浆达到强度后，清理擦洗，颜色要与石材表面同色，用棉纱把灰浆和污物擦干净。当交叉作业较多时采用先铺一层保护膜，再铺一层3mm纤维板保护。

3.墙面壁布施工

（1）施工部位

壁布施工区域为四层精装部分房间，贵宾1、贵宾2、小会议室，其中贵宾1南北立面设置V字缝，贵宾2、小会议室东西立面设置V字缝。饰面踢脚剖面图如图3-4-25所示。

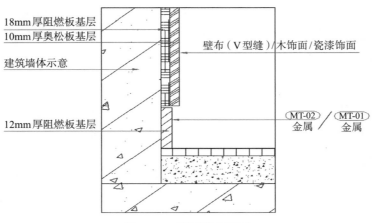

图3-4-25 饰面踢脚剖面图

建设工程创新创优实践
——武陟县人民医院门急诊医技综合楼工程创新创优纪实

（2）工艺要求

有 V 字缝的墙面：基层墙面安装木龙骨→18mm 厚阻燃板→10mm 厚奥松板→粘贴壁布。

无 V 字缝的墙面：直接在批白墙面粘贴壁布。

（3）基层处理工艺

①壁布的基层，要求坚实牢固，表面平整光洁，不疏松起皮，不掉粉，无砂粒、空洞、麻点等，否则壁布将难以贴完整。此外，墙面应基本干燥，不潮湿发霉，含水率低于5%。经防潮处理后的墙面，可减少壁布发霉现象和受潮气泡脱落现象。

工程的基层为抹灰基层，要满刮腻子一遍并用砂纸打磨，有气孔、麻点、凸凹不平时，为了保证质量，应增加满刮腻子和磨砂纸遍数。将混凝土或抹灰面清扫干净，使用皮刮板满刮一遍。刮时要有规律，要一板排一板，两板中间顺板。既要刮严，又不得有明显接槎和凸痕。

做到凸处薄刮，凹处厚刮，大面积找平。待腻子干固后，打磨砂纸并扫净。再满刮一遍后打磨砂纸；处理好的底层应该平整光滑，阴阳角线通畅、顺直，无裂痕、崩角，无砂眼麻点。特别是阴阳角窗台下暖气包、管道后与踢脚板连接处的处理，都要认真检查修整。

②涂刷防潮底漆和底胶：为了防止壁布受潮脱胶，一般要对壁布的墙面涂刷防潮底漆，可涂刷也可喷刷，漆液不宜厚，且要均匀一致。涂刷底胶是为了增加粘接力，防止处理好的基层受潮弄污。底胶用107胶配少许乳胶加水调成，可涂刷也可喷涂。在涂刷防潮底漆和底胶时，室内应无灰尘，且防止灰尘和杂物混入底漆和底胶中。底胶一般是一遍成活，同时不能漏刷、漏喷。

（4）壁布的裱糊方法

①弹线：墙面弹水平线及垂直线，作为操作时的依据，遇到门窗等大洞口时，一般以立边划分为宜，便于折角贴立边。按壁布的标准宽度找规矩，每个墙面的第一条都要弹线找直，作为裱糊时的准线，并将调整用的裁切边用于墙体的阴角处。

②测量与裁剪：量出墙顶到墙角的高度，两端各留出50mm以备修剪，然后剪出第一段壁布。根据弹线照规矩实际尺寸统筹规划裁纸，并编上号，以便按顺序粘贴。裁剪下刀前要复核尺寸有无出入，尺寸压紧壁布后不得再移动，刀刃紧贴尺边，一气呵成，中间不得停顿或变换持刀角度。

③刷胶：布基背面和墙面都应涂刷胶粘剂，刷胶应厚薄均匀，调制出的胶液应在当日用完，涂刷要均匀，不裹边、不起堆，以防溢出，弄脏壁布。壁布背面刷

胶后，应是胶面与胶面反复对叠，以避免胶干得太快，也便于上墙，并使裱糊的墙面整洁平整。

④V字缝：墙面粉刷完成后，安装18mm厚阻燃板基层，奥松板由木工用专用开槽机在板边开槽，单边开槽宽度5mm，深度5mm。壁布包在奥松板上，表面无气泡、无褶皱，平整洁净方可上墙安装。

4.不锈钢门套、窗台施工

（1）施工工艺流程

墙体基层处理→钢架焊接安装/墙砖粘贴→阻燃板基层→不锈钢板→打密封胶。

（2）施工方法

①干挂墙砖部位：将墙体基层清理干净，弹水平线、控制线，安装钢架龙骨，干挂墙砖，钉阻燃板基层，按标高线、控制线安装不锈钢板，焊点打磨平整，收口打胶。

②实贴墙砖部位：将墙体基层清理干净，弹水平线、控制线，钉阻燃板基层，按标高线、控制线安装不锈钢板，焊点打磨平整，收口打胶。

③检验科立柱：弹水平线、控制线，安装不锈钢立柱，钉细木工板，安装不锈钢板，焊点打磨平整，收口打胶。

④多功能会议室、贵宾室：门、窗口基层处理，弹水平线、控制线，门、窗安装，最后安装门、窗套，收口打胶。

立柱大样图如图3-4-26所示。采血窗口大样如图3-4-27所示。立面图如图3-4-28所示。

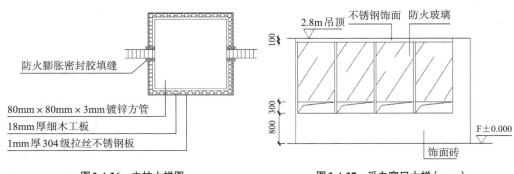

图3-4-26　立柱大样图　　　　　图3-4-27　采血窗口大样（mm）

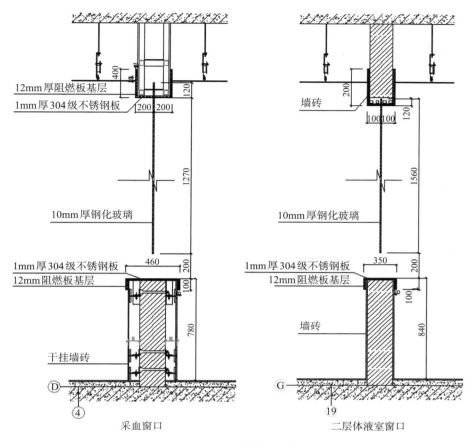

图3-4-28 立面图（mm）

图中标注：

左图：
12mm厚阻燃板基层
1mm厚304级不锈钢板
400
120
200 200
1270
10mm厚钢化玻璃
1mm厚304级不锈钢板
12mm阻燃板基层
460
200
100
780
干挂墙砖
D
④
采血窗口

右图：
墙砖
200
100 100
120
1560
10mm厚钢化玻璃
1mm厚304级不锈钢板
12mm阻燃板基层
350
200
100
840
墙砖
G
19
二层体液室窗口

3.4.3 不锈钢栏杆施工

1.施工工艺流程

施工准备放样→放线→埋件制作和安装→安装立柱→扶手面管与立柱连接→打磨抛光。

2.施工方法

（1）放线

由于上述加埋件施工，有可能产生误差，因此，在立柱安装之前，应重新放线，以保证钻孔位置与焊接立杆的准确性，如有偏差，及时修正。并应保证不锈钢内衬管全部坐落在踏步中间位置，且能上螺栓固定。

（2）埋件制作和安装

包括膨胀螺栓、氧气、乙炔、钻孔机及其他构件。

工程为楼梯间装饰工程。踏步和休息平台石材面施工完成后，先在其上放线，确定立柱固定点的位置，然后在楼梯地面上用冲击电钻钻孔，再安装膨胀螺栓，螺栓保持足够的长度（膨胀螺栓不高于石材面层10mm，高出部分割除），在螺栓定位以后，将螺栓拧紧同时将螺母与螺杆间焊死。

（3）安装立柱

焊接立柱时，需双人配合，一人扶住钢管使其保持垂直，在焊接时不能晃动，另一人施焊，立柱与面管满焊，立柱与支杆点焊，焊接应符合规范。楼梯栏杆高度、立杆间距等参考国家建筑标准设计图集《楼梯、栏杆、栏板》15J403-1大样图施工。室内楼梯栏杆剖面示意图如图3-4-29所示。在转向平台及最顶层平台位置，水平长度大于500mm时，栏杆高度为1100mm，楼梯踏步栏杆高度从踏步边缘垂直往上至扶手面管中心距离为900mm，大立杆间距为两个踏步宽580mm，小立杆间距为110mm（楼梯最顶层平台阻水台宽150mm，高100mm，不属于可踏面）。

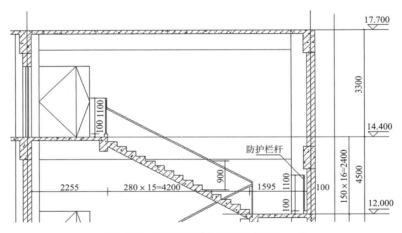

图3-4-29　室内楼梯栏杆剖面示意图（mm）

（4）扶手面管与立柱连接

立柱在安装前，通过拉通线放线，根据楼梯的倾斜角度及所用扶手面管的圆度，在其上端加工出凹槽。然后把扶手面管直接放入立柱凹槽中，从一端向另一端顺次焊接安装，相邻扶手安装对接准确，接缝严密。相邻钢管对接好后，将接缝用不锈钢填料棒进行氩弧焊接。焊接前，必须将沿焊缝每边30～50mm范围内的油污、毛刺、锈斑等清除干净，否则应选择三氯代乙烯、苯、汽油、中性洗涤剂或其他化学药品清洗并用不锈钢丝细毛刷进行刷洗，必要时可用角磨机进行打磨，磨出金属表面后再进行焊接。

（5）打磨抛光

全部焊接好后，用手提砂轮打磨机将焊缝打平砂光，直到不显焊缝。抛光时采用绒布砂轮或毛毡进行抛光，同时采用相应的抛光膏，直到与相邻的母材基本一致，不显焊缝。

（6）安装操作要点

栏杆立杆安装应按要求及施工墨线以从起步处向上的顺序进行，楼梯起步处平台两端立杆应先安装。

两端立杆安装完毕后，通过拉通线放线，用同样方法安装其余横杆或立杆。立杆安装必须牢固，不得松动。立杆焊接除不锈钢外，在安装完后均应进行防腐防锈处理，并且不得外露，应在根部安装装饰罩或盖。

3.5 安装及智能建筑工程

3.5.1 防雷接地安装

1. 施工流程

定位测量→接地装置安装→接地体（极）安装→引上线安装→避雷带安装。

2. 定位测量

定位测量应熟悉区域各部位的地下设施布置图，并与技术人员积极配合，双方接口处应在图纸中标明施工情况。

3. 接地装置安装

（1）工程接地装置为利用建筑基础内两根不小于Φ16通长主筋进行双层焊接，焊成封闭环状组成均压环。

（2）在土建绑好筏板基础钢筋后，分别对两层圈梁内钢筋进行施工，进出建筑物的所有金属管线均应与扁钢可靠连接。

（3）基础外围桩基内钢筋，强弱电竖井接地干线、电梯接地干线与防雷引下线等连成一体，形成总等电位连接。

（4）由变配电室引向强电竖井的电缆桥架上敷设40mm×4mm热镀锌扁钢。将变配电室接地与强电竖井内接地相连，电缆桥架及其支架全长不应少于两处与接地干线相连，强、弱电竖井内垂直敷设两条，水平敷设一周40mm×4mm热镀锌扁钢，门洞处暗敷。

4. 接地体（极）安装

（1）利用建筑物桩基础钢筋做接地装置，并在楼的四角与转角处分别引出40mm×4mm热镀锌扁钢，与预设在基础外围一周且在室外地面1m以下埋设的热镀锌扁钢连接，形成闭合回路。

（2）接地体（极）的最小尺寸见表3-5-1。

接地体（极）的最小尺寸表 　　　　　　　　　　　　表3-5-1

种类、规格及单位	地上	地下
圆钢直径（mm）	8	8/10
扁钢截面（mm²）	48	48
扁钢厚度（mm）	4	4
角钢厚度（mm）	2.5	4
钢管管壁厚度（mm）	2.5	3.5/2.5

（3）垂直接地体（极）长度不应小于2.5m，其相互之间间距一般不应小于5m。

（4）接地体（极）埋设位置距建筑物不宜小于1.5m；遇在垃圾灰渣等埋设接地体（极）时，应换土，并分层夯实。

（5）建筑物基础外围沟挖好后，立即安装接地体（极）和敷设接地扁钢。

（6）将接地体（极）放在沟的中心线上，打入地中。使用手锤敲打接地体（极）时要平稳，锤击接地体（极）正中，不得打偏，应与地面保持垂直，当接地体（极）顶端距离地面大于0.8m时停止打入。

（7）镀锌扁钢采用40mm×4mm，焊接搭接面不小于其宽度的2倍，三面施焊。

（8）敷设前扁钢需调直，煨弯不得过死，直线段上不应有明显弯曲。

（9）镀锌扁钢与接地体（极）焊接时，为了连接可靠，应由接地体（极）引出同规格的扁铁，其焊接搭接面不小于其宽度的2倍，三面施焊并与形成闭合环的镀锌扁钢进行焊接。

（10）水平接地体（极）基槽经验收合格后，与形成闭合环的镀锌扁钢进行焊接。扁铁敷设前按设计尺寸进行基槽的人工修整，接地扁铁居中埋置，接地扁铁均水平埋置于基槽内；扁钢焊接时采用搭接焊，其搭接长度为扁钢宽度两倍以上且不少于三面施焊。

（11）焊接前应对接地扁钢连接处作清洁处理，清除表面的污物及镀锌毛刺，焊缝应平整、焊透、无间断夹渣，保证牢固可靠，厚度符合规范要求。

（12）接地体（极）焊接处焊缝应饱满并有足够的机械强度，不得有夹渣、咬肉、裂纹、虚焊、气孔等缺陷，焊接处的药皮敲净后，刷沥青做防腐处理。

（13）在与管道交叉处，不能避免接地线遭受损伤时，应用套管加以保护。

（14）接地体（极）敷设后的土沟中，其回填土内不应夹有石块和建筑垃圾等。

（15）外取的土壤不得有较强的腐蚀性。

（16）回填土时应分层夯实。回填土夯实后要有100～300mm高防沉层。

（17）电阻率较高的土质区段应在土沟中至少先回填100mm厚的净土垫层，再敷设接地体（极），最后用净土分层夯实回填。

（18）所有金属部件应镀锌。操作时，注意保护镀锌层。

（19）采用化学方法降低土壤电阻率时，所用材料应符合下列要求：

①对金属腐蚀性弱；

②水溶性成分含量低。

5.引下线焊接

（1）利用建筑物钢筋混凝土柱子内两根不小于Φ16主筋进行通长焊接作为引下线，间隔不大于18m。

（2）引下线上端与避雷带可靠焊接，下端与建筑物基础底盘钢筋焊接为一体。

（3）并在首层室外高出地面0.5m处，预留接地引出板，以便测量接地电阻或增补接地装置用。

（4）各楼层强、弱电间均设置楼层等电位端子板，并分别与接地干线及楼板主钢筋作等电位联结。

（5）外墙金属门窗、金属栏杆等可靠连接防雷击。

（6）应将建筑物内的各种竖向金属管道每层与楼梯钢筋可靠连接。

（7）大楼内金属线槽、电缆桥架、母线槽，全长应不小于两处接地且电缆桥架起始端与终点端应与接地网可靠连接。

（8）照明灯具根据要求增加PE接地线。全部终端剩余电流保护开关动作电流为30mA。

（9）利用主筋（直径≥12mm）作引下线时，按设计要求找出全部主筋位置，并用油漆做好标记。

（10）引下线焊接其搭接长度不应小于引下线直径的6倍。

6.避雷带安装

（1）采用Φ12热镀锌圆钢做接闪带，沿屋顶周边敷设的接闪带应设在外墙外表面或屋檐边垂直面上。

（2）建筑屋面作不大于10m×10m或12m×8m接闪网格。

（3）接闪带过伸缩缝时采用铜质连接带弧形连接。

（4）避雷带支架安装要尽可能随结构施工预埋支架或铁件，根据设计要求进行弹线及分档定位。

7. 施工质量通病

（1）用结构钢材代替避雷针（网）及其引下线，镀锌焊接破坏层不刷防锈漆。

（2）引下线、均压环、避雷带搭接的连接长度不够，扁钢的搭接长度小于宽度的2倍，圆钢的搭接长度小于直径的6倍，焊接不饱满，焊接处有夹渣、焊瘤、虚焊、咬肉和气孔，没有敲掉焊渣等缺陷。

（3）接地体（极）的引出线未作防腐处理，使用镀锌扁钢时，引出线的焊接部位未补刷防腐涂料。

（4）接地线跨越建筑物变形缝处时，未加设补偿器，穿墙体时未加保护管。

（5）屋面金属物，如管道、梯子、旗杆和设备外壳等，未与屋顶防雷系统相连。

（6）螺栓连接的连接片未经处理，镀锌或镀锡面不完整，片与片接触不严密。

（7）电气设备接地（接零）的分支线，未与接地干线连接，实行串联连接或通过支架、基础槽钢过渡。

（8）接地体（极）安装埋设深度不够，距地面高度小于设计要求。

（9）避雷带变形严重、支架脱落、引下点间距偏大、不预留引下线外接线。

（10）以金属管代替PE线，等电位联结支线、桥架及金属管，带电器的柜（箱）门等跨接地线线径不足。

（11）所有跨接焊钢筋不得使用小于Φ10进行跨接。

8. 应注意的质量问题

（1）基础、梁柱钢筋搭接面积不够。

（2）焊接面不够，药皮处理不干净，防腐处理不好。

（3）焊口有夹渣、咬肉、裂纹气孔等缺陷。

（4）主筋错位。引下线不垂直，超出允许偏差。

（5）避雷带支架间距或预埋铁件间距不均匀，直线段不直，卡子螺丝松动。

（6）避雷带变形缝处未作补偿处理，未与出屋面的金属管道连接。

9. 质量控制保障措施

（1）由于整个施工周期跨越时间周期长，施工标记要清晰、位置准确。

（2）做好防雷接地的预控工作，要仔细审查设计图纸。不仅要熟悉电气图，还要对建筑设计中的结构、设备布置进行认真分析，要充分领会设计中有关说明，及时发现设计中的问题。

（3）做好设计交底。对弱电系统中的智能化工程、信息通信、计算机、监控等，不能因为上述地点和设置在设计平面图纸中一般没有明确标注，而不作预留预埋。

（4）对于各种设备的接地，要注意对照强制性标准、施工验收规范查看施工图有无不符合规范要求之处。如发现不符合现行施工规范要求或做法不妥，及时向业主反映，并与设计单位洽商确定，形成设计文件，以便依照执行及备案。

（5）所用材料角钢、圆钢、扁钢是否是设计和规范规定的镀锌材料。不能采用普通钢材代替镀锌材料。

（6）审查专业队伍资质和施工操作人员上岗证，防雷接地焊接始终伴随着施工的全过程，焊接质量决定着工程质量。

（7）加强对关键部位和工序的质量控制，针对施工中易出现质量通病的环节，设置质量控制点，制定预控措施，保证施工质量。

（8）严格按设计图纸和接地点逐一进行检查，对重点部位是否跨接连通进行确认。当整个接地网焊接完成后，进行接地电阻值测试，确认每个点符合设计要求。

（9）对以柱筋为引上线的接地网，要求施工人员采用每层按轴线标清每根柱子的位置及钢筋焊接根数的方式进行施工，对焊接引上线进行定位标识，防止漏焊或错焊位置。

（10）对于等电位焊接以及设计注明要进行重复接地的部位，如进户钢管的接地、卫生间等电位插座、等电位楼层部位都要认真核查。符合设计要求后，才允许工程进入下道工序。

（11）对于屋面避雷网，要增加监控力度：一是要注意其规格必须符合设计要求，安装要牢固可靠；二是屋顶上装设的防雷网和建筑物顶部的金属物体应焊接成一个整体；三是从接地体引到屋顶上的引线和避雷网焊接处要做明显的标志；四是采用规定直径的镀锌圆钢与结构柱内主筋作防雷引下线，保证所用材料规格、焊接间距、焊接质量等均应符合规范要求。

3.5.2 电缆桥架安装

1. 工艺流程

弹线定位→支、吊架制作安装→电缆桥架安装→电缆桥架接地安装→分层桥架安装。

2.弹线定位

根据设计图纸确定进出线、盒、箱、柜等电气器具的安装位置,使用红外线找平仪,从始端至终端成直线,根据设计图纸要求及施工验收规范规定,分匀档距,并用记号笔标出具体位置。

3.支、吊架制作安装

支吊架定位后,依照桥架标高及规格尺寸制作支、吊架。无吊顶处沿梁底吊装,有吊顶处在吊顶内吊装或靠墙支架安装。靠墙支架安装应采用膨胀螺栓固定,支架间距不超过2m,在直线段和非直线段中部应增设支、吊架,支、吊架安装应保证水平度和垂直度符合要求。

(1)定型支架安装:定型支架安装由主柱和托臂两部分组成,主要采用膨胀螺栓固定在梁或顶板上,托臂固定在立柱上面。立柱由角钢加工制成,上面有成排的长方形孔,可以调整托臂的标高。托臂的长度与桥架的宽度相等。

(2)桥架的支撑要求:桥架水平敷设时,支撑间距一般为1.5~3m,垂直敷设时固定在建筑物墙体上的间距宜小于2m。金属线槽敷设时,在下列情况下设置支、吊架:线槽接头处、间距3m、离开线槽两端口0.5m处及转弯处。

(3)电缆桥架与管道间最小间距符合规范规定。

4.电缆桥架安装

(1)对于特殊形状的桥架,将现场所量尺寸交予材料供应商,由厂家依据尺寸制作,减少现场加工数量。厂家交付的材质、型号、厚度及附件必须满足设计要求。

(2)桥架安装前,必须与其他专业进行协调,避免因交叉施工,与消防管道、喷淋管道、空调管道及通风管道发生矛盾。

(3)将桥架托举到预定位置,与支架采用螺栓固定,在转弯处需仔细校核尺寸,桥架宜与建筑物坡度一致,桥架与桥架之间用连接板连接,桥架之间的缝隙须达到设计要求,确保一个系统的桥架连成一体。

(4)跨越建筑物变形缝的桥架应按照规范做好伸缩缝处理,钢制桥架直线段超过30m时,应设热胀冷缩补偿处理。

(5)桥架安装应横平竖直、整齐美观、距离一致、连接牢靠,同一平面内水平度≤5mm/m,直线度偏差≤5mm/m。

(6)电缆进出桥架,应通过引下装置,引下装置的作用是保护电缆,增加电缆的弯曲半径,根据电缆引下的位置选择引下装置的形式,采用现场加工,引下装置中的钢管两端口应设橡皮护口。电缆引下装置固定在桥架上,在设有引下装置处,应增设加强支、吊架。

5.电缆桥架接地安装

镀锌桥架之间可利用镀锌钢板连接板作为跨接线，把桥架连成一体。在连接板两端之间的两只连接螺栓上加镀锌弹簧垫圈，桥架之间利用直径不小于4mm的软铜线进行跨接，再将桥架与接地线相连，形成电气通路。桥架整体与接地干线应不少于两处连接。

6.分层桥架安装

先安装上层，后安装下层，上下层之间距离需要留有余量的空间，有利后期的电缆敷设与检修。水平相邻桥架净距离不宜小于50mm，层间距离应根据桥架宽度不小于150mm，与弱电距离不小于0.5m。

7.环保注意事项

（1）桥架、型钢的下脚料要集中放置，过长的下脚料要尽量使用，避免浪费。

（2）下班收工时，切割机、电焊机、施工照明灯具要及时关掉电源。

（3）桥架用的连接板、螺栓不得乱丢乱弃。现场桥架、立柱、托臂等材料要分类摆放，码放整齐。

（4）使用电焊时，要防止火花乱溅，要有防电弧设施，并有防火设备等安全措施。

（5）补刷油漆，要有成品保护意识，避免对地面、墙壁、桥架的二次污染。

（6）安装过程中，产生的垃圾要做到活完料清。

8.应注意的质量问题

（1）桥架板防腐处理不良，有锈蚀现象。

（2）桥架连接板处螺栓螺母安装在桥架内侧。

（3）高压电缆和弱电电缆共用一个桥架。

（4）桥架内电缆排列无序，有绞接现象发生。

（5）桥架内电缆过多，电力电缆超过净面40%，控制电缆超过净面50%。

（6）桥架支吊架距离过长，使桥架变形，不能承受水平力。

（7）超过15m的桥架未安装防晃支架。

（8）桥架、电缆跨越变形缝无补偿措施。

（9）桥架出入口、转角处及分支处电缆未悬挂标示牌。

（10）桥架与空调等管道平行与交叉时，距离过近。

（11）桥架和配电箱、盘、柜等无跨接地，桥架支吊架接地数量不足2处。

（12）桥架板连接处，连接钢板两端未加防松螺母或垫圈。

3.5.3 防排烟系统安装

1.工艺流程

支、吊架制作安装→风管安装→阀件安装→风机安装→调试。

2.支、吊架制作安装

（1）确定标高。按照设计图纸并参照土建基准线找出标高。设计图纸中矩形风管的标高为管顶标高。

（2）标高确定后，按照风管系统所在的空间位置，确定风管支、吊架形式，风管支、吊架的制作严格按照国家建筑标准设计图集《金属、非金属风管支吊架》08K132用料规格和做法制作。

（3）砖墙或混凝土上预埋支架时，洞口内外应一致，水泥砂浆捣固应密实，表面应平整，预埋应牢固。

（4）支、吊架上的螺孔应采用机械加工，不得用气割开孔。

（5）吊架的吊杆应平直，螺纹应完整、光洁，吊杆拼接采用螺纹连接或焊接；螺纹连接任一端的连接螺纹均应长于吊杆直径，并有防松动措施；焊接拼接宜采用搭接，搭接长度不应小于吊杆直径的6倍，并应在两侧焊接。

（6）型钢的切断要使用砂轮切割机切割，使用台钻钻孔。支架的焊接缝必须饱满，保证具有足够的承载能力。

（7）通丝吊杆根据风管的安装标高适当截取，露丝不能过长，以丝扣末端不超出吊架最低点为准。

（8）对风管管线较长，风管排列整齐的部位，安装支、吊架时，先把两端的支、吊架安好，再以两端的支、吊架为基准，用拉线法找出中间支架的标高进行安装，同时在适当位置设置防晃支架。

（9）支、吊架不得安装在风口、阀门、检查孔等处，以免影响操作。吊架不得直接吊在风管法兰上。

（10）风管水平安装，直径或边长尺寸小于400mm，间距应不大于4m；若直径或边长尺寸大于等于400mm，间距应不大于3m。

（11）支、吊架的间距按设计要求进行，每隔2.5m设支、吊架一个，风管垂直安装时，间距不大于4m，但每根立管的固定件不少于2个。

（12）法兰垫片的厚度宜为3～5mm，垫片应与法兰齐平，不得凸入管内。

（13）连接法兰的螺栓应均匀拧紧，且螺母应在同一侧。

建设工程创新创优实践——武陟县人民医院门急诊医技综合楼工程创新创优纪实

（14）所有水平和垂直的风管、水管均应设置必要的支、吊或托架，其构造形式由安装单位在保证牢固、可靠的原则下根据现场实际情况选定设置。

（15）连接在风管上的管道风机、轴流风机、风机箱、消声器、加热器等应单独设支、吊架，对于运转设备，其支、吊架应作减振处理。

（16）与运转设备相连接的风管、水管，均应设置独立的支、吊架，并保证其管道的重量不应加载于设备上；如与之相连接的设备中有运转部件者，其连接处应有柔性连接，管道的吊架应是减振吊架。

（17）防火阀的支、吊架应单独设置，不得与风管支、吊架共用。

（18）支、吊、托架应避开在风口、阀门、检视口、测量孔等零部件处设置。

（19）悬吊的风、水管应在适当部位设置防止摆动的固定点，安装在托架上的圆形风管宜设托座。

（20）抗震支、吊架二次设计经设计单位同意后施工。

3.风管安装

（1）风管及部件安装前，必须清除内外杂物及污垢并保持清洁。

（2）安装风管时，为安装方便，在条件允许的情况下，尽量在地面上进行连接，按设计图纸、支管走向和风口孔位尺寸进行准确的排管，并且须考虑垫料厚度，避免多口相接后，支管和风口位置偏移；不得乱拿或代用，一般连接成6～8m长后再进行吊装。

（3）垫片要与法兰齐平，不得凸入管内，以免增大空气阻力，减少风管的有效面积。

（4）吊装到位后，及时装好支、吊、托架，吊杆下端必须加双螺母，以防丝杆滑牙；紧固法兰螺栓时，用力要均匀，螺母方向一致。风管立管法兰穿螺栓，要从上往下穿，以保护螺纹不被水泥砂浆等破坏。

（5）风管水平安装，水平度的偏差每米≤3mm，总偏差≤20mm；风管垂直安装，垂直度的偏差每米≤2mm，总偏差≤20mm。风管安装偏差的允许值见表3-5-2。

（6）风管上的可拆卸接口不得设置在墙体或楼板内。

风管安装偏差的允许值 表3-5-2

明装风管	每米	总偏差
水平度（mm）	3	20
垂直度（mm）	2	20
暗装风管	位置应正确，无明显偏差	

（7）风管的安装顺序为先干管后支管，安装方法应根据现场的实际情况确定。可在地面上连成一定的长度然后采用整体吊装的方法就位，也可以把风管一节一节放在支架上逐节连接。

（8）穿越沉降缝或变形缝的风管两侧，以及与空调机组进、出口相连接处，应设置长度为150～200mm的不燃软接头，其结合缝应牢固紧密，安装后应有10～15mm空隙（伸缩余量，其不得作为变径管使用）；风管穿墙、楼板及风管与竖井连接处的空隙均采用石棉水泥填塞。

4.阀件安装

（1）防火阀安装，方向位置应正确。

（2）在安装防火阀前，先拆除易熔片。

（3）阀体安装后，检查其弹簧及传动机构是否完好并安装易熔片，易熔片应迎气流方向，安装后应做动作试验，其阀板的启闭应灵活，动作应可靠。

（4）防火阀及手控装置（包括预埋导管）的位置应符合设计要求，预埋管不应有死弯及瘪陷。

（5）防火阀安装后应做动作试验，手动、电动操作灵敏、可靠，阀板关闭时应严密。

（6）对开多叶调节阀、防火阀等应安装在便于操作的位置，开启方向必须与气流方向一致。

（7）穿越沉降缝的风管之间连接及风管与设备连接的柔性短管采用200～300mm的非燃性软接头。

（8）在风管与设备连接柔性短管前，风管与设备接口必须已经对正，不得用柔性软管来做变径管、偏心管。

（9）安装柔性短管时应注意松紧要适当，不得扭曲。

（10）空调支管至风口之间的连接采用铝箔金属软管，软管与风口及与风管接口采用专用的卡箍进行连接，软管较长时，必须在中间部位设置吊架，但金属软管的长度应≤2m。

5.风机安装

（1）风机设备安装就位前，按设计图纸并依据建筑物的轴线、边线及标高线放出安装基准线。将设备基础表面的油污、泥土杂物和地脚螺栓预留孔内的杂物清除干净。

（2）整体安装的风机，搬运和吊装的绳索不得捆绑在转子、机壳或轴承盖的吊环上。

（3）整体安装风机吊装时直接放置在基础上，用垫铁找平找正，垫铁一般应放在地脚螺栓两侧，斜垫铁必须成对使用。设备安装好后同一组垫铁应点焊在一起，以免受力时松动。

（4）风机安装在无减震器支架上时，应垫上4～5mm厚的橡胶板，找平找正后固定牢。

（5）风机安装在有减震器支架上时，地面要平整，各组减震器承受的荷载压缩量应均匀，不偏心，安装后采取保护措施，防止损坏。

（6）风机试运转：经过全面检查手动盘车，供应电源顺序正确后方可送电试运转，运转前必须加上适度的润滑油；并检查各项安全措施；叶轮旋转方向必须正确，在额定转速下试运转时间不得少于2h。运转后，再检查风机减震基础有无移位和损坏现象，并做好记录。

6. 调试

（1）防排烟系统调试

防排烟系统试运转后要进行风管严密性检测。风机风量、风压及转速的测定和调整如下：

①防排烟系统调试前，应熟悉系统全部设计资料，包括图纸和设计说明，充分领会设计意图，了解各种设计参数、系统的全貌及防排烟设备的性能等。

②调试前，必须查清施工方法与设计要求不符合及加工安装质量不合格的地方，提出整改意见，并且进行整改。

③准备好试验调整所需仪器和必需工具，安排好调试人员及调试配合人员。

④打开系统全部阀门，并检查各个阀门灵活性，清理机组内杂物，检查风管的通畅性，特别是风机吸入的障碍物必须清除。

⑤检查机组内风机接线是否正确，并用摇表检查各相对地的绝缘电阻。

⑥检查总风管及分风管预留测试孔位置是否正确，如果预留测试孔位置不合格或没有预留，则需在测试前选择、安装好测试孔。检测完毕后，需对测试孔进行密闭。

⑦检查各风机皮带松紧程度，过松会使皮带在轮上打滑，造成风量变小；过紧会增加摩擦力，皮带易损坏，电机负荷过大。

（2）风管严密性试验（漏光法检测）

①漏光法检测是利用光线对小孔的强穿透力，对系统风管严密程度进行检测的方法。

②检测采用具有一定强度的安全光源，手持移动光源可采用不低于100W带保

护罩的低压照明灯，或其他低压光源。

③系统风管的检测，光源可置于风管的内侧或外侧，但其相对侧应为暗黑环境，检测光源应沿着被检测接口部位与接缝作缓慢移动，在另一侧进行观察，当发现有光线射出，说明查到明显漏风处，应做好记录。

④对系统风管的检测，宜采用分段检测、汇总分析的方法。在严格控制安装质量的基础上，系统风管的检测以总管和干管为主。对风管严密性进行漏光检测。低压系统风管以每10m接缝，漏光点不多于2处，100m接缝平均不多于16处为合格；中压系统风管以每10m接缝，漏光点不多于1处，100m接缝平均不多于8处为合格。检测中发现的接缝处漏光，应作密封处理。

（3）防排烟设备的风量、风压、转速的测定

①风管内风压、风量采用毕托管及倾斜式微压计测定。

②测定断面原则须选在气流均匀且稳定的直管段上，即按气流方向，在局部阻力构件之后断面造在不小于4倍管径处，在局部阻力构件之前断面造在不小于1.5倍管径（矩形风管大边尺寸）处，如果现场条件受到限制，可适当缩短距离。

③确定断面内的测点：首先将测定断面划分为若干个接近正方形面积相等的小断面，其面积不大于0.05m²，测点位于各个断面的中心，然后采用毕托管和倾斜式微压计在测定断面上测量，将毕托管的动压孔逆气流方向水平放置，通过倾斜式微压计读出动压及全压。

④通风机转速的测量采用转速表直接测量风机主轴转速，重复测量三次取其平均值的方法。

（4）风口风量的测定

采用热球风速仪，将探头贴近风口并垂直于风速，采用定点测量法可测得风速，如果与设计风速有出入，可调节风口阀门的开度来控制风量，直到测量值符合设计值为止，并且与设计风量的偏差不大于10%。

7.质量要求

（1）调节阀、蝶阀等调节配件的操作机构应置于便于操作的部位，在阀门的操作机构一侧应有不小于250mm的净空以利检修，阀门设置在吊顶（或墙体）内侧时，需在操作机构下面开检查口，尺寸不小于600mm×600mm。

（2）风管穿越防火墙时，穿越管为2mm厚钢板制作，采用不燃柔性材料封堵，并在吊顶上开设600mm×600mm检查口。

（3）设备基础均待设备到货核对尺寸无误后方能施工。

（4）所有设备基础应待设备到货后且核对其地脚螺栓尺寸无误后，方可浇筑施

建设工程创新创优实践
——武陟县人民医院门急诊医技综合楼工程创新创优纪实

工。基础表面必须平整，平面找平误差应符合该设备的要求。

（5）防火阀必须单独配置支、吊架，安装位置应与设计相符，阀体上的箭头必须与气流方向一致。

（6）送/排风机组等吊装式安装采用减振吊架，落地式安装式采用弹簧减振器。

8.应注意的质量问题

（1）安装前认真检查风叶是否因运输而损坏变形，检查螺栓是否坚固，否则应待修复后，才可安装。

（2）检查叶片与风筒的径向间隙是否因连接螺钉松动而碰壳。

（3）排烟口与排烟风机应设有联锁装置，当风机前端排烟口关闭时，排烟风机即能自动停止。

（4）排烟风机的入口处，应设置当烟气温度超过280℃时能自动关闭的装置。

（5）风机启动前，首先要检查风机四周有无妨碍转动的物品，叶片安装角是否一致。

（6）检查电机绝缘性能是否良好，接通电源后查看有无摩擦、碰撞及振动。

（7）叶轮旋转方向，须严格按风筒上的箭头标记方向。

（8）风机与风管连接时，采用防火软接头。所有风机用减振吊钩或减振垫，降低噪声。风管与风机连接时，不得强迫对口，机组不应承受其他机件的重量。风机传动装置的外露部位以及直通大气的进、出口，必须装设防护罩（网）或采取其他安全措施。

（9）风机的相序一定要准确，如反向要及时进行相序调换，长时间反向运行会对电机产生不良影响。

（10）风机入口处的防火阀在调试时一定要全部打开，切忌防火阀关闭状态下长时间启动风机。

（11）支、吊架不得设置在风口、阀门、检查口及自控机构处；吊杆不宜直接固定在法兰上。

（12）悬吊的风管与部件应设置防止摆动的固定点。

3.5.4 新风系统安装

1.工艺流程

主机吊装→支、吊架制作安装→风管制作→风管安装→风口安装。

2. 主机安装

（1）按照施工图纸，确定好主机的位置。

（2）根据主机的外形尺寸，制作主机的固定支架，且主机顶端必须留出5cm的操作空间，并刷两遍防锈漆进行防锈处理。

（3）主机与固定支架固定时，中间要采用橡胶防震垫作减震处理。用水平尺校准主机水平平衡，无扭曲、无倾斜。

（4）在通风主机安装位置附近应留有足够的空间，以便维修和保养；新风机附近应留有450mm×450mm的检修口一个，检修口预留位置应便于检修，上方无遮挡。

（5）根据通风主机的电动机功率、电压，进行电源线的配置。电源应独立供给，接线应正确、坚固，并有良好接地；电源线应绝缘良好，不得裸露在外面；通风主机应有独立的控制装置，接线必须正确、牢固，并有良好的接地。

（6）主机位置必须预留220V电源，电源线选用与图纸设计相符的塑铜线。

3. 支、吊架制作安装

（1）根据规范要求，对不同规格的风管采用不同大小的支、吊架。

（2）吊杆的长度要根据风管的尺寸和安装高度，以及楼层梁或钢架的高度来下料加工。

（3）吊杆的吊码用角钢加工，吊杆的末端螺纹丝牙要满足调节风管标高的要求，吊杆的顶部与角钢码焊接固定，吊杆油防锈漆和面漆各两遍。

（4）风管水平安装，直径或边长尺寸小于400mm，间距应不大于4m；若直径或边长尺寸大于等于400mm，间距应不大于3m。

（5）螺旋风管的支、吊架间距可分别延长至5m和3.75m。

（6）薄钢板法兰的风管，其支、吊架间距应不大于3m。

（7）垂直安装的风管，间距应不大于4m，单根直管应至少有2个固定点。

（8）风管支、吊架宜按国标图集与规范选用强度和刚度相适应的形式和规格。

（9）支、吊架不宜设置在风口、阀门、检查口及自控机构处，离风口或插接管的距离宜不小于200mm。

（10）吊装的螺孔应采用机械加工。吊杆应平直，螺纹完整、光洁。安装后各副支、吊架的受力应均匀，无明显变形。

（11）风管支、吊架的间距见表3-5-3。

风管支、吊架的间距	表 3-5-3
安装管径/安装位置	一个/各一个
Φ75～125mm	每1.2m
Φ160～250mm	每1.6m
弯头、直接、三通连接处	两端200mm内
垂直管道	每2m

4. 风管制作

（1）风管下料

①风管下料时，应按图纸尺寸、板材规格和现场实际需求确定板材。

②风管的纵缝应交错设置，圆形风管可在组配焊接时考虑；矩形风管则应在展开划线时，注意相邻管段纵缝要交错设置，同时还要注意焊缝避免设在转角处。

③展开划线时应使用红铅笔或不划伤表面软体笔进行。严禁使用锋利金属针或锯条进行划线。

④每批板材加工前均应进行加热试验，以确定其收缩余量。下料时，对需要加热成形的风管或管件应适当留出收缩余量。

⑤使用剪床下料时，5mm厚以下的板材可在常温下进行；5mm厚以上或冬天气温较低时，应将板材加热到30℃左右，再进行剪切，防止材料碎裂。

⑥锯割时，速度应控制在每分钟3m的范围内，防止材料过热，发生烧焦和粘住现象，也可用压缩空气进行冷却。

⑦板材厚度大于3mm时应开V形坡口；大于5mm时应开双面V形坡口。坡口角度为50°～60°，留钝边1～1.5mm，坡口间隙0.5～1.0mm，坡口角度和尺寸应均匀一致。

⑧采用坡口机或砂轮机制备坡口时应将坡口机或砂轮机底板和挡板调整到需要角度，先做样板坡口，检查角度是否合乎要求，确认无误后再进行大批量加工。

⑨矩形风管加热成型时，应四边加热折方成型。加热表面温度应控制在130～150℃，加热折方部位不得有焦黄、发白裂口，成型后不得有明显扭曲和翘角。

（2）矩形法兰制作

在硬聚氯乙烯板上按规格划好样板，尺寸应准确，对角线长度应一致，四角的外边应整齐；焊接成型时应用钢块等重物适当压住，防止塑料焊接变形，使法兰的表面保持平整。

（3）圆形法兰制作

①应将聚氯乙烯按直径要求计算板条长度并放足热胀冷缩余料，用剪床或圆盘

锯裁切成条状。

②圆形法兰宜采用两次热成形，第一次将加热成柔软状态的聚氯乙烯板煨成圈带，接头焊牢后，第二次再加热成柔软状态板体，在胎具上压平校形。

③DN150以下法兰不宜热煨，可用车床加工。

④焊缝应填满，不得有焦黄断裂和未熔合现象。焊缝强度不得低于母材强度的60%，焊条材质与板材相同。

（4）镀锌风管制作

①镀锌钢板风管的制作时，要对不同规格的风管按要求采用不同厚度的板材。

②风管法兰将按照图纸规定的系列规格统一制作，法兰的螺栓孔采用冲床和模具进行定距离冲制，法兰的成型焊接也采用专用模具进行定位焊接，以确保同一规格的风管法兰具有互换性。

③法兰的加工除边长（或直径）按规范要求外，还应严格做到：

型材不得有锈蚀、结皮或麻点。法兰组焊对缝平整度错口不大于0.5mm，铆钉孔间距不大于100mm（螺孔间距不大于120mm），孔距准确，应具有互换性。焊渣、焊接飞溅物、浮锈应彻底清除干净。涂擦附着力强的防锈底漆2层，螺孔及转角不得有油漆淋滴现象。

④风管制作咬口处应严密。风管制作成形后，将法兰固定于风管两端，并在两法兰面平行时，将法兰在风管上铆固。风管和法兰翻边铆接时，翻边应平整，宽度应一致且应不小于6mm，并不得有开裂和孔洞。制作好的风管不得有扭曲或倾斜。风管制作好后根据系统进行编号。

5.风管安装

（1）复合风管的安装

①管道的走向、管径以及风口的安装位置必须与图纸相符。

②确定各个房间风管的标高、穿墙位置、吊杆固定件等的位置。

③管材的切割口应光洁、无毛刺，管材与管件用胶水粘结，胶水不宜多，避免残留在管道内。

④风管安装贴近顶板，管路的吊装应做到横平竖直，管道尽量短且直，不能扭曲和拐弯。UPVC管路采用支、吊架进行固定。支架与管道固定稳固，无松动。如采用抱箍，则其内面应紧贴管外壁。支架与管道应固定稳固，无松动。

⑤所有穿墙管道，应用水钻打孔。安装完毕后，对孔洞及空隙进行修补。

⑥伸缩性软风管的长度不能超过5m，不得有死弯和瘪凹。

⑦风口与风管的连接应严密、牢固；边框与建筑饰面贴实，外表面平整不变

形。同一空间内，房间内的风口的安装高度应一致，排列应整齐。

（2）镀锌风管的安装

①风管安装前，做好组装件的清洁工作。

②根据图纸风管各系统的分布，按照制作好的风管编号进行排列、组合，核对风管尺寸，所在轴线位置符合图纸后，方可吊装。

③风管安装时，主管尽量贴大梁底，支管也尽量高位置安装。

④风管安装好后，检查风管的安装高度是否满足设计要求，风管的水平、垂直度是否符合规范要求，支架是否歪斜，支架间距是否符合要求。

⑤矩形风管边长≥630mm和保温风管边长≥800mm，管段长度在1.2m以上必须采用加强筋或其他加固。

6.风口安装

（1）安装前，对风口进行外观检查，风口外表面不得有明显的划伤、压痕，花斑、颜色应一致。

（2）对照图纸，确定风口的送风方式和风口的位置。

进风装置应设在室外空气较洁净的地点，装置四周须采用发泡剂填充密封，并做好防水处理。

排风口安装时，选择距主机较近并可以与室外相通处开孔，穿墙孔规格为Φ130mm。安装墙体过桥（L350mm）并打泡沫剂进行密封，墙体过桥应与外墙面平齐。防雨型排风口与墙体过桥的连接处采用PEF胶带做中间过渡，排风口安装应正确、平整、严密、美观。

（3）风口安装配合装饰天花进行，无天花的按系统的需要进行。风口与风管连接要严密，风口布置根据设计图纸，尽量成行成列，风口外观平直美观，与装饰面紧贴，表面无凹凸和翘角。

（4）两管连接部位，必须先用铝箔胶带密封，再用透明胶带缠绕绷紧。风口与风管的连接必须严密、牢固。边框与建筑装饰面贴实，外表面应平整不变形，调节应灵活。

（5）安装风口时，吸顶的风口与吊顶平齐，确保牢固可靠，无松动。

（6）风口的转动，调节部分应灵活、可靠，定位后应无松动现象，手动式风口叶片与边框铆接应松紧适当。

（7）风口水平安装，水平度的偏差应不大于3/1000，风口垂直安装，垂直度的偏差应不大于2/1000。

（8）风口的安装采用内固定法。

（9）风口尺寸允许偏差见表3-5-4。

风口尺寸允许偏差

表3-5-4

边长（mm）	允许偏差（mm）	对角线长度（mm）	两对角线之差（mm）
＜300	1	＜300	1
300～800	2	300～500	2
＞800	3	＞500	3

7.质量要求

（1）风管下料前按设计要求展开，进行尺寸的核对，根据咬口宽度、重叠层数确定数量大小。

（2）施工中所用吊筋、主机支架以及所使用的法兰、风管（金属风管）应作好防锈处理，除锈后应及时防腐、刷底漆。

（3）金属风管下料后压口倒角、非金属风管坡口等按照要求进行制作，风管与配件的咬口缝应紧密，宽度应一致；折角应平直，圆弧应均匀；两端面平行，风管无明显扭曲与翘角；表面应平整，凹凸不大于10mm。

（4）焊接风管的焊缝应平整，不应有裂缝、凸瘤、穿透的夹渣、气孔及其他缺陷等，焊接后板材的变形应矫正，并将焊渣及飞溅物清除干净。

（5）圆形风管的管底严禁设置纵焊缝。矩形风管底宽度小于板材宽度时不应设置纵焊缝，管底宽度大于板材宽度，只能设置一条纵缝，并应尽量避免纵焊缝存在，焊缝应牢固、平整、光滑。

（6）风管的两端面平行，无明显扭曲。风管外径或外边长的允许偏差：当≤300mm时，为2mm；当＞300mm时，为3mm。管口平面度的允许偏差为2mm，矩形风管两条对角线长度之差应≤3mm；圆形法兰任意正交两直径之差应≤2mm。

（7）金属风管法兰的焊缝应熔合良好、饱满、无假焊和孔洞；同一批量加工的相同规格法兰的螺孔排列应一致，并具有互换性。风管与法兰采用铆接连接时，铆接应牢固，不应有脱铆和漏铆现象；翻边应平整，紧贴法兰，其宽度应一致，且不应小于6mm；咬缝与四角处不应有开裂与孔洞。

（8）非金属风管与法兰应成一整体，并应有过渡圆弧，与风管轴线成直角，管口平面度的允许偏差为3mm，螺孔的排列应均匀，至管壁的距离应一致，允许偏差为2mm。

（9）无法兰连接风管的薄钢板法兰高度应参照金属法兰风管的规定执行。采取套管连接的，套管的厚度应大于风管的厚度。

建设工程创新创优实践——武陟县人民医院门急诊医技综合楼工程创新创优纪实

（10）风管内严禁穿线。当风管穿过封闭的防火、防爆的墙体或楼板时，应设预埋管道或防护套管。

（11）风口外表装饰面应平整，叶片或扩散环的分布应匀称、颜色一致，无明显划痕和压痕。调节装置转动灵活、可靠，定位后无明显偏差。

8.应注意的质量问题

（1）风管加工草图应到施工现场实测，然后根据数据整理绘制；应特别注意不得将风口、风阀及其他可拆卸的接口设置在预留孔洞及套管内。加工草图应详细标明各管段的长度、尺寸、部件、设备的位置和所占的具体尺寸等。

（2）绘制详细的加工草图，对形状较复杂的弯头、三通、四通等配件应有具体的下料尺寸和制作步骤。

（3）风管法兰制作应表面平整，制作尺寸允许偏差为1～3mm，平面度允许偏差为2mm，矩形法兰两对角线的允许偏差为3mm，以保证风管的制作质量。

（4）制作的成品风管，咬口缝应宽度均匀，纵向接缝应相互错开；法兰翻边宽度应一致，翻边宽度应不小于6mm。

（5）手工咬口时，应采用木锤，以免产生明显锤印。

（6）当需采用密封胶封堵时，密封面宜设在正压侧；选用的密封胶要与环境相适应，潮湿环境不宜用水溶性密封胶，高温系统应使用耐高温密封胶。

（7）吊装新风机时应采用减震措施。

（8）安装时应注意风机的气流方向与设计图纸的方向是否相同。

3.5.5 消防喷淋管道安装

1.工艺流程

材料检验→管道下料切割→管道沟槽连接→丝扣连接→试压调试。

2.材料检验

（1）管材镀锌层无脱落、锈蚀；螺纹密封面应完整，无损伤；法兰密封面完整，无划痕。

（2）喷头、报警阀、水流指示器等系统组件应经消防产品质量监督检验中心检测合格。

（3）闭式喷头应做密封性能试验，以无渗漏、无损伤为合格，试验压力为3.0MPa，试验时间不少于3min。

（4）报警阀应逐一进行渗漏试验，试验压力为工作压力的2倍，试压时间

5min，阀瓣处无渗漏。

（5）阀门安装前应逐一做强度和严密性试验，强度试验压力为公称压力的1.5倍；严密性试验压力为公称压力的1.15倍，试验压力在试验持续时间内应保持不变，且壳体填料及阀瓣密封面无渗漏。阀门试验持续时间见表3-5-5。

阀门试验持续时间　　　　　　　　　　　表3-5-5

公称直径 DN（mm）	最短试验持续时间（s）		
	严密性试验		强度试验
	金属密封	非金属密封	
≤50	15	15	15
65～200	30	15	60

3. 管道下料切割

（1）根据施工图纸确定管道走向，根据走向确定甩口位置，量取施工尺寸，绘制施工草图。

（2）钢管切割：镀锌钢管采用砂轮切割机机械或螺纹套丝切割机进行切割。

（3）根据施工草图量确定施工尺寸进行下料切割。

（4）管道切口质量应符合下列要求：切口平整，不得有裂纹、重皮；毛刺、凹凸、缩口、熔渣、铁屑等应予以清除。

4. 管道沟槽连接

按设计要求，管道需采用卡箍沟槽式连接，该方式具有安装快速简易、接口安全可靠、隔振维护改造方便等优点。

（1）管道沟槽加工步骤

①用水平仪调整滚槽机尾架，使滚槽机和钢管处于水平位置。

②将钢管端面与滚槽机下滚轮挡板端面贴紧，即钢管与滚槽机下滚轮挡板端面呈90°。

③启动滚槽机电机，徐徐压下千斤顶，使上压轮均匀滚压钢管至预定的沟槽深度为止。

④用游标卡尺、深度尺检查沟槽深度和宽度等尺寸，确认符合以下尺寸要求（表3-5-6）。

沟槽深度和宽度尺寸要求			表3-5-6
公称直径	沟槽宽度（+0.5，−0.0，mm）	沟槽深度（+0.5，−0.0，mm）
DN100	9.5	2.2
DN150	9.5	2.2

（2）管道开孔

①电动开孔机开孔前，根据机械三通、四通选择钻头，将钻头安装到开孔机上。

②将开孔机固定于钢管开孔位置，启动电动机，转动手轮，并添加适量润滑剂于钻头处，完成在钢管上的开孔。

③清理钻落金属块和开孔部位残渣，孔洞有毛刺，用砂轮机打磨光滑。

（3）管道连接

①安装前应遵循大口径、总管、立管、支管的顺序。

②安装过程中应按连接顺序连续安装，以免出现段与段之间连接困难和影响管路整体性能。

③管道接头两端设支撑点，以保证接口牢固。

④准备好符合要求的沟槽管段、配件和附件，钢管端面不得有毛刺。

⑤检查橡胶密封圈是否损伤，将其套上一根钢管端部，将另一根钢管靠近已套上橡胶密封圈的钢管端部，两端间应按标准要求留有一定的间隔。

⑥将橡胶密封圈套上另一根钢管端部，使橡胶密封圈位于接口中间部位，并在其周边涂润滑剂（洗洁精或肥皂水），润滑剂涂抹要均匀。

⑦检查两端管道中轴线，使其对齐。

⑧在接口位置橡胶密封圈外侧将金属卡箍上、下接头凸边卡进沟槽内。

⑨压紧上、下接头耳部，并用木榔头槌紧接头凸缘处，将上、下接头靠紧。

⑩在接头螺孔位置穿上螺栓，并均匀轮换拧紧螺母，以防止橡胶密封圈起皱。

5. 丝扣连接

当管道需采用管螺纹连接。镀锌钢管螺纹填料最好选用聚四氟乙烯生料带与铅油麻丝配合使用。

（1）管道螺纹加工

①根据管道的直径选择相应的板牙和板牙头，并按板牙上的序号，依次装入对应的板牙头。

②加工较长的管道时，用辅助料架作支撑，高度可调整适当。

③在套丝过程中保证套丝机油路畅通，随时注入润滑油。

④为保证套丝质量，螺纹应端正，光滑完整，无毛刺，乱丝、断丝、缺丝长度不得超过螺纹总长度的10%。

（2）螺纹连接时，在管端螺纹外面敷上填料，用手拧入2～3扣，再用管子钳一次装紧，不得倒回，装紧后应留有螺尾。

①管道连接后，将挤到螺纹外面的填料清除掉，填料不得挤入管腔，以免阻塞管路。

②各种填料在螺纹里只能使用一次，若螺纹拆卸，重新装紧时，应更换填料。

③用管钳将管子拧紧后，管子外表破损和外露的螺纹，要进行修补防锈处理。

6.试压调试

（1）试压前应具备的条件

①管道强度试验宜在吹扫或清洗之前进行，系统严密性试验在强度试验之后进行。

②管道安装完毕，在系统试验前，会同业主、监理按图纸对管道进行联合检查确认，确认合格后方可进行试压。

③检查各试压管道系统已经按照设计施工图、设计变更等技术资料安装完毕，安装质量符合相关规定。

④检查支、吊架安装正确齐全。

⑤组织人员对现场进行联合检查，检查系统内阀门的开关状态，流程是否畅通，并安排人对各连接点进行检查。

⑥试验用的检测仪表符合要求，压力表应经校验并合格，精度不低于1.5级，量程为最大被测压力的1.5～2倍，表数不少于两块。

（2）打压及检查

①水压试验时，环境温度不应低于5℃。

②当系统设计工作压力≤1.0MPa时，水压试验压力应为工作压力的1.5倍，当设计工作压力＞1.0MPa时，水压强度试压压力为该工作压力加0.4MPa。

③水压强度试验的测试点应设在系统管网的最低点，对管网注水时，应将管网内空气排净，并应缓慢升压，达到试压压力后，稳压30min，目测管网应无泄漏无变形，且压力下降≤0.05MPa。

（3）冲洗

①管网冲洗宜设临时专用的排水管道，其排放应畅通安全，排水管道的截面积应不小于被冲洗管道截面积的60%。

②管道冲洗的水流速度、流量应不小于系统设计的水流速度、流量，管网冲洗

建设工程创新创优实践
——武陟县人民医院门急诊医技综合楼工程创新创优纪实

宜分区、分段进行，水平管网冲洗时，其排水位置应低于配水支管。

③管网在地上管道与地下管道连接前，应在配水干管底部加设堵头后，对地下管道进行冲洗。

④管网冲洗的水流方向应与灭火时管网的水流方向一致。

⑤管网冲洗结束后，应将管网内的水排干净，必要时，可采用压缩机压缩空气吹干。

7. 应注意的问题

（1）喷头溅水盘与楼板的距离太远，大于30cm，集热太慢，感温元件不能及时炸开，延迟喷水时间而使火灾蔓延。

（2）喷头距梁或一些障碍物太近，而使喷洒达不到保护范围。

（3）网状吊顶，喷淋头在网格中间或网格下面。

8. 质量保证措施

（1）喷头向上安装，这样不仅满足规范要求，还可避免管道内的脏污堵塞喷头短管的三通口。

（2）与设计院协商，是否能在大梁上留出喷淋支管预留洞，让喷淋支管穿梁而过，主管仍沿梁底敷设，管道之间形成高差。

（3）根据现场需要，适当调整喷头布局，靠梁边的喷头应符合规范规定。即：严重危险级为1.1～1.4m，中度危险级为1.8m，轻度危险级为2.3m。

（4）网状吊顶内，喷头应尽量避开网格障碍物，在满足每个喷头保护范围内现场调整。

（5）特殊造型吊顶，可装集热板或在规范范围内作特殊处理。

3.5.6 消火栓安装

1. 工艺流程

水平干管安装→消火栓箱及支管安装→管道试压→管道冲洗→消火栓配件安装→系统通水调试。

2. 水平干管安装

消防管道应用镀锌钢管。且钢管管径＜100mm时，应采用螺纹连接；≥100mm时，采用管卡或法兰（镀锌）连接。

（1）水平干管安装过程中，按测绘草图留出各个消防立管接头的准确位置。

（2）凡需要隐蔽的消防供水干管，必须先进行管段试压，试压合格后做防腐处理。

（3）阀门采用蝶阀，压力同系统。

（4）过伸缩缝的水平干管，必须安装补偿器，补偿器的安装规格形式，必须符合设计要求。

（5）立管安装时，安装顺序由从下向上顺序安装，必须安装卡件固定，立管底部的支、吊架要牢固，防止立管下坠，并按测绘草图上的位置、标高留出各层消火栓水平支管接头。支、吊架安装间距见表3-5-7。

支、吊架安装间距 表3-5-7

公称直径	DN25-40	DN50	DN65-80	DN100-125	DN150	DN200-250
最大间距（m）	2.4	3.0	3.6	4.25	5.3	5.9

（6）立管明装时每层楼板要预留孔洞，立管可随结构穿入，以减少立管接口。

（7）穿越墙体或地坪必须安装套管，套管长度不小于墙体厚度或应高出楼面或地面50mm。

（8）管道安装时，管道与管道的接口不得设置在套管内。

（9）与套管之间的间隙应用不燃材料填塞。

（10）竖管的安装应铅垂每米允许偏差不大于2mm。

（11）竖管的固定支架应设置在距地面1.5 ～ 1.8m高处，但层高在4m以下时每层可只设置一个支架。

（12）管道上安装的控制阀门采用闸阀（依设计规定）。闸阀宜采用明杆闸阀，安装时应使其手柄便于使用。

（13）闸间体上标明的公称直径和公称压力数据在安装时注意将其展示在人的视线观察范围内，不能隐蔽安装。

（14）阀门连接一般采用法兰连接；若管道采用的是螺纹连接，则阀门安装应搭配螺纹法兰盘。

3.消火栓箱及支管安装

（1）室内消火栓箱的安装方式分为明装、暗装和半明装。具体安装方式由建设方或设计院确定。

（2）明装于混凝土墙上的消火栓箱应按表3-5-8中的要求安装固定。

（3）半明装的消火栓箱阀门中心距相近侧面为140mm，距箱后内表面为100mm，允许偏差5mm。

（4）明装采用6×M10镀锌膨胀螺栓固定，螺栓应均匀分布。

消火栓箱尺寸 L×H（mm×mm）	螺栓距离水平横向相近侧面距离 E（mm）
650×800	50
700×1100	50
1100×700	250

（5）暗装消火栓箱应采用水泥砂浆四周嵌密实，严禁使用混合砂浆填补。

（6）箱内管道和消火栓安装时，在连接中应保护油漆，防止箱内的油漆脱落。

（7）按立管位置预留进箱孔，严禁将其他未用敲落孔敲落，箱内的管道应横平竖直。

（8）消火栓箱安装完成时，应及时将敞开的箱门采用三夹板封闭；消火栓手柄阀门关紧后应及时卸掉保存。

（9）成品保护：安装完成后及时处理表面污染并加以保护。

（10）特殊部位安装要求：为了确保装修效果，走廊处的消火栓箱安装必须与装修紧密配合。

（11）消火栓箱应安装在便于取用的位置，并有醒目的标志；箱门不得用装饰物遮盖且消火栓箱门与周围装修材料颜色有明显区别。

（12）消火栓箱安装时；必须取下箱内的水枪、消防水带等部件。为防止箱体变形，不允许用钢钎撬、锤子敲的方法将箱硬塞入预留孔内。箱体安装端正，无歪斜翘曲现象；箱门开启灵活、箱门关闭到位后应与四周框面平开、间隙均匀平直，最大间隙不大于2.5mm。

（13）栓口应朝外，并不应安装在门轴侧。栓口中心距地面为1100mm，允许偏差±20mm。

（14）消火栓中心距箱侧面为140mm，距箱后内表面为100mm，允许偏差±5mm。

（15）消火栓箱体安装的垂直度允许偏差3mm。

（16）消火栓支管要以栓阀的坐标、标高定位甩口，核定后再稳固消火栓箱，箱体找正稳固后再将栓阀安装好，栓阀侧装在箱内时应在箱门开启的一侧，箱门开启应灵活。

4.管道试压

（1）消防管道上水时最高点要有排气装置，高低点各装一块压力表，上满水后检查管路有无渗漏，如有法兰、阀门等部位渗漏，应在加压前紧固。

（2）缓慢升压，升压至设计工作压力1.5倍后，检查管道，出现渗漏时做好标记，泄压后处理。

（3）冬季试压环境温度不得低于+5℃，夏季试压不宜直接用外线上水，防止结露。试压合格后及时办理验收手续。

5.管道冲洗

消防管道在试压完毕后可连续做冲洗工作，冲洗前先将系统中的流量减压孔板、过滤装置拆除，冲洗水质合格后重新装好，冲洗出的水要有排放去向，不得损坏其他成品。

6.消火栓配件安装

（1）配件安装在交工前进行，消防水龙带必须拆好放在挂架上或卷实、盘紧放在箱内。

（2）消防水枪要竖放在箱体内侧，自救式水枪和软管应放在挂卡上或放在箱底部，消防水龙带与水枪快速接头的连接，一般用14号铅丝绑扎两道，每道不少于两圈，使用卡箍时，在里侧加一道铅丝。

（3）设有电控按钮时，应注意与电气专业配合施工。

（4）消防水枪安装应符合下列要求：

①安设的消防水枪，其型号、性能等参数应与设计图相符。

②安设好的消防水枪，枪上各种配件应齐全。

③安装消火栓水龙带，水龙带与水枪和快速接头绑扎好后，应根据箱内构造将水龙带挂放在箱内的挂钉、托盘或支架上。

④栓口应朝外，不应安装在门轴侧，阀门中心距箱侧面140mm，允许偏差±5mm。阀门中心与箱后内表面100mm，允许偏差±5mm。

7.消防系统通水调试

（1）系统通水调试前要核实消防水箱的容积、设置高度。

（2）核实消防水泵接合器的数量和供水能力。

（3）消防水泵应接通电源并已试运转，并且运行可靠。

（4）测试最不利点消火栓的压力和流量能否满足设计要求。

8.成品保护

（1）消防系统施工完毕后，各部位的设备组件要有保护措施，防止碰动跑水，损坏装修成品。

（2）消防管道安装与土建及其他管道发生矛盾时，不得私自拆改，必须经过协商解决。

（3）室内进行装饰、粉刷时，应对消火栓箱进行遮盖保护。

（4）消防管道安装完毕后，严禁攀登、磕碰、重压，防止接口松脱而漏水。

9.质量保证措施

（1）水泵接合器不能加压：由于阀门未开启，单向阀装反或有盲板未拆除。

（2）消火栓箱门关闭不严：由于安装未找正或箱门强度不够变形造成。

（3）消火栓阀门关闭不严：管道未冲洗干净，阀座有杂物。

（4）箱式消火栓的安装栓口必须朝外，阀门距地面、箱壁的尺寸符合施工规范规定。水龙带与消火栓和快速接头的绑扎紧密，并卷折，挂在托盘或支架上。

3.5.7 火灾自动报警系统安装

1.火灾自动报警系统工艺流程

布管→线缆敷设→探测器定位及安装→火灾报警控制器的安装→系统调试。

2.布管

（1）管路超过下列长度时，应在便于接线处装设接线盒：

①管子长度每超过30m，无弯曲时；

②管子长度每超过20m，有1个弯曲时；

③管子长度每超过10m，有2个弯曲时；

④管子长度每超过8m，有3个弯曲时。

（2）从接线盒、线槽等处引到探测器底座盒、控制设备盒、扬声器的线路，当采用金属软管保护时，其长度应≤2m。

（3）金属管子入盒时，盒外侧应套锁母，内侧应装护口；在吊顶内敷设时，盒的内外侧均应套锁母。

（4）在明敷设各类管路和线槽时，应采用单独的卡具吊装或支撑物固定。吊装线槽或管路的吊杆钢筋的直径应≥6mm。

（5）线槽敷设时，应根据工程实际情况设置吊点或支点，一般应在下列部位设置：

①线槽始端、终端及接头处；

②直线段≤3m处；

③距接线盒0.2m处；

④线槽转角或分支处。

（6）线槽接口应平直、严密，槽盖应齐全、平整、无翘角，并列安装时，槽盖应便于开启。

（7）线管经过建筑物的变形缝（包括沉降缝、伸缩缝、抗震缝等）处，应采取补偿措施，导线跨越变形缝的两侧应固定，并留有适当余量。

3.线缆敷设

（1）火灾自动报警系统布线时，应根据现行国家标准《火灾自动报警系统设计规范》GB 50116—2013的规定，对导线的种类、电压等级进行检查。

（2）火灾自动报警系统布线，同时应符合现行国家标准《建筑电气工程施工及验收规范》GB 50303—2015的规定。

（3）在管内或线槽内的穿线，应在建筑抹灰及地面工程结束后进行；在穿线前，应将管内或线槽内的积水及杂物清除干净。

（4）不同系统、不同电压等级、不同电流类别的线路，不应穿在同一管内或线槽的同一槽孔内。

（5）导线在管内或线槽内，不应有接头或扭结；导线的接头，应在接线盒内焊接或用端子连接。

（6）敷设在多尘或潮湿场所管路的管口和管子连接处，均应作密封处理。

（7）导线敷设后，应对每回路的导线用500V的兆欧表测量绝缘电阻，其对地绝缘电阻值应≥20MΩ。

（8）同一工程中，应根据不同用途选不同颜色的导线加以区分，但相同用途的导线颜色应一致，电源线正极为红色，负极为蓝色。

4.探测器定位及安装

各类编码探测器在安装前应先进行编码，探测器的安装位置、方向和接线方式应按设计图纸要求进行，并应符合下列规定。

（1）典型火灾探测器的适合安装高度见表3-5-9。

典型火灾探测器的适合安装高度　　　　　　　　表3-5-9

房间高度h（m）	感烟探测器	感温探测器			火焰探测器
		一级	二级	三级	
12＜h≤20	不合适	不合适	不合适	不合适	合适
8＜h≤12	合适	不合适	不合适	不合适	合适
6＜h≤8	合适	合适	不合适	不合适	合适
4＜h≤6	合适	合适	合适	不合适	合适
h≤4	合适	合适	合适	合适	合适

（2）探测器至墙壁、梁边的水平距离应≥0.5m。

（3）探测器周围0.5m内不应有遮挡物。

（4）探测器至空调送风口边的水平距离应≥1.5m，至多孔送风顶棚孔口的水平距离应≥0.5m。

建设工程创新创优实践——武陟县人民医院门急诊医技综合楼工程创新创优纪实

（5）在宽度＜3m的内走道顶棚上设置探测器时宜居中布置。感温探测器的安装间距应≤10m，感烟探测器的安装间距应≤15m，探测器距端墙的距离应不大于探测器安装间距的一半。

（6）探测器宜水平安装，如必须倾斜安装时，倾斜角度应≤45°。

（7）探测器的底座应固定牢靠，其导线连接必须可靠压接或焊接；当采用焊接时，不得使用带腐蚀性的助焊剂。

（8）探测器的"+"线应为红色，"−"线应为蓝色，其余线应根据不同用途采用其他颜色区分，但同一工程中相同用途的导线颜色应一致。

（9）探测器底座的外接导线，应留有≥150mm的余量，入端处应有明显标志。

（10）探测器底座的穿线孔宜封堵，安装完毕后的探测器底座应采取保护措施。

（11）探测器的确认灯，应面向便于人员观察的主要入口方向。

（12）探测器在即将调试时方可安装，在安装前应妥善保管，并应采取防尘、防潮、防腐蚀措施。

①探测器的安装位置应根据被测气体的密度、安装现场的气流方向、湿度等各种条件确定。若其密度大于或等于空气密度的气体（如液化石油气、煤气等），探测器应安装在探测区域的下部，或位于可能出现泄露点的下方，距地面200～300mm的位置；密度小，比空气轻的气体（如天然气、氢气、甲烷等），探测器应安装在探测区域的上方或探测气体的最高可能聚集点上方位置。

②在室内梁上安装探测器时，探测器与顶棚距离应在200mm以内，在探测器周围应适当留出更换和标定的空间。

③防爆型可燃气体探测器安装位置依据可燃气体比空气重或轻，分别安装在泄漏处的上部或下部，与非防爆型可燃气体探测器安装相同。

（13）线型红外光束感烟火灾探测器的安装位置，应符合下列要求：

①光束轴线至顶棚的垂直距离宜为0.3～1.0m，在大空间场所安装时，光束轴线距地高度宜≤20m。

②发射器和接收器之间的光路距离宜≤100m。

③相邻两组探测器的水平距离应≤14m，探测器至侧墙水平距离应≤7m，且应≥0.5m。

④发射器和接收器之间的光路上应无遮挡物或干扰源。

⑤发射器和接收器应安装牢固，防止位移。

5.火灾报警控制器的安装

（1）火灾报警控制器在墙上安装时，其底边距地（楼）面高度应大于1.3～1.5m；

其靠近门轴的侧面距墙应≥0.5m，正面操作距离应≥1.2m。落地安装时，其底宜高出地坪0.1～0.2m。消防控制室内设备面盘前的操作距离：单列布置时应≥1.5m；双列布置时应≥2m。在值班人员经常工作的一面，设备面盘至墙的距离应≥3m。设备面盘后的维修距离应≥1m。设备面盘的排列长度＜4m时，其两端应设置宽度应≥1m的通道。

（2）火灾报警控制器应安装牢固，不得倾斜。安装在轻质墙上时，应采取加固措施。

（3）引入控制器的电缆或导线，应符合下列要求：配线应整齐，避免交叉，并应固定牢靠；电缆芯线和所配导线的端部，均应标明编号，并与图纸一致，字迹清晰不易褪色；端子板的每个接线端，接线不得超过2根；电缆芯和导线，应留有不小于20cm的余量；导线应绑扎成束，导线引入线穿线后，在进线管处应封堵。

（4）控制器的主电源引入线，应直接与消防电源连接，严禁使用电源插头。主电源应有明显标志。

（5）控制器的接地，应牢固，并有明显标志。

6.系统调试

（1）系统调试前的准备工作

①根据系统设计图纸检查系统安装是否符合设计要求。

②检查系统线路，对错线、开路、短路、虚焊等进行处理，确保线路正常。

③检测系统线路对地绝缘电阻和系统接地是否满足现行国家标准《火灾自动报警系统设计规范》GB 50116—2013的要求，使用专用接地时，接地电阻值应≤4Ω，使用联合接地时，接地电阻值应≤1Ω。

④分别对报警（联动）控制器、火灾显示盘、广播对讲、火警专用计算机、供电电源等设备逐个进行单机通电并检查，正常后方可进行系统调试。

（2）开机调试

火灾自动报警系统及联动系统的调试主要包括自动报警系统自身器件的连接、登录，联动关系的编制及输入和模拟火灾信号检查各系统是否按照编制的逻辑关系执行。其过程分为以下几个步骤。

①回路划分：将报警系统按照报警主机回路数进行划分区域（回路），并对回路总线作好永久性的明确标志。

②编址：在图纸上标明探测器和模块的地址号，按图纸对探测器和各种模块（监视、控制模块）进行编码，确保安装的探测器、模块的编码与图纸标明的编号一致，以便安装时按照已定下的编址进行安装，防止安装器件时发生地址错误，同

时该地址号也为编制联动关系提供联动器件逻辑输入号。在设定地址号后根据设备情况要求（有的报警控制器能够显示报警点的中文名称）标定器件安装位置的名称，以便报警控制器能显示报警点的名称。

③编程：根据探测器和各种模块的编号整理出《工程地址编码表》，并根据《工程地址编码表》和系统消防设备的控制要求进行显示关系、系统信息和联动关系编程。

④接报警总线：再次检查和记录线路的绝缘阻抗是否满足规范要求。用万用表测量所有外部线路之间、外部线路与大地之间没有交流、直流电压（确认外部线路没有干扰电压引入系统），确认系统的负载没有超出系统要求的容量后，可将总线接入控制器（先不接24V电源线、广播线、消防对讲电话线）。对接入控制器的总线要作好永久的明显标记。

⑤开机、排除故障：先开控制器主电，然后开备电进行通电运行。初次通电运行，系统可能出现故障或火警，可用排除法逐一排除线路故障、设备的开路故障、探测器故障、模块故障等，在外部故障排除完毕后，才能进行后面的工作。

⑥检查模块外部线路：断开外接的24V电源线，手动启动外部设备的控制模块，检查24V电源线之间的电阻，保证线间不短路。

⑦检查24V电源线的对地绝缘电阻，保证线路对地绝缘电阻满足规范要求。随着启动模块的数量的增加，线间电阻会逐渐减小，有时候需要对模块分批、分层或分设备类型启动，再检查线间电阻，检查完一部分后复位，复位完再检查下一部分。

⑧检查线路对地绝缘电阻时应采用500V的摇表，采用量程为20MΩ及以下的万用表测试的绝缘电阻不准确。断开外接的消防广播线路，手动启动消防广播控制模块，检查消防广播线之间的电阻，保证线间不短路；检查消防广播线的对地绝缘电阻，保证线路对地绝缘电阻满足规范要求。

⑨接通24V电源线和消防广播线，将控制器设置为手动状态，逐一启动所有联动设备，保证设备启动符合规范要求，确保设备的位置与图纸一致，对不能启动、不一致的地方要进行修改，直至系统全部正常。

⑩报警试验：对探测器、手报、监视模块等报警点逐一进行模拟报警试验，确保每一点都能正常报警，且其位置与报警平面图一致，对于不报警和误报警的设备要及时处理并重新试验；对位置和设备不正确的地方应进行修改，保证一致性。

⑪联动试验：将控制器设置为自动状态，对报警点进行模拟火灾报警试验；检查各种直接输出的设备动作是否按照设定的条件进行动作，对不符的地方进行修

改直至全部正确；检查受控设备的联动是否符合联动控制要求，对不符的地方进行修改直至全部正确。

7. 质量要求

（1）各类消防用电设备主、备电源的自动转换装置，应进行3次消防功能转换试验，每次试验均应正常。

（2）火灾报警控制器（含可燃气体报警控制器）和消防联动控制器应按实际安装数量全部进行功能检验。

（3）消防联动控制系统中其他各种用电设备、区域显示器应按下列要求进行功能检验：

①实际安装数量在5台以下者，全部检验；

②实际安装数量在6～10台者，抽验5台；

③实际安装数量大于10台者，按实际安装数量30%～50%的比例进行抽验，但抽验总数应不小于5台；

④各装置的安装位置、型号、数量、类别及安装质量应符合设计要求。

（4）火灾探测器（含可燃气体探测器）和手动火灾报警按钮，应按下列要求进行模拟火灾响应（可燃气体报警）和故障信号检验：

①实际安装数量在100只及以下者，抽验20只（每个回路都应抽验）；

②实际安装数量大于100只，每个回路按实际安装数量10%～20%的比例进行抽验，但抽验总数应不小于20只；

③被检查的火灾探测器的类别、型号、适用场所、安装高度、保护半径、保护面积和探测器的间距等均应符合设计要求。

（5）室内消火栓的功能验收应在出水压力符合现行国家有关建筑设计防火规范的条件下，抽验下列控制功能：

①在消防控制室内操作启、停泵1～3次；

②消火栓处操作启泵按钮，按实际安装数量5%～10%的比例进行抽验。

（6）自动喷水灭火系统，应抽验下列控制功能：

①在消防控制室内操作启、停泵1～3次；

②水流指示器、信号阀等，按实际安装数量的30%～50%的比例进行抽验；

③压力开关、电动阀、电磁阀等按实际安装数量全部进行检验。

（7）气体、泡沫、干粉等灭火系统，应在符合国家现行有关系统设计规范的条件下，按实际安装数量的20%～30%的比例抽验下列控制功能：

①自动、手动启动和紧急切断试验1～3次；

建设工程创新创优实践
——武陟县人民医院门急诊医技综合楼工程创新创优纪实

②与固定灭火设备联动控制的其他设备动作（包括关闭防火门窗、停止空调风机、关闭防火阀等）试验1～3次。

（8）电动防火门、防火卷帘，5樘以下的应全部检验，超过5樘的应按实际安装数量的20%的比例，但抽验总数应不少于5樘，并抽验联动控制功能。

（9）防烟排烟风机应全部检验，通风空调和防排烟设备的阀门应按实际安装数量的10%～20%的比例进行抽验，并抽验联动功能，且应符合下列要求：

①报警联动启动、消防控制室直接启停、现场手动启动联动防烟排烟风机1～3次；

②报警联动启停、消防控制室远程启停通风空调送风1～3次；

③报警联动启停、消防控制室启停、现场手动启停防排烟阀门1～3次。

（10）消防电梯应进行1～2次手动控制和联动控制功能检验，非消防电梯应进行1～2次联动返回首层功能检验，其控制功能、信号均应正常。

3.5.8 防火卷帘安装

1.工艺流程

确认洞口及产品规格→左右支架安装→卷筒轴安装→开闭机安装→空载试车→帘面安装→导轨安装→控制箱和按钮盒安装与调试→行程限位调试→箱体护罩安装→负荷试车及调试。

2.确认洞口及产品规格

安装前，依据安装任务单和报批确认的防火卷帘安装图检查测量建筑物洞口尺寸、标高以及防火卷帘产品规格、尺寸、型号，确认正确的安装位置。

3.左右支架安装

（1）划线

确认建筑洞口及防火卷帘产品和开闭机左或右安装要求无误后，安装施工人员应首先以建筑物标高线实施划线。

①划出建筑洞口宽度方向中心线；

②划出左右支架中心卷筒轴中心的标高位置线；

③划出左右支架宽度方向固定位置线，划线后依据防火卷帘门安装图，对所划线位置进行检验，验证其精度允许偏差≤3mm。

（2）支架的安装形式

根据安装图纸确认安装形式首先确认墙侧安装、墙中安装等安装形式。

①当安装形式为墙侧安装时：建筑有预埋件（钢板）时应在清理安装基准面后安装，检查校对预埋件尺寸及形状位置是否与安装图设计相符合，符合设计要求时，则以此为大小支架安装的基准面。

建筑没有预埋件或有预埋件但不符合安装技术要求时，应增设厚度不小于大小支架钢板厚度的钢板垫板。依据划线位置用安全适用的膨胀螺栓固定于安装基准位置，膨胀螺栓数量不少于4个，且其安全系数不小于防火卷帘总重量的5倍。安装基准面应垂直于大小支架。

②当安装形式为墙中安装时：建筑有预埋件时，应在清理安装基准面后，检查校对预埋件尺寸及形状位置是否与安装图纸设计相符，符合设计要求时，则以此为大小支架安装的基准面。

建筑设有预埋件，且安装基准面表面平整，尺寸能达到安装要求时可直接作为支架的安装基准面。

当支架安装基准面在建筑结构侧面和柱中表面时，结构侧表面应设预埋件，并用安全适用的膨胀螺栓固定，柱中表面及位置达到安装要求，则以此两表面作为大小支架的安装基准面。

（3）安装左右支架

①检查左右支架质量是否有缺陷（轴承润滑及安全止动装置可靠性），并划出支架中心线，准备安装。

②有预埋件时，将支架施焊预埋件上。施焊前应首先点焊数点，经调整形状位置无误后，再实施焊接。墙侧安装时支架角钢上下两端为连续焊接，焊缝高度为6mm，角钢两侧分三段（上、中、下）断续焊接。不得虚焊、夹渣。焊后应除渣，并涂防锈漆。支架应垂直于安装基准面。

③无预埋件时，采用安全适用的膨胀螺栓，数量不少于4个，将左右两支架固定于安装基准面上，膨胀螺栓总抗剪安全系数不小于卷帘总重量的4倍。

④墙侧装支架表面应垂直于安装基准面，墙中间安装时其支架轴头中心线垂直于安装基准面。

⑤安装后，左右两支架轴头（轴承）中心应同轴，其不同轴度在全长范围内不大于2mm。当采用钢质膨胀螺栓时，其胀栓的最小埋入深度应符合规定。

⑥当卷帘自重超大且确需时，可采用焊接加固以保证支架的安装安全可靠、运行稳定。凡焊接处应无虚焊、夹渣，焊后应除渣，并作防锈处理。

4.卷筒轴的安装

（1）安装前应检查卷筒轴轴头焊接、卷轴直线度质量，以及首板固定位置与卷

建设工程创新创优实践
——武陟县人民医院门急诊医技综合楼工程创新创优纪实

轴轴向是否平行。

（2）检查无误后，使用相应的安全起重工具进行吊装和左右支架装配安装固定。

（3）要求：卷筒轴安装后应检验确认其水平度，水平度在全长范围内不大于2mm。

5. 开闭机安装

（1）设备开箱要依照装箱单清点产品零部是否齐全，如有误应封存并及时退场处理。

（2）空载试运行。开闭机运转状态不应有异声，停机制动灵敏、可靠。并调整限位滑块位置。接线相序应避免与安装后相序不同，亦应接地保护。

（3）识别开闭机左、右安装方向，要求手动链条出口处，必须与地面垂直。

（4）用配套规定的螺栓将开闭机安装于传动支架上，并连接套筒滚子链。

（5）开闭机轴线应平行于卷筒轴中心线，手动链条出口应垂直于地面。

（6）两链轮轮宽方向的对称平面应在同一平面内，并且两链轮轴线间应平行。

（7）链条松边下垂度≤6mm。

（8）链条安装后应采用HJ5O机械油或用钙基润滑脂润滑。

6. 空载试车

（1）开闭机安装后，采用零时电源，接通电器控制箱及开闭机，实施空载试车。注意开闭机的接线相序，应与交付时的接线相序一致。

（2）空载电动试运行前，应首先使用开闭机的手动拉链，拉动试运行，确认无误后方可电机试运行。

（3）观察运行中支架、卷筒轴运转是否灵活可靠、稳定，有无异常，要求卷筒轴在运行中其径向跳动量≤10mm。

7. 帘面安装

（1）开卷检查帘面（钢质、无机布）是否因储存、运输等因素造成产品变形损坏，并检查首板、末尾板、帘板、无机布帘面的直线度、外表质量等。

（2）首板长度方向应与卷筒轴中心线平行，并用规定规格的螺钉固定于卷筒轴上。

（3）帘面安装后应平直，两边垂直于地面。经调整后，上下运行不得歪斜偏移，且帘面的不平直度不大于空口高度的1/300。

（4）具有防风钩的帘面，其防风钩的方向，应与侧导轨凹槽相一致。

（5）末尾板（座板）与地面平行，接触应均匀，保证帘面上升、下降顺畅，并保证帘面具有适当的悬垂度，可自重下降，双帘应同步运行。

（6）无机帘面不允许有错位、缺角、挖补、倾斜、跳线、断线和色差等缺陷。

8.导轨安装

帘面安装调整无误后，即进行导轨的安装，其要求应满足：

（1）防火卷帘帘面嵌入导轨深度符合国家相关规定。

（2）导轨顶部应呈圆弧形，其长度超过洞口75mm。

（3）导轨现场安装应牢固，预埋钢件与导轨连接间距≤600mm。

（4）安装后，导轨应垂直于地面。其不垂直度每米≤5mm，全长≤201mm。

（5）焊接后，焊缝应除渣，并作防锈处理。

（6）导轨安装后，保证洞口净宽。

（7）帘面在导轨运行应顺畅平稳，不允许有卡阻、冲击现象。

9.控制器和按钮盒安装与调试

（1）安装前开箱检查控制箱外壳、器件在储存、运输时是否造成意外损失、松脱，确认一切正常后方可安装。

（2）安装时应保证电控箱在垂直位置，其倾斜度≤5%，固定平稳可靠。

（3）接线前请考虑端子接线图，了解每个接线端的作用及接线要求，以正确接线，当控制器有绝缘要求时，外部带电端子与机壳之间绝缘值≥1MΩ。绝缘电阻符合规定方可进行通电调试工作。

（4）接通电源，检查验证三相电源相序正确与否。

（5）接通电源后，进行功能设定，确定一步降或二步降，以及与消防控制中心联动的输入信号类型及信号数量和状态信号的反馈。

10.行程限位调试

（1）按动按钮上升或下降键，检查卷帘的运行方向是否与按钮方向对应一致。

（2）调试限位器前应用拉链使帘面处于适当位置后，反复调试限位器的限位滑块位置至理想状态，并紧固螺钉。设置为二步降时，将中位调试至适宜的疏散高度，并锁定位置。

11.箱体保护罩安装

箱体保护罩的安装按设计要求实施。各连接点应平齐，安全可靠，外观平整，线条流畅。

12.负荷试车及调试

用手动运行，使电动运行数次，观察判断运行状态，并作相应的调整，直至运行无卡死、阻滞、限位不准及异常噪声，卷帘运行顺畅。确认无误后，拉动开闭机检查手动速放功能的可靠性。当工程要求时，应安装温控自动释放装置，且易熔片应固定在外表面易受火的位置。

13.质量控制

（1）焊接部分应牢固、外观平整，不允许有夹渣、漏焊等现象。

（2）所有紧固件必须牢固，不允许有松动现象。

（3）零部件的外露表面，必须作防锈处理。

（4）防火卷帘门在运行时不允许倾斜，应平行升降。

（5）导轨现场安装应牢固，预埋件间距≤600mm，安装后垂直度≤20mm。

（6）门楣的结构必须能有效地阻止火焰蔓延。

（7）座板与地面接触应均匀，垂直升降。

（8）传动装置部分的安装必须留检修空间，支座安装应牢固，轴承无异样，加油充足，不得漏油。防火电机应设置限位开关，卷帘启闭至上下限位时，能自动停止，其重复定位误差应＜20mm。防火电机还应具备以下控制保险装置：联动装置、手动速放关闭装置、烟感装置、温度金属熔断装置等。控制箱应安全且便于检修，疏散通道出口的钢质防火卷帘下降至1.8m时应有延时功能。

（9）电气按钮启动操纵灵活，集中控制的动作灵敏准确。自动控制的电气线路不允许裸露，应埋入墙内或有穿线管。

（10）防火卷帘安装在建筑墙上，应采用焊接或预埋螺栓连接。对原有建筑可以在混凝土墙或混凝柱上采用膨胀螺栓装配，并应保证安装强度、满足设计要求。

14.安全文明保证措施

（1）电工、电气焊须持证上岗，作业时须开具动火证，并备有灭火器装置。

（2）所用电动工具必须进行三级保护。

（3）各种电线、电缆、箱闸、盒、插头和保险的选用必须符合安全技术要求，不准在保险、开关、插座上乱接、乱挂电线。

（4）严禁无证人员进行电工作业。

15.质量保证措施

（1）复核洞口尺寸与产品尺寸是否相符，测量洞口标高，弹出导轨垂线即卷筒中心线。

（2）固定卷筒、传动装置时，检查卷筒安装是否转动灵活。

（3）坚持自检、互检、交接检和抽验相结合的质量检查制度，发现问题及时解决。

（4）采取正确的检验方法，选用适当的检验工具，对原材料、工序及安装各个过程进行检验。

（5）完成安装各个过程按照规定采用适当的标识，确保所有产品合格方能进入下道工序。

3.6 本章小结

本章详细介绍了武陟县人民医院门急诊医技综合楼在地基与基础工程、主体结构工程、建筑装饰装修工程、屋面工程、安装及智能建筑工程等方面进行的工程质量控制及评价，详述各项工程施工工艺流程、施工方法、质量控制措施等。通过对分部分项工程进行质量控制，从而提高工程项目整体质量。

第 4 章
武陟县人民医院工程专项施工技术

4.1 弧形结构

门急诊医技综合楼南侧为弧形结构，南侧中部、东侧及西侧均有装饰柱，顶部为花架，造型别致，楼层层高3.3～5.4m，洞口多，四周节点多，保温施工复杂。主要利用BIM技术进行排版策划虚拟安装以确定石材的规格尺寸，节点部位调整石材缝隙与非整块石材尺寸以达到整体立面效果。

4.1.1 工艺流程

基层清理→结构上弹出垂直线→配料→分格定位→弹线定位后置预埋件→钻孔→连接件安装固定→焊接主龙骨→二次放线→焊接水平次龙骨→焊接点清理并做防腐处理→石材挑选搬运→石材加工及六面防护→板材开槽→不锈钢挂件安装→石材临时固定→调整固定并打结构胶→板缝嵌泡沫条打密封胶→板面清理→验收。

4.1.2 安装操作要点

（1）基层清理：外墙面有污染、凸凹不平的部位，提前清理干净，用钢钎或电锤人工剔凿平整，再用外墙腻子抹平。

（2）结构铅锤线定位：根据石材幕墙设计图纸，在外墙上放出主控制线，用线坠从女儿墙顶部垂至外墙根部，最后利用电动吊篮用墨斗弹出铅垂线。

（3）分格：根据石材幕墙设计图纸及已弹出的铅垂线，利用电动吊篮放出竖龙骨控制线，间距1m，用墨斗弹出墨线。

（4）后置预埋件定位：根据石材幕墙设计图纸、已弹出的主龙骨控制线，以及图纸设计的后置预埋件尺寸，弹出后置预埋件墨线，标清位置尺寸。

（5）钻孔：利用电动吊篮，人工用冲击钻在已标出的预埋件位置钻孔，钻孔深度≥150mm，钻头垂直外墙，不得倾斜。

（6）安装连接件：根据已完成钻孔，把孔内灰尘用气泵吹干净；在孔内放入化学锚栓，化学药水要搅拌均匀；化学锚栓强度达到要求，经拉拔试验合格后进行后置埋板。

（7）主龙骨安装：主龙骨为8号槽钢，安装前先在埋板上焊接悬挑段，再在悬挑段上竖直方向焊接主龙骨，间距均匀，焊缝要饱满。

（8）次龙骨安装：在主龙骨上根据弹出的分割线，水平方向焊接横向次龙骨，此龙骨为50mm镀锌角钢，间距均匀，焊缝要饱满。

（9）防腐：所有钢构件安装完成后，在所有焊缝处涂刷防腐材料。

4.1.3 后置预埋件安装

（1）在每一层将室内标高线移至外墙施工面，并进行检查；在石材挂板放线前，应首先对建筑物外形尺寸进行偏差测量，根据测量结果，确定出干挂板的基准面。

（2）所有外立面装饰工程统一放基准线，并在施工时相互配合。

（3）确定好每个立面的中线。

（4）测量时分配好测量误差，不使测量误差累积。

（5）以标准线为基准，按照图纸将分格线弹在墙上，并做好标记。

（6）用经纬仪将幕墙的阳角和阴角引上，并用固定在钢支架上的钢丝线作标志控制线。

（7）分格线放完后，根据建筑物实际外形尺寸竖向间隔1000mm弹出竖向垂直线，确定后置预埋件位置及膨胀螺栓孔位置。

（8）层高≤2.9m时主龙骨在每层楼层位置设一个支撑点，层高＞4.1m时主龙骨在每层楼层位置设置两个支撑点，后置埋板尽量避开加气块位置，如避开不了，将M12化学锚栓换成M12不锈钢对穿螺栓。

（9）根据定位点放置L180mm×280mm×8mm镀锌钢板，并用电锤钻根据螺栓孔位置进行钻孔，用M12mm×160mm化学锚栓对四角进行固定。

（10）待全部镀锌钢板固定完毕后，在大角及转角处下大线，并拉水平线，逐一确定连接件尺寸并焊接连接件（L100mm×75mm×6mm镀锌角钢），连接件先点焊连接，整个大面全部连接件点焊完毕后，用线坠调整每根连接件垂直度，每两层用经纬仪调整一次垂直度，并拉水平线调整平整度，全部调整后满焊焊牢。

后置预埋件示意图如图4-1-1所示。

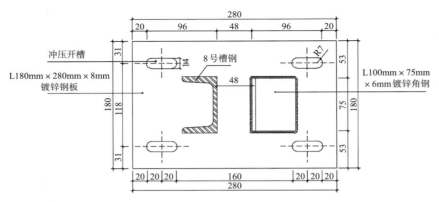

图4-1-1　后置预埋件示意图（mm）

4.1.4　骨架安装

（1）工程骨架根据深化图纸设计要求选用8号镀锌槽钢为主龙骨，与墙体后置预埋件焊接，L50mm×50mm×5mm镀锌角钢作为次龙骨横杠传力于竖杆，次龙骨用焊接方式与竖杆连接。

（2）后置预埋件固定后，将主龙骨槽钢沿预埋件位置进行分布，并将槽钢的两侧用连接件与预埋件直接焊接，焊接时按图纸设计要求进行焊接，焊接时焊缝宽度要均匀、饱满，焊缝高度$H \geqslant 5mm$。

（3）主龙骨安装完毕后，在主龙骨表面根据石材分格尺寸弹次龙骨L50mm×50mm×5mm镀锌角钢水平定位线，然后将次龙骨按水平定位线与主龙骨互相焊接，焊接前要对次龙骨进行钻孔，钻孔位置应根据石材分格要求来进行定位，在板块两头置留100～150mm不钻孔，钻孔直径10.5mm。

（4）整体骨架安装完毕后，必须同大楼主体结构的接地线焊接在一起，起到避雷作用，并由建设部门进行隐蔽工程验收，待验收合格后，焊接点要补刷两遍防腐漆。

（5）每层设置一道龙骨的伸缩缝，通过连接钢板实现。在下端龙骨侧面焊接两块钢板，使钢板夹持住上端龙骨并用螺栓连接，钢板的螺栓孔开上下长圆孔，龙骨间预留20mm缝隙。

4.1.5　挂件安装

挂件采用镀锌挂件，要求位置、数量均应满足设计要求，不得擅自移位、遗漏；挂件与次龙骨以不锈钢螺栓的形式连接，要求连接牢固，符合要求，挂件上的弹簧片、平垫不得遗漏。

4.1.6 石材饰面板安装

（1）工地收货：收货设置专人负责管理，认真检查材料的规格、型号是否正确，与料单是否相符，发现石材颜色明显不一致时，单独码放，以便更换石材，如有裂纹、缺棱掉角的，修理后再使用，严重的不得使用。

（2）石材堆放场地要夯实，垫100mm×100mm通长方木，让其高出地面80mm以上，方木上最好钉上橡胶条，让石材按75°立方斜靠在专用钢架上，每块石材靠近码放置之前要用塑料薄膜隔开，防止粘在一起和倾斜。

（3）使用石材前，先把石材浸水浸泡24h，待石材重新干燥后，再用比色法对石材的颜色进行挑选分类，然后在石材的6个面均匀涂刷3遍以上水性防护液；安装在同一面的石材颜色应一致，并根据设计尺寸和图纸要求，将专用模具固定在台钻上，进行石材开槽。为保证位置准确垂直，需钉一个定型石板托架，使石板放在托架上，保证开槽的小面与切割片垂直，使孔成型后准确无误，槽深为20mm，宽为5mm。石板在开槽前，先把编号写在石板上，并将石板上的浮灰与杂物清除干净，开槽的部位是薄弱区域，在安装过程中要注意保护。

（4）石材安装时采取由下而上或自下而上两种顺序，流水作业，保证满足工期要求，避免上下层交叉作业，以确保安全施工。质量监控重点是：安装平稳、垂直，板缝均匀。控制的关键部位是：雨棚锚索孔洞位置的后补板，以及采取自上而下顺序施工时的收口板处及门窗处，因这些位置施工难度大，容易留下质量和安全隐患。在窗台突出物、花饰、凹凸线位置，要控制流水坡向、突出物尺寸及平直、装饰线平直等。

（5）对批量生产的同一种石材，经认真挑选（注意色差），剔除缺棱掉角及有裂纹的石材后按部位顺序标号，在石材边缘划线打孔，一般每隔300mm设一个孔。

（6）在按幕墙面基准线定出第一块石材高度后，用不锈钢挂件插住石材底边，并用不锈钢插销固定石材上口，以免移位。石材位置、垂直度验收后，在挂销与孔之间、插销与孔之间用云石胶固定。云石胶具有快干性，凝固后强度与石材相似，能保证石材安装后不偏位、不松动。

（7）完成第一排石材安装后，在第二排石材底孔中插入第一排石材上边凸起的插销，并用云石胶填充固定，上边再用不锈钢挂件固定，如此循环贴挂。

（8）安装前预先购买成品8mm×8mm×8mm的塑料垫块，第一排安装后，在每块石板上口放4块塑料垫块，然后安装第二排石板。这样做既能保证缝宽一致，又能保证第二排石材与第一排石材不碰撞，石材边角不受损坏。

（9）安装时，先完成窗洞口四周的石材镶边，以免安装发生困难。

（10）每一层安装完毕时，均需校核垂直度，避免累计误差。

（11）在搬运石材时，要做好安全防护措施，摆放时下面要垫木方。

4.1.7 干挂石材垂直度、平整度控制

（1）根据楼层内轴线位置，先安装第一块和最后一块石材，上、下两端拉两根通长线，通长线与石材间距均为150mm，然后安装中间石板，并保证每块石板与通长线间距均为150mm，通过该方法保证每层石材均在同一平面上，石板上、下两端在同一直线上，保证石板间缝隙在同一水平位置上。

（2）在每排石板侧面用18号镀锌扎丝吊通长垂直线控制每排石材的垂直度。

4.1.8 避雷接地施工

干挂石材骨架防雷接地采用竖向槽钢与80mm×40mm×4mm镀锌扁钢焊接组成均压带，再用Φ10mm镀锌钢筋与镀锌扁钢焊接组成避雷均压环，最后与各层伸出的接地筋焊接组网。

4.1.9 防火措施

设计有要求进行防火处理的应严格按相关标准施工，不得漏刷防火涂料。

（1）采用符合设计要求且具有出厂合格证的合格材料。

（2）每层结构楼板处与石材幕墙之间不能有空隙，用镀锌钢板和防火棉形成防火带。

（3）幕墙保温层施工时，保温层规定有防水、防潮保护层的，要在金属骨架内塞填严密可靠。

4.1.10 细部做法图例

细部做法图例如图4-1-2~图4-1-11所示。

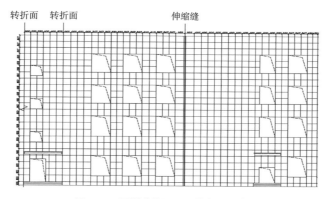

图4-1-2　石材幕墙西立面排版图示意图

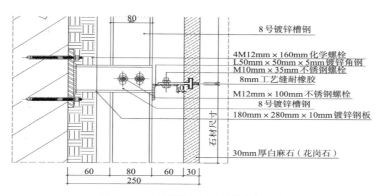

图4-1-3　石材幕墙标准横剖节点（mm）

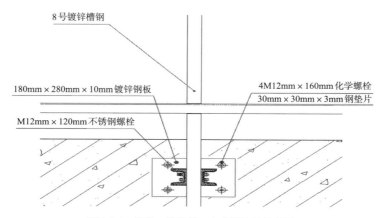

图4-1-4　埋件、转接件、主龙骨连接示意图

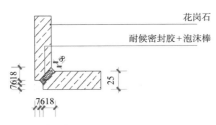

图4-1-5　阳角位置石材海棠角详图（mm）

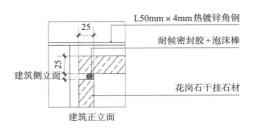

图4-1-6　阴角位置石材做法详图（mm）

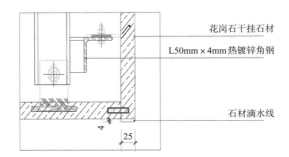

图4-1-7　洞口上沿石材滴水线详图（mm）

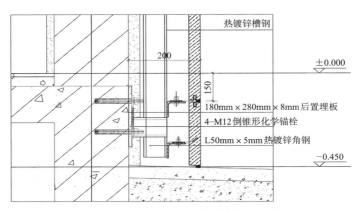

图4-1-8　±0.000处石材收边节点（mm）

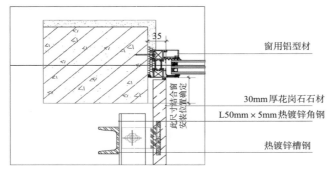

图4-1-9　窗洞口位置石材收边节点（mm）

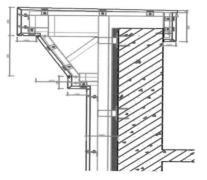

图4-1-10 女儿墙位置石材收边节点

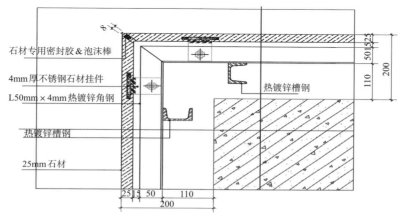

图4-1-11 阳角石材节点（mm）

4.2 模板工程专项施工

4.2.1 施工方法

1.方案设计

1）柱模板设计

工程矩形柱主要尺寸为600mm×600mm、700mm×700mm，柱模可采用双钢管加固，柱模采用12mm厚覆面木胶合板配以40mm×80mm次龙骨，木枋竖档间距≤200mm，现场配置定型片模，通过主龙骨（双钢管+M14对拉螺栓）紧固，在柱高范围内对拉螺栓应全部增加双螺母。次龙骨间距150mm，第一道主龙骨距楼地面300mm，主龙骨间距400mm。模板设计平面图如图4-2-1所示。

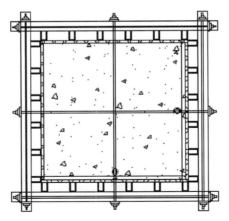

图 4-2-1 模板设计平面图

2）梁模板设计

工程梁底模板采用12mm覆面木胶合板，次龙骨采用40mm×80mm木枋，次龙骨沿梁纵向布置，主龙骨采用Φ48×2.8mm双钢管，主龙骨沿梁横向布置。

梁侧模模板采用12mm覆面木胶合板，次龙骨采用40mm×80mm木枋，次龙骨沿梁纵向布置，主龙骨采用Φ48×2.8mm双钢管，主龙骨沿梁竖向布置；当梁高＜700mm时，梁侧模不用对拉螺栓，采用支撑板模的水平钢管顶撑。当梁高≥700mm时，梁侧模加固采用M14对拉螺栓，对拉螺栓穿PVC套管。2根Φ48×2.8钢管，采用3型扣件紧固，间距400mm，模板拆除后对拉螺栓周转使用。

梁底支架设计：梁底支架采用扣件式钢管脚手架搭设，梁板立柱共用，框梁支撑立杆选用Φ48×2.8mm扣件式钢管；纵横向设置水平杆与立杆用扣件扣紧；梁底横杆通过可调顶托将荷载传递给立杆，立杆底部设置可调底座。

3）楼板模板设计

楼板模板采用12mm厚木胶合板，模板宽度等于板底净尺寸，板模放置于梁模之上。

楼板模板次龙骨全部采用40mm×80mm木枋，间距≤200mm，主龙骨采用2根Φ48×2.8mm钢管。

楼板模板支撑体系采用Φ48×2.8mm钢管支撑，立杆间距为900mm×900mm，梁下立杆应加密，间距≤500mm，水平杆步距1500mm，其中立杆顶部水平杆步距1000mm。

4）剪力墙模板设计

工程地下室剪力墙厚度为300mm、250mm。

工程剪力墙采用12mm厚覆膜木胶合板，木枋和镀锌方钢做次龙骨，次龙骨竖向布置；普通双钢管做主龙骨，配套采用M14穿墙对拉螺栓。

建设工程创新创优实践——武陟县人民医院门急诊医技综合楼工程创新创优纪实

根据墙厚及层高，对地下室外墙300mm厚进行设计计算。

根据剪力墙设计计算书，工程所有剪力墙次龙骨间距200mm；主龙骨间距450mm。

5）楼梯模板设计

工程楼梯模板在支设过程中，采用Φ48×2.8mm钢管扣件式脚手架支撑系统配合12mm厚木模板、40mm×80mm木枋。支撑构造同本层顶板支撑系统，采用现浇整体式全封闭支模，此支模方法是在传统支模施工工艺基础上增加支设楼梯踏面模板，并予以加固，使楼梯预先成型，具体支模示意图如图4-2-2所示。

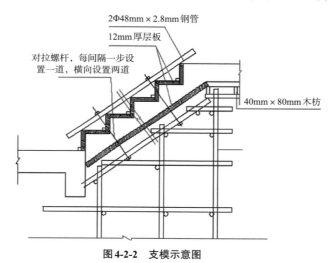

图4-2-2 支模示意图

6）后浇带模板设计

工程后浇带模板在支设过程中，采用Φ48×2.8mm钢管扣件式脚手架支撑系统配合12mm厚木模板、40mm×80mm木枋。后浇带模板及支撑体系同周围梁板支撑系统分开，作为一个独立的体系，其余部位拆模时，此处予以保留。架体立杆间距、步距等与周围架体搭设方式相同。后浇带独立支撑模板如图4-2-3所示。

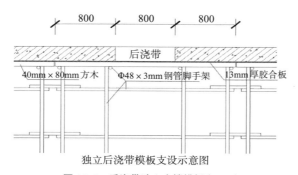

独立后浇带模板支设示意图

图4-2-3 后浇带独立支撑模板（mm）

7）电梯坑、集水坑模板设计

电梯坑、集水坑模板采用12mm覆面木胶合板和40mm×80mm木枋，按坑大小尺寸配制成定型的封底筒摸。筒模底开1至2个500mm×500mm振捣孔，振捣孔布置在井筒中部，以防止坑底混凝土浇筑不满。

筒模横楞为40mm×80mm木枋、间距250mm，竖楞为40mm×80mm木枋、间距600mm，用Φ48×2.8mm钢管加U形托对顶，将筒模加固成一个整体，角模处用40mm×80mm木枋加固。筒模的截面尺寸允许偏差为0～2mm，对角线的允许偏差控制在3mm以内。

具体的模板支设剖、平面图如图4-2-4、图4-2-5所示。

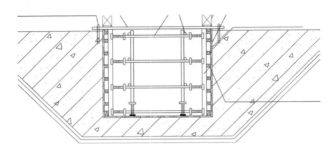

图4-2-4 电梯坑、集水坑模板支设剖面图

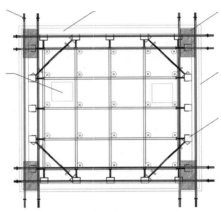

图4-2-5 电梯坑、集水坑模板支设平面图

8）基础砖胎膜设计

基础模板采用砌筑砖胎膜施工，所用材料为混凝土实心砖240mm×115mm×53mm，强度等级MU15，水泥砂浆砌筑，砌筑高度300mm；砖胎膜内侧用粉刷砂浆抹平。基础砖胎膜设计如图4-2-6所示。

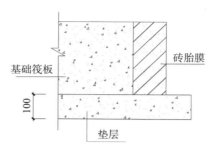

基础筏板

砖胎膜

100

垫层

图 4-2-6 基础砖胎膜设计（mm）

2.施工方法

1）柱模板施工

（1）柱模板施工前，首先要对轴线、边线进行预检复查（柱筋保护层线外50mm范围内在混凝土浇筑时收平收光，混凝土浇筑完成后，弹柱子边线，用切割机切5mm厚缝，缝内凿毛）。做好钢筋隐检后，焊好钢筋导模支撑，考虑保护层、模板、龙骨的尺寸，在板面上、柱子的四侧预留8根顶模筋，柱支模完成后，在龙骨与顶模筋之间塞木方，紧顶柱根部，保证根部的截面尺寸。在模板阳角处垫海绵条，防止漏浆。安装柱模板时，同一轴线上的柱必须拉通线，最大偏差应小于2mm。柱模安装完毕后，吊线检查四角的垂直度，误差要求小于3mm。拆模后，及时清理模板，刷好脱模剂，按规格存放在指定地点，以备下次利用。

（2）工艺流程：立柱模板、临时固定→加水平钢管斜撑→校正模板（垂直度、轴线位置、截面尺寸、对角线方正）→紧固钢管支撑。

（3）柱模板安装：

柱子支模前，首先对轴线、边线及外控线进行复查，防止偏差出现。成排柱子先立长向两端的柱模板，校正复核位置无误后，顶部拉通线，再立中间柱模板。

组拼：先将柱子四面模板就位，校正调整好对角线，用柱箍固定。

柱箍采用Φ48×2.8mm双钢管，第一道距地200mm，当柱高≤4.2m时，柱箍加固间距≤450mm，柱中心内部在两个方向可不设对拉螺栓加固；柱高>4.2m时，柱箍加固间距≤400mm，柱中心内部在两个方向必须各设置一道对拉螺栓加固，如图4-2-7所示。

支撑：柱模板安装完成后在四面设拉杆，每面两根，与地面夹角45°～60°，并与地面上的预埋件拉结固定，预埋件与柱距离为3/4柱高。

在板面上、柱子的四个面，每面各设两根共计8根顶模筋，柱支模完成后，在龙骨与顶模筋之间塞方木，顶紧柱根部，保证根部的截面尺寸。

清理模内杂物，柱模的清扫口留置，按对角设置。

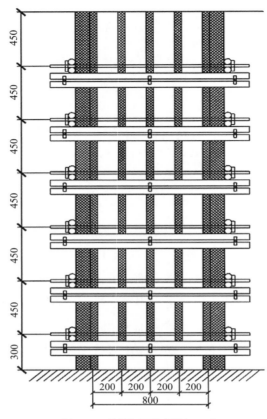

图4-2-7　柱箍加固示意图（mm）

安装柱模板时，同一轴线的柱必须拉通线安装、检查。

柱模板安装完后，用磁力线坠/吊线检查四角的垂直度，误差要小于2mm。

（4）柱模板安装顺序及技术要点如下：

搭设脚手架→柱模板就位→安装柱模板→安设支撑→浇筑→拆除脚手架、模板→清理模板。

柱模板四角制作时加贴双面海绵胶带，模板间竖向接缝处理采用双面海绵胶带粘贴、拼接后加柱箍，利用支撑体系将柱固定。

（5）柱模板安装时应注意以下事项：

①安装柱模板时在楼面弹出柱轴线和柱截面尺寸的边线，同一轴向的先弹出两端柱轴线及边线，然后拉通线弹出中间柱的轴线和边线。

②按照边线在柱模板底部用1:2水泥砂浆找平，以保证模板位置正确，防止模板底部漏浆。

③柱模板支设高度以梁底标高为准，柱顶部和底部控制标高用水准仪引测到模

建设工程创新创优实践
——武陟县人民医院门急诊医技综合楼工程创新创优纪实

板位置上，然后将相邻的两面模板安装就位，就位后再用铁丝与柱筋绑扎临时固定，安装完两面模板后再安装另外两面模板。

④封闭柱模板前应将柱模内垃圾清理干净。

⑤柱模板拆除时，先拆掉柱模板斜撑，再拆掉柱箍，最后轻轻撬动柱模板，使模板与混凝土脱离。

2）梁模板施工

（1）工艺流程：搭设满堂脚手架→铺设主、次梁底板→绑扎主、次梁钢筋→支主、次梁侧模→安装主龙骨→安装次龙骨→铺面板模板→校正标高→涂刷脱模剂并加设立杆、水平拉杆→预检查验收。

（2）梁模板安装

①搭设梁底和板底钢管脚手架。从边跨一侧开始安装，先安装第一排立杆，上好连接横杆，再安装第二排立杆，二者之间用横杆连接好，依次逐排安装。按设计标高调整梁底的标高，然后安装梁底模板，并要拉线找直，梁底板起拱。注意起拱应在支模开始时进行，而后将侧模和底模连成整体。在预留起拱量时，应使梁在拆模后起拱量符合规范要求的 1/1000～3/1000。

②梁区中现浇楼板的起拱，除按设计要求起拱外，还应将整块楼板的支模高度上提 5mm，确保混凝土浇筑后楼板厚度和挠度满足规范要求。

③梁底支撑间距应能保证在混凝土重量和施工荷载作用下不产生变形。

④在梁模与柱模连接处，应考虑模板吸水后膨胀的影响，其下料尺寸一般应略微缩短，使混凝土浇筑后不致模板嵌入混凝土内。

⑤要注意梁模与柱模的接口处理、主梁楼板与次梁模板的接口处理，以及梁模板与楼板模板接口处的处理，谨防在这些部位发生漏浆或构件尺寸偏差等现象。

⑥用钢管连接并夹紧梁侧模板，位置及间距同柱模板所述要求。安装水平向钢管背楞之后安装拉杆。

（3）梁模板安装顺序及技术要点

搭设和安装支架，调平龙骨支架（包括安装水平拉杆和剪刀撑）→按标高铺设底模→拉线找直→绑扎钢筋→安装垫块→安装梁两侧模板→调整模板。

按要求起拱（跨度＞4m，起拱2%）并注意梁的侧模应包住底模，下面龙骨包住侧模。模板接缝间加贴海绵胶带（15mm 宽），防止接缝漏浆，侧模与底模同之。

3）楼板模板施工

（1）层高＞4.2m 时梁、顶板支撑系统为扣件式满堂脚手架，立杆横距为 900mm，立杆纵距为 900mm，步距 1500mm；层高≤4.2m 时梁、顶板支撑系统为扣件式满堂脚手架，立杆横距为1000mm，立杆纵距1000mm，步距为1500mm；在立柱底距地面200mm高处，沿水平方向应按纵下横上的工序设扫地杆。可调支托底部的立柱顶端应沿纵横向设置一道水平拉杆。扫地杆与顶部水平拉杆之间的间距，在满足模板设计所确定的水平拉杆步距要求条件下，进行平均分配确定步距后，在每一步距处纵横相应各设一道水平拉杆，所有水平拉杆的端部均应与方柱箍紧顶。无处可顶时，应于水平拉杆端部和中部沿竖向设置连续式剪刀撑。当立柱底部不在同一高度时，高处的纵向扫地杆应向低处延长不少于两跨，高低差不大于1m，立柱距边坡上方边缘距离不小于0.5m。

（2）钢管规格、间距、扣件应符合设计要求。每根立柱底部应设置底座及垫板，垫板厚度≥50mm。

（3）严禁将上段钢管立柱与下段钢管立柱错开固定于水平拉杆上。

（4）满堂模板和共享空间模板支架立柱，在外侧周围应设由下至上的竖向连续式剪刀撑；中间沿纵横向水平方向每隔10m左右设由下至上的竖向连续式剪刀撑；其宽度宜为4～6m，并在剪刀撑部位的顶部、扫地杆处设置水平剪刀撑。剪刀撑杆件的底端应与地面顶紧，夹角宜为45°～60°（图4-2-8）。当支架立柱高度超过5m时，应在立柱圆圈外侧和中间有结构柱的部位，按水平间距6～9m，竖向间距2～3m与建筑结构设置一个固结点。

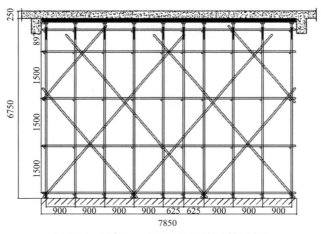

图4-2-8　层高6m、板厚250m顶板支撑示意图

（5）对于跨度≥4m的梁，按全跨长度2‰进行梁底模起拱，起拱从支模开始时进行（通过调整底模下横杆各部位标高），而后将侧模和底模连成整体，在梁模上距梁端500mm处留清扫口，待杂物清理干净后将其堵严。

（6）后浇带处模板支撑架与满堂架脚手架水平杆断开，沿后浇带纵向应每隔

10m左右设由下至上的竖向连续式剪刀撑，其宽度宜设为3m左右，并在剪刀撑位的顶部、扫地杆处设置水平剪刀撑，如图4-2-9所示。

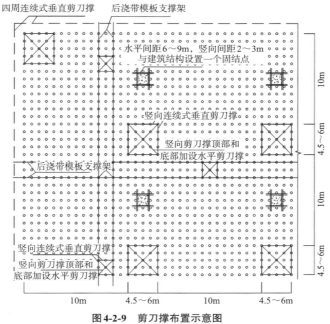

图4-2-9　剪刀撑布置示意图

（7）楼梯模板安装：

该楼梯模板在安装过程中，采用Φ48×2.8mm钢管配合12mm厚木模板、40mm×80mm方木、扣件组成的支撑系统。采用现浇整体式全封闭支模，此支模方法是在传统支模施工工艺基础上增加支设楼梯踏面模板，并予以加固，使楼梯预先成型，支模示意图如图4-2-10所示。

图4-2-10　支模示意图

楼梯栏杆预埋件的埋设，相较传统楼梯支模，在混凝土初凝前将预埋件埋入，比较容易操作，而采用全封闭支模后，由于无外露混凝土表面，给预埋件的预先埋设增加了一定的困难。故将预埋件依据图纸设计位置通过用22号铁丝及铁钉先固定在踏步模板上，然后再封模。

楼梯踏面凹坑、麻面。由于楼梯四面被模板封住，混凝土浇筑时有部分气体被封在模内不能及时排出去，造成质量问题。故在支踏面模板时，从第二级台阶开始每隔一个踏步用电钻钻 $2 \times \Phi 20$ 排气孔。

由于楼梯采用全封闭式支模，使现浇混凝土楼梯在浇筑混凝土之前已经成型，这样就保证了楼梯的几何尺寸，同时也避免了前述传统工艺支模容易出现的质量问题，楼梯拆模后混凝土表面光洁平整，棱角方正，观感和实测效果良好。另外，无论楼梯混凝土是否已经浇筑，采用全封闭式支模工艺支模的楼梯都可用作施工层和下一层的施工人员上下通道，方便了施工，保护了半成品，同时还能够避免混凝土和砂浆的浪费，降低工程成本。

4）墙体模板施工

（1）工艺流程：模板定位→垂直度调整→模板加固→验收→浇筑→拆模。

（2）技术要点：

安装前要对墙体接槎处凿毛，用空压机清除墙体内的杂物，做好测量放线工作，为防止墙体模板根部出现漏浆、烂根现象，墙体模板安装前，在底板上根据放线尺寸贴海绵条，做到平整、准确、粘结牢固，并注意穿墙螺栓的安装质量。模板接缝中加贴海绵胶带（15mm宽），防止拼缝漏浆。

5）后浇带模板施工

（1）地下室墙体后浇带支模：墙体后浇带外侧挡墙作为浇筑混凝土时的外模板，后浇带周围砌筑竖井，留出防水收头，不影响回填土进度。

（2）楼板后浇带支模：后浇带模板及支撑体系同周围分开，作为一个独立的体系，其余部位拆模时，此处予以保留。采用独立支设体系铺设模板，应注意后浇带处模板下方木应平行于后浇带方向铺设，且两端方木应超出后浇带且紧贴后浇带两侧混凝土以防支撑落空，方木下小横杆应为定尺，不应超过后浇带模板宽度以免影响两侧模板拆除，铺板时应先铺后浇带后铺周围模板。后浇带处立杆宜与两侧立杆同线交错布置以增加作业空间。梁模板在后浇带处应设双支撑断开，断开后应在两端采取加固措施保证模板顺直同线。

6）门窗洞口模板施工

门窗洞口模板采用预制木模，外覆木胶板。对于外墙立面的窗口侧模在施工中应作为重点工序进行检查，以确保混凝土施工完毕后外墙窗口线上下通直。同时在窗侧模支设完后要在窗侧模与墙体模接触面上粘贴海绵条，以防止混凝土漏浆污染下层墙面。水电专业预留洞口均采用木胶板制作定型模板（保证模板刚度），电气专业中的开关、插座在混凝土施工中一次性预埋准确。门窗模板支设示意图如图4-2-11所示。

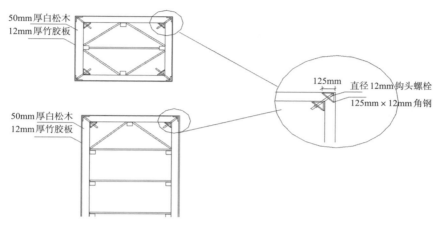

图4-2-11 门窗模板支设示意图

7）电梯坑、集水坑模板施工

筒模在安装前，先将筒模下口的马凳在坑底安放好，马凳的顶部标高与混凝土上表面标高相同，然后用塔吊将筒模吊装至坑内就位。筒模顶部架设一排Φ48×2.8mm钢管，用钢丝绳将钢管与坑底板钢筋拉结牢固，同时在模板四角放上配重，防止浇筑混凝土时筒模上浮。电梯坑、集水坑模板支设示意图如图4-2-12所示。

图4-2-12 电梯坑、集水坑模板支设示意图

8）筏板模板施工

筏板模板采用12mm厚多层板，内横楞采用40mm×80mm方木，间距200～300mm，外竖楞采用Φ48×2.8mm架子管，间距800mm，搭三角斜撑固定。

筏板模板等混凝土垫层施工完放线后，按上述要求支筏板模板，在模板内根部做R=50mm水泥砂浆圆弧角。待底板防水层、保护层施工完后，将卷材防水层临时贴附在该模板上，并在卷材防水层外侧附加一层15mm厚多层板保护防水层，将两层模板顶端临时固定，并在打筏板混凝土前，拆除保护层模板。

9）楼板模板施工

（1）安装顺序：满堂扣件式脚手架→主龙骨→次龙骨→柱头模板龙骨→柱头模板、顶板模板→拼装→顶板内外墙、柱头模板龙骨→模板调整、验收→进行下道工序。

（2）技术要点：楼板模板当采用单块就位时，每铺设单元宜以先从四周与墙、梁模板连接、拼接，然后向中央铺设的顺序施工。按要求起拱（跨度大于4m，起拱2‰），起拱部位为中间起拱，四周不起拱。模板接缝间加贴海绵胶带。

10）模板加工要求

（1）柱、梁的模板加工必须满足截面尺寸，两对角线误差＜1mm，尺寸过大的模板需进行刨边，否则禁止使用。次龙骨必须双面刨光，主龙骨Φ48×2.8mm钢管必须直，翘曲变形的方木、钢管不得作为龙骨使用。

（2）模板加工完毕后，必须经过项目部技术人员、质检人员验收合格后方可使用。对于周转使用的多层板，如果有飞边、破损，必须切掉破损部分，然后刷封边漆加以利用。

11）混凝土浇筑

混凝土浇筑时应按照先墙柱后梁板、先中间向两侧后悬挑板的顺序进行浇筑施工，且梁柱节点应按设计要求采用高强度混凝土浇筑。确保楼层内模板支架比悬挑板支架先受力，防止倾覆。

柱混凝土浇筑每层浇筑厚度控制在50cm左右，混凝土下料点要分散布置。梁柱节点混凝土浇筑完成后梁、板混凝土应同时浇筑，并应由一端开始用"赶浆法"，即先浇筑梁，根据梁高分层浇筑成阶梯形，当达到板底位置时再与板的混凝土一起浇筑，随着阶梯形不断延伸，梁板混凝土浇筑连续向前进行。

混凝土不宜直接倾倒在悬挑的楼板上，应先将混凝土浇筑在非悬挑部位，再由人工铲运至悬挑部位，以减少泵送混凝土对悬挑部位的冲击，且混凝土集中堆放不宜过高。

混凝土浇筑前应由项目部对支架进行全数验收，验收合格后方可进行混凝土浇筑。混凝土浇筑过程中应安排专人对支架进行观察和监测，一般每30min观测一次。如发现松动、下沉、较大变形的情况应及时进行处理。

12）模板的拆除

模板拆除应根据现场同条件的试块指导强度，确定符合设计要求的百分率后，由技术人员发放拆模通知书，方可拆模。

底模拆除时的混凝土强度要求见表4-2-1。

底模拆除时的混凝土强度要求　　　　　　　　表4-2-1

构件类型	构件跨度（m）	达到设计的混凝土立方体抗压强度标准值的百分率（%）
板	≤2	≥50
	>2，≤8	≥75
	>8	≥100
梁、拱、壳	≤8	≥75
	>8	≥100
悬臂构件	—	≥100

（1）拆模原则

①模板拆除，遵循先安后拆、后安先拆，先拆非承重部位、后拆承重部位以及自上而下的原则。拆模时，严禁用大锤和撬棍硬砸硬撬。

②拆除后的模板及其配件，严禁抛扔，要有人接应传递，指定地点堆放。

③拆除后的模板材料，应及时清除面板混凝土残留物，并涂刷隔离剂。

④拆除后的模板及支承材料应按照一定顺序堆放，尽量保证上下对称使用。

⑤严格按照规范规定的要求拆模，严禁为抢工期、节约材料而提前拆模。

⑥模板拆除后，对于结构的棱角部位，要及时进行保护，以防止损伤。

（2）墙、柱模板拆除

在同条件养护试件混凝土强度达到1.2MPa且能保证其表面棱角，不因拆除模板而受损后方可拆除，拆除顺序为先纵墙后横墙。先松动穿墙螺栓，再松开支撑，使模板与墙体脱开。脱模困难时，可用撬棍在模板底部撬动、晃动或用大锤砸模板，拆除下的模板及时清理残渣，并进行全面检查，以保证使用质量。

（3）顶板模板拆除

顶板模板拆除参考每层每段顶板混凝土同条件强度报告。跨度均在8m以下的顶板，混凝土强度达到75%即可拆除，跨度大于8m的顶板，当混凝土强度达到100%后方可拆除模板，其余顶板、梁模板在混凝土强度达到设计强度75%后方可拆除。拆顶板模板时，从房间一端开始，为防止坠落人或物，造成安全事故，后浇带两侧结构模板支撑应保留。

顶板模板拆除时，注意保护顶板模板，不能硬撬模板接缝处，以防损坏多层板。拆除的多层板、龙骨及扣件架子，要堆放整齐，并注意不要集中堆料。拆掉的钉子要回收再利用，作业面清理干净，以防扎脚伤人。

4.2.2 管理与控制

1.质量标准及技术控制措施

1）进场模板的质量标准

（1）外观质量检查标准（通过观察检验）

①任意部位不得有腐朽、霉斑、鼓泡。

②不得有板边缺损、起毛。

③每平方米单板脱胶不大于 0.001m^2。

④每平方米污染面积不大于 0.005m^2。

（2）规格尺寸标准检查

①厚度检测方法：用钢卷尺在距板边20mm处分别取每张板长、短边各3点、1点，共取8点测量并计算平均值；各测点与平均值差为偏差。

②长、宽检测方法：用钢卷尺在距板边100mm处分别取每张板长、宽各2点测量并计算平均值。

③对角线差检测方法：用钢卷尺测量两对角线之差。

④翘曲度检测方法：用钢直尺量对角线长度，并用楔形塞尺（或钢卷尺）量钢直尺与板面间最大弦高，后者与前者的比值为翘曲度。

2）模板分项工程质量要求

必须符合现行国家标准《混凝土结构工程施工及验收规范》GB 50204—2015及相关规范要求。

（1）一般规定

①模板及其支架应根据工程结构形式荷载大小、地基土类别、施工设备和材料供应等条件进行设计，模板及其支架应具有足够的承载能力、刚度和稳定性，能可靠地承受浇筑混凝土的重量侧压力以及施工荷载。

②在浇筑混凝土之前应对模板工程进行验收。模板安装和浇筑混凝土时应对模板及其支架进行观察和维护，发生异常情况时应按施工技术方案及时进行处理。

③模板及其支架拆除的顺序及安全措施应按施工技术方案执行。

（2）模板安装

①主控项目

a.安装现浇结构的上层模板及其支架时，下层楼板应具有承受上层荷载的承载能力，否则应加设支架；上下层支架的立柱应对准，并铺设垫板。

检查数量：全数检查。

检验方法：对照模板设计文件和施工技术方案进行观察。

b.在涂刷模板隔离剂时，不得沾污钢筋和混凝土接槎处。

检查数量：全数检查。

检验方法：观察。

②一般项目

a.模板安装应满足：模板的接缝不应漏浆；在浇筑混凝土前，木模板应浇水湿润，但模板内不应有积水；模板与混凝土的接触面应清理干净并涂刷隔离剂，但不得采用影响结构性能或妨碍装饰工程施工的隔离剂；浇筑混凝土前，模板内的杂物应清理干净。

检查数量：全数检查。

检验方法：观察。

b.对跨度不小于4m的现浇钢筋混凝土梁、板，其模板应按要求起拱。当设计无具体要求时，起拱高度宜为跨度的1/1000～3/1000。

检查数量：符合规范要求的检验批，在同一检验批内，对梁，应抽查构件数量的10%，且不应少于3件；对板，应按有代表性的自然间抽查10%，且不得小于3间。对大空间结构，板可按纵横轴线划分检查面抽查10%且不少于3面。

检验方法：水准仪或拉线、钢尺检查。

c.固定在模板上的预埋件、预留孔洞均不得遗漏，且应安装牢固，其允许偏差应符合表4-2-2的规定。

<table>
<tr><td colspan="3">预埋件和预留孔洞的允许偏差</td><td>表4-2-2</td></tr>
<tr><td colspan="2">项目</td><td colspan="2">允许偏差(mm)</td></tr>
<tr><td colspan="2">预埋钢板中心线位置</td><td colspan="2">2</td></tr>
<tr><td colspan="2">预埋管预留孔中心线位置</td><td colspan="2">2</td></tr>
<tr><td rowspan="2">插筋</td><td>中心线位置</td><td colspan="2">5</td></tr>
<tr><td>外露长度</td><td colspan="2">+10，0</td></tr>
</table>

项目		允许偏差（mm）
预埋螺栓	中心线位置	2
	外露长度	+5，0
预留洞	中心线位置	5
	尺寸	+5，0

注：检查中心线位置时，应沿纵横两个方向量测，并取其中较大值。

检查数量：符合规范要求的检验批，在同一检验批内，对梁、柱，应抽查构件数量的10%，且不应少于3件；对大空间结构，墙可按相邻轴线间高度5m左右划分检查面，板可按纵横轴线划分检查面，抽查10%，且不得小于3面。

检验方法：钢尺检查。

d.现浇结构模板安装允许偏差：

检查数量：符合规范要求的检验批，在同一检验批内，对梁、柱，应抽查构件数量的10%，且不应少于3件；对墙和板，应按有代表性的自然间抽查10%，且不得小于3间；对大空间结构，墙可按相邻轴线间高度5m左右划分检查面，板可按纵横轴线划分检查面，抽查10%，且均不少于3面。现浇结构模板安装允许偏差和检验方法见表4-2-3。

现浇结构模板安装允许偏差和检验方法表　　　　　　　　表4-2-3

项次	项目		允许偏差（mm）	检查方法
1	轴线位移	柱、墙、梁	3	尺量
2	底模上表面标高		±3	水准仪或拉线、尺量
3	截面模内尺寸	基础	±5	尺量
		柱、墙、梁	±3	
4	层高垂直度	层高不大于5m	3	经纬仪或拉线、尺量
		层高大于5m	5	
5	相邻两板表面高低差		2	尺量
6	表面平整度		3	靠尺、塞尺
7	阴阳角	方正	2	方尺、塞尺
		垂直	2	线尺
8	预埋铁件中心线位移		2	拉线、尺量
9	预埋管、螺栓	中心线位移	2	拉线、尺量
		螺栓外露长度	+5，−0	

项次	项目		允许偏差（mm）	检查方法
10	预留孔洞	中心线位移	5	拉线、尺量
		尺寸	+5，−0	
11	门窗洞口	中心线位移	3	拉线、尺量
		宽、高	±5	
		对角线	6	
12	插筋	中心线位移	5	尺量
		外露长度		

检查数量：按规范要求的检验批，在同一检验批内，对梁、柱，应抽查构件数量的10%，且不应少于3件；对墙和板，应按有代表性的自然间抽查10%，且不得小于3间；对大空间结构，墙可按相邻轴线间高度5m左右划分检查面，板可按纵横轴线划分检查面，抽查10%，且均不少于3面。

（3）模板拆除

①主控项目

a.底模及其支架拆除时的混凝土强度应符合设计要求（表4-2-4），当设计无具体要求时混凝土强度应符合相关规范规定。

底模拆除时的混凝土强度等级 表4-2-4

结构类型	结构跨度（m）	按设计的混凝土强度标准值的百分比（%）
板	≤2	≥50
	>2，≤8	≥75
	>8	≥100
梁	≤8	≥75
	>8	≥100
悬臂构件	—	≥100

检查数量：全数检查。

检验方法：检查同条件养护试件强度试验报告。

b.后浇带模板的拆除和支顶应按施工技术方案执行。

检查数量：全数检查。

检验方法：观察。

②一般项目

a.侧模拆除时的混凝土强度应能保证其表面及棱角不受损伤。

检查数量：全数检查。

检验方法：观察。

b.模板拆除时不应对楼层形成冲击荷载，拆除的模板和支架宜分散堆放并及时清运。

检查数量：全数检查。

检验方法：观察施工质量技术控制措施。

（4）模板垂直度控制

①对模板垂直度严格控制，在模板安装就位前，必须对每一条模板线进行复测，无误后，方可模板安装。

②模板拼装配合后，工长及质检员逐一检查模板垂直度，确保垂直度不超过3mm，平整度不超过2mm。

③模板就位前，检查顶模板位置、间距是否满足要求。

④混凝土浇筑时，所有墙板全长、全高拉通线，边浇筑边校正墙板垂直度，每次浇筑时，均派专人专职检查模板，发现问题及时解决。

（5）顶板模板标高控制

每层顶板抄测标高控制点，测量抄出混凝土墙上的500mm线，根据层高及板厚，沿墙周边弹出顶板模板的底标高线。

（6）模板的变形控制

①浇筑混凝土时，做分层尺竿，并配好照明。分层浇筑，层高控制在500mm以内，严防振捣不实或过振使模板变形。

②洞口处对称浇筑混凝土。

③模板支立后，拉水平、竖向通线，保证混凝土浇筑时不发生模板变形、跑位。

④浇筑前认真检查螺栓、顶撑及斜撑是否松动。

⑤模板支立完毕后，禁止模板与脚手架拉结。

（7）其他方面

①模板的拼缝、接头：模板拼缝、接头不密实时，用塑料密封条堵塞。

②清扫口的设置：梁、板模板清扫口留在梁下，清扫口留50mm×100mm洞，以便用空压机清扫模内的杂物，清理干净后，用木胶合板背钉木枋固定。

③模板起拱：跨度小于4m的板不考虑起拱，跨度4～6m的板起拱10mm；跨度大于6m的板起拱15mm。

④与安装的配合：合模前与钢筋、水、电安装等工种协调配合，合模通知书发放后方可合模。

⑤脱模剂的使用及模板的堆放、维修：

a.木胶合板选择水性脱模剂，在安装前将脱膜剂刷上，防止过早刷上后被雨水冲洗掉。

b.模板贮存时，其上要有遮蔽，其下垫有垫木。垫木间距要适当，避免模板变形或损伤。

c.装卸模板时轻装轻卸，严禁抛掷，并防止碰撞，损坏模板。周转模板分类清理、堆放。

d.拆下的模板，如发现翘曲、变形，及时进行修理。破损的板面及时进行修补。

3）模板工程质量控制

模板工程质量控制程序如图4-2-13所示。

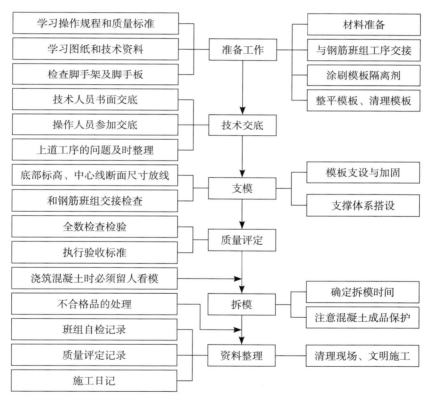

图4-2-13 模板工程控制流程图

2.施工安全保证措施

1）安全管理组织

（1）安全教育制度

所有进场施工人员必须经过安全培训，经公司、项目、岗位三级教育，考核合格后方可上岗。

（2）安全学习制度

项目经理部针对模板工程的特点，组织管理人员进行安全学习。各分包队伍在专职安全员的组织下坚持每周一次安全学习，施工班组针对当天工作内容进行班前教育，通过安全学习提高全员的安全意识，树立"安全第一，预防为主"的思想。

（3）安全技术交底制

根据安全措施要求和现场实际情况，项目经理部必须分阶段对管理人员进行安全书面交底，各施工工长及专职安全员必须定期对各分包队伍进行安全书面交底。

（4）安全检查制

项目经理部每周由项目经理组织一次安全大检查；各专业工长和专职安全员每天对所管辖区域的安全防护进行检查，督促各分包队伍对安全防护进行完善，消除安全隐患。对检查出的安全隐患落实责任人，定期进行整改，并组织复查。

（5）持证上岗制

特殊工种持有上岗操作证，严禁无证上岗。

（6）安全隐患停工制

专职安全员发现违章作业、违章指挥，有权进行制止；发现安全隐患，有权下令立即停工整改，同时上报公司，并及时采取措施消除安全隐患。

（7）安全生产奖罚制度

项目经理部设立安全奖励基金，根据每周一次的安全检查结果进行评比，对遵章守纪、安全工作好的班组进行表扬和奖励，对违章作业、安全工作差的班组进行批评教育和处罚。

2）安全施工技术措施

（1）脚手架搭设前，应按现行行业标准《建筑施工扣件式钢管脚手架安全技术规范》JGJ 130—2011 和施工组织设计的要求向搭设和使用人员做好安全、技术交底。

（2）应对钢管架、配件、加固件进行检查验收，严禁使用不合格的钢管架、配件、加固件。

（3）在脚手架立杆底座下应铺设垫板。

（4）不配套的钢管架与配件不得混合使用于同一竖直脚手架支撑系统。

（5）脚手架安装应自一端向另一端延伸，自下而上按步架设，并逐层改变搭设方向，不得从两端向中间进行，以免结合处错位，难于连接。

（6）水平加固杆、剪刀撑安装应符合构造要求，并与脚手架的搭设同步进行。

建设工程创新创优实践
——武陟县人民医院门急诊医技综合楼工程创新创优纪实

（7）水平加固杆应设在脚手架立杆内侧，剪刀撑应设于脚手架立杆外侧并连牢。

（8）可调底座、顶托处应采取措施防止被砂浆、水泥浆等污物填塞螺纹。

（9）模板支撑和脚手架搭设完毕后应进行检查验收，合格后方准使用。

（10）泵送混凝土时，应随浇、随捣、随平整，混凝土不得堆积在泵送管路出口处。

（11）应避免装卸物料对模板支撑或脚手架产生偏心、振动和冲击。

（12）交叉支撑、水平加固杆、剪刀撑不得随意拆卸，若因施工需要临时局部拆卸，施工完毕后应立即恢复。

（13）脚手架经单位工程负责人检查验证并确认不再需要后，方可拆除。

（14）拆除时应采用先搭后拆、后搭先拆的施工顺序。

（15）拆除模板脚手架时应采用可靠安全措施，严禁高空抛掷。

3）其他施工安全措施

（1）梁模板的安装

先在下层结构板面上弹出轴线、梁位置线和在柱筋上标注水平控制标高线，按设计标高调整脚手架可调顶托的标高，将其调至预定的高度，然后在可调顶托的托板上安放Φ48×2.8mm双钢管作托梁。固定托梁木枋后在其上安装梁底横楞，横楞采用40mm×80mm木枋，间距≤250mm。横楞安装完成后，用胶合板安装梁底模板，并拉线找平。当梁跨度≥4m时，梁底模应按要求起拱，起拱高度宜为全跨长度的2/1000。主、次梁交接时，先主梁起拱，后次梁起拱。梁底模安装后，再安装侧模、压脚板及斜撑。当梁高超过700mm时，在梁中纵向设Φ14对拉穿梁螺栓。

（2）楼面模板的安装

首先通线，然后调整脚手架可调顶托的标高，将其调到预定的高度，在可调顶托托板上架设Φ48×2.8mm双钢管作托梁。固定托梁木枋后在其上安装梁底横楞，横楞采用40mm×80mm木枋，间距≤200mm，然后在横楞上安装胶合板模板。铺胶合板时，可从四周铺起，在中间收口；若模板压在梁侧模上，角位模板应用线钉固定。

（3）支顶、梁板模板的拆除

大梁待混凝土强度达到100%才能拆除支撑架，若强度小于100%拆模应加回头顶。尤其是大梁对应的模板支撑，混凝土强度达到75%后采取局部拆除加设回头顶的临时加固措施，回头顶与大梁支撑应在同一垂直线上，使支撑架荷载能有效地向下传递至底板，等混凝土强度达到100%后才能整体拆除支撑架。拆除每层楼板模板前，应将该层混凝土同条件养护试件送试验室检测，当试块达到规定的强度，并呈报监理公司审批同意后，才能开始该层模板的拆除工作。拆除模板和支顶时，先将脚手架顶托松下，用钢钎撬动模板，使模板卸下，取下木枋和模板，然后拆除水平拉杆、剪刀撑及立杆后，最后清理模板面，涂刷脱模剂。

3.成品保护措施

上操作面前模板上的脱模剂不得流坠，以防污染结构成品。为防止破坏模板，必须做到：不得使用重物冲击已支好模板、支撑；不准在模板上任意拖拉钢筋；在支好的顶板模板上焊接钢筋时，加垫薄钢板或其他阻燃材料；在支好顶板模板上进行预埋管打弯走线时不得直接以模板为支点，需用木枋作垫衬进行。拆下的模板，如有变形，及时进行修理。洞口，柱、墙的阳角，楼梯踏步用木胶合板边角料加工护角保护。进场后的模板临时堆放时，要放稳垫平，必须用编织布临时遮盖，使用前，必须涂刷水性脱模剂，遇雨时，及时覆盖塑料布。模板拆除时，严禁用撬棍乱撬和高处向下抛掷，以防边角损坏并保证安全。施工过程中，严禁用利器或重物乱撞模板，以防模板损坏或变形。

4.文明施工保证措施

模板施工前，必须进行安全技术交底。特殊工种持证上岗。进行登高作业时，操作人员必须挂好、系好安全带，安全带高挂低用。支模前必须搭好施工用脚手架。木工机械严禁使用倒顺开关和专用开关箱，一次线不得超过3m，外壳接保护零线，且绝缘良好。电锯和电刨必须接用漏电保护器，锯片不得有裂纹（使用前检查，使用中随时检查）；且电锯必须具备皮带防护罩、锯片防护罩、分料器和护手装置。使用木工多用机械时严禁电锯和电刨同时使用；使用木工机械严禁戴手套；长度＜50cm或厚度大于锯片半径的木料严禁使用电锯；两人操作时相互配合，不得硬拉硬拽；机械停用时断电加锁。浇筑混凝土前必须检查支撑是否可靠、碗扣是否松动或是否未扣上。浇筑混凝土时必须由模板班组设专人看模，随时检查支撑是否变形、松动，并组织及时恢复。经常检查支设模板吊钩、斜支撑及平台连接处螺栓是否松动，发现问题及时组织处理。拆除顶板模板前划定安全区域和安全通道，将非安全通道用钢管、安全网封闭，挂"禁止通行"安全标志，操作人员不得在此区域停留。必须在铺好跳板的操作架上操作，拆除模板严禁操作人员站在正在拆除的模板上。

拆除的模板严禁乱放，保护好模板。所有模板及配件拆除完毕后，方可将模板吊走，起吊前必须复查。模板、脚手架在支设、拆除和搬运时，必须轻拿轻放，上下、左右有人传递。模板的配件必须齐全，不得随意改变或拆卸。模板及其配件含斜撑、挑架等必须定期检修。发现有丢失、损坏、变形等问题时要及时妥善处理，确信无问题后方可使用。对现场堆场进行统一规划，对不同的进场材料设备进行分类合理和储存，并挂牌标明标示，重要设备材料利用专门的围栏和库房储存并设专人管理。模板堆放场地要求硬化、平整、有围护，阴阳角模架设小围护架放置。木模板堆放时，应分层码放整齐，码放不得过高，且应将有钉尖的一面扣放，避免人路过时扎穿脚底板。

环保与文明施工：现场模板加工垃圾及时清理，并存放进指定垃圾站。做到工完场清。整个模板堆放场地与施工现场要达到整齐有序、干净无污染、低噪声、低扬尘、低能耗的整体效果。

5.常见模板工程质量问题防治措施

1）轴线位移

（1）现象：混凝土浇筑后拆除模板时，发现柱、墙实际位置与建筑物轴线位置有偏移。

（2）原因分析：

模板翻样错误或技术交底不清，模板拼装时组合件未能按规定就位；构件轴线测放产生误差；墙、柱模板根部和顶部无限位措施或限位不牢，发生偏位后又未及时纠正，造成累积误差；支模时未拉水平、竖向通线，且无竖向垂直度控制措施；模板刚度差，未设水平拉杆或水平拉杆间距过大；混凝土浇筑时未均匀对称下料，或一次浇筑高度过高造成侧压力过大挤偏模板，造成模板位移；对拉螺栓、顶撑、木楔使用不当或松动造成轴线偏位。

（3）防治措施：

①要求将复杂部位的模板翻成详图并注明各部位编号、轴线位置、几何尺寸、剖面形状、预留孔洞、预埋件等，以此作为模板制作、安装的依据，相关人员要审核模板加工图及技术交底。

②轴线测放后，组织专人进行复核验收，确认无误后方可同意模板安装。

③墙、柱模板根部和顶部必须设可靠的限位措施，如：采用预埋短钢筋固定钢支撑，以保证模板底部位置准确。

④支模时要拉水平、竖向通线，并设竖向垂直度控制线，以保证模板水平、竖向位置准确。

⑤根据混凝土结构特点，对模板进行专门设计，以保证模板及其支架具有足够强度、刚度及稳定性。

⑥混凝土浇筑前，对模板轴线、支架、顶撑、螺栓进行认真检查、复核，发现

问题及时处理。

⑦混凝土浇筑时，要均匀对称下料，浇筑高度应严格控制在施工规范允许的范围内。

2）标高偏差

（1）现象：混凝土结构层标高或预埋件、预留孔洞的标高与施工图设计标高之间有偏差。

（2）原因分析：

楼层无标高控制点或控制点偏少，控制网无法闭合；竖向模板根部未找平；模板顶部无标高标记或未按标记施工或标记有误差；高层建筑标高控制线转测次数过多，累计误差过大；楼梯踏步或降板等部位模板未考虑装修层厚度等。

（3）防治措施：

每层要设足够的标高控制点，竖向模板根部须做找平；模板顶部设标高标记，要经常对标高标记进行复核，严格按标记施工；建筑楼层标高由首层 ±0.000标高控制，严禁逐层向上引测，以防止累积误差，每层标高引测点应不少于3个（可按实际情况增加），以便复核；楼梯踏步或降板处模板安装时应考虑装修层厚度。

3）结构变形

（1）现象：拆模后发现混凝土柱、梁、墙出现鼓凸、缩颈或翘曲现象。

（2）原因分析：

模板支撑间距过大，模板刚度差；墙模板无对拉螺栓或螺栓间距过大、螺栓规格过小；竖向承重支撑的地基土未夯实，未垫平板，支承处地基下沉；门窗洞口内模处顶撑不牢固，在混凝土振捣时模板被挤偏；梁、柱模板卡具间距过大，或未夹紧模板，或对拉螺栓配备数量不足，以致局部模板无法承受混凝土振捣时产生的侧向压力，导致局部胀模；浇筑墙、柱混凝土速度过快，一次浇筑高度过高，振捣过度；采用木模板或胶合板模板施工，经验收合格后未及时浇筑混凝土，长期日晒雨淋导致模板变形。

（3）防治措施：

模板及支撑系统设计时，应充分考虑其本身自重、施工荷载、混凝土自重及浇捣时产生的侧向压力，以保证模板及支架有足够的承载能力、刚度和稳定性；支撑底部若为回填土方地基，应先按规定夯实，设置排水沟，并铺放通长垫木或型钢，以确保支撑不沉陷；梁、墙模板上口必须设临时顶撑，保证混凝土浇捣时，梁、墙上口宽度；由于混凝土浇筑时有膨胀性，设置顶撑时其长度可略小于梁、墙宽度；浇捣混凝土时，要均匀对称下料，严格控制浇灌高度，特别是门窗洞口

建设工程创新创优实践
——武陟县人民医院门急诊医技综合楼工程创新创优纪实

模板两侧，既要保证混凝土振捣密实，又要防止过分振捣引起模板变形；对于跨度≥4m的现浇钢筋混凝土梁、板，其模板应按设计要求起拱；当设计无具体要求时，起拱高度宜为跨度的1/1000～3/1000。

4）接缝不严

（1）现象：由于模板接缝不严，混凝土浇筑时产生漏浆，混凝土表面出现蜂窝，严重的出现孔洞、露筋。

（2）原因分析：

①模板翻样不准确，木模板制作粗糙，拼缝不严；

②钢模板变形未及时修整，接缝措施不当；

③梁、柱交接部位，接头尺寸不准、错位。

（3）防治措施：

①要求施工单位认真翻样，加强过程管理，强化质量意识；

②浇筑混凝土前，木模板要提前浇水湿润，使其充分吸水；

③钢模板变形，特别是边框外变形，要及时修整平直；

④钢模板间嵌缝措施要合理（可采用双面胶纸），不能用油毡、塑料布、水泥袋等去嵌缝堵漏；

⑤梁、柱交接部位支撑要牢靠，拼缝要严密（缝间加双面胶纸）。

5）脱模剂使用不当

（1）现象：模板表面涂刷废机油造成混凝土污染，或混凝土残浆不清除即刷脱模剂，造成混凝土表面出现麻面等缺陷。

（2）原因分析：

①拆模后不清理混凝土残浆即刷脱模剂；

②脱模剂涂刷不匀或漏涂，或涂刷过厚；

③使用废机油脱模剂，既污染了钢筋，又影响了混凝土表观质量，还不利于后期装修面层的施工。

（3）防治措施：

①拆模后，必须及时清除模板上遗留的混凝土残浆后，再刷脱模剂；

②严禁用废机油作脱模剂；

③脱模剂材料宜拌成稠状，应涂刷均匀，不得流淌，一般刷两遍为宜，以防漏刷，也不宜涂刷过厚；

④脱模剂涂刷后，应在短期内安装模板并及时浇筑混凝土，以防隔离层脱落。

6）封闭或竖向模板无排气孔、浇捣孔

（1）现象：由于封闭或竖向的模板无排气孔，混凝土表面易出现气孔等缺陷，高柱、高墙模板未留浇捣孔，易造成混凝土离析、浇捣不实或空洞现象。

（2）原因分析：

墙体内大型预留洞口底模未设排气孔，易使混凝土对称下料时产生气囊，导致该部位混凝土不实或气孔过大；高柱、高墙侧模无浇捣孔，造成混凝土浇筑自由落距过大，造成混凝土离析或插入式振捣棒不能插入，导致振捣不实。

（3）防治措施：

墙体的大型预留洞口（门窗洞等）底模应开设排气孔，使混凝土浇筑时气体及时排出，确保混凝土浇筑密实；高柱、高墙（超过3m）侧模要开设浇捣孔，以便于混凝土浇筑和振捣。

4.3 本章小结

本章针对武陟县人民医院门急诊医技综合楼工程施工技术的应用研究，介绍了工程弧形结构和模板工程的专项施工技术。详细介绍了弧形结构的工艺流程、安装操作要点、石材饰面板安装、防火措施及细部做法图例等，另外对柱模板、梁模板、楼板模板、剪力墙模板、楼梯模板、后浇带独立支撑模板、电梯坑、集水坑模板、基础砖胎膜等模板工程进行工程设计，并详细介绍其工艺流程、模板安装顺序及技术要点，提出施工安全保证措施、成品保护措施、文明施工保证措施、常见模板工程质量问题防治措施等。

第 5 章
武陟县人民医院工程创新创优

5.1 工程创新

5.1.1 绿色施工科技创新

1.绿色施工难点分析

（1）施工目标要求高：武陟县人民医院工程创优目标高，质量目标为"鲁班奖"，同时需创建"国家级绿色施工示范工程"。

（2）新技术应用多：工程应用建筑业十项新技术中的8大项17个小项，应用范围广，工艺多。

（3）工程施工密度大：工程为全精装交房工程，工期紧、任务重，需科学、合理地组织交叉作业、穿插施工。

（4）场区周围情况复杂：工程地处城区闹市，项目东侧为武陟县公安局，北侧为县司法局、卫生监督局，南侧一路之隔为黄河交通学院。

（5）造型复杂：门急诊医技综合楼南侧墙体为弧形墙体，弧形墙体总长度为160m，且曲线变化大，在主体结构及装饰施工时弧形墙体线型控制难度大。

门急诊医技综合楼单体占地面积约9590m^2，且楼内有多处高度不一镂空庭院及施工预留水平洞口多，施工过程中应着重加强此处安全防护及安全管理工作。

2.绿色施工总体目标

（1）全国绿色施工示范工程。

（2）杜绝死亡、机械设备和火灾事故。

（3）确保河南省建设工程结构"中州杯"奖，争创"鲁班奖"。

（4）杜绝发生群众传染病、食物中毒等责任事故。

（5）杜绝因"四节一环保"问题被政府管理部门处罚。

（6）杜绝违反国家有关"四节一环保"的法律法规而造成的严重社会影响。

（7）杜绝施工扰民造成的严重社会影响。

3.绿色施工科技创新管理

（1）项目经理：施工现场绿色施工管理的第一责任人，对所负责项目的绿色施工负全面领导责任；负责建立健全项目绿色施工科技创新管理体系，组织体系运行管理。主持策划绿色项目绿色施工科技创新方案的工作；领导组织项目部全体管理人员负责对施工现场的可能节约因素的识别、评价和控制策划工作，并落实负责部门；定期召开项目部会议，布置落实节约控制措施，负责对分包队伍和供应商的评价与选择，保证分包队伍和供应商符合节约型工地的标准要求；实施组织对项目部的节约计划进行评估，并组织人员落实评估和内审中提出的改进要求和措施。

（2）安全员：对项目绿色施工科技创新管理负直接领导责任；落实有关绿色施工管理规定，对进场工人进行绿色施工教育和培训，强化职工的绿色施工意识；组织现场绿色施工管理的检查和节能控制。

4. 绿色施工科技创新方案

（1）技术负责人：负责编制项目绿色施工科技创新方案，落实责任并组织实施；组织项目部学习绿色施工保护法律、法规、标准级文件规定；协助项目经理制定绿色施工管理办法和各项规章制度，分析工程中先进技术和自主创新的工作内容，运用科技和创新的方法指导施工，并监督实施。

（2）现场经理：负责绿色施工科技创新方案的实施，组织对工人进行绿色施工科技创新方面的培训，在技术、安全交底中明确绿色施工科技创新的新要求，在绿色施工工程中严格按方案要求实行，并按要求保留相关记录；合理安排施工进度，最大限度发挥施工效率，做到工完料尽和质量一次成优；负责对分包方合同履约的控制，负责对进场的分包进行总交底，安排专人对分包施工进行监控。

（3）技术员：负责绿色施工科技创新方案管理工作，组织编制建设工程绿色施工科技创新方案，按方案要求组织实施。负责绿色施工科技创新方案管理工作，组织编制建设工程绿色施工科技创新方案，按方案要求组织实施。

5. 拟组织绿色施工技术攻关和绿色施工中创新的项目及内容

（1）扬尘监测及喷淋联控降尘技术：在施工道路两侧安装阀门和旋转喷头，并安装扬尘监测装置，通过电脑实现联动，待现场扬尘超过设定值时，喷淋装置自动开启用于现场降尘。在加砌块料场安装喷洒装置，定时自动洒水，维持砌块表面湿润，保证砌筑质量。

（2）高周转、适应多种工况马凳筋：可调节高度，适应多种板厚，既可控制板面标高又可代替部分马道筋，免于混凝土浇筑时钢筋踩踏。在混凝土二次收面时取出。

（3）虚拟仿真施工技术：工程采用虚拟仿真施工技术，通过BIM技术实现建筑工程信息化管理、优化各种方案、综合协调及预判加快进度、杜绝浪费、节约材料。

（4）施工现场远程监控管理技术：通过信息化网络平台管理，确保工程质量、降低施工成本、缩短工期、减轻劳动强度、提高工效、节约能源。

（5）高强钢筋应用：大量应用400MPa级钢筋，有利于抗震，节省钢材，减少人工费、机械费，大大提高工作效率和施工进度。

（6）大直径钢筋直螺纹连接技术：直径16mm以上的钢筋均采用直螺纹连接，连接方便，节约钢材。

（7）工业废渣及（空心）砌块应用技术：变害为利，变废为宝，符合国家墙材改革和节能要求，既能节约能源和耕地，又可减少环境污染。

（8）项目多方协同管理信息化技术：信息化办公、无纸化办公、信息传递快、提高工效、节约成本、减少浪费。

（9）雨水收集再利用技术：现场布置雨水收集系统，用于喷洒路面、降尘等。

（10）废水泥浆涂抹，防止预留钢筋生锈技术：现场后浇带需要待地下室完工60d后方可浇筑。钢筋外露时间长会锈蚀，利用水泥浆涂抹在钢筋上进行保护，能有效防止钢筋生锈。

（11）输送泵、加工车间封闭降噪技术：输送泵使用快速拼装降噪间进行降噪，加工车间增设降噪屏封闭施工，降低噪声污染。

（12）建筑垃圾封闭粉碎利用技术：采用粉碎机，外围封闭，粉碎混凝土、碎砌块等，重复利用，节约材料。

（13）塔吊喷淋降尘、养护技术：在塔吊上安装喷淋装置，覆盖面广，用于降尘和养护。

（14）12V低压照明技术：在潮湿场所照明电压不大于12V，节约电能。

（15）临时用电限时控制技术：塔吊、LED广告牌等采用限时装置，节约电能。

6.节材与材料资源利用

合理安排材料进场计划，积极推广应用"四新"技术，积极推广施工技术创新，以达到提高劳动效率和降低材料损耗。节材与材料资源目标及结果见表5-1-1。

节材与材料资源目标及结果 表5-1-1

序号	材料名称	单位	预算工程量	定额损耗率	目标损耗率	定额损耗量	实际损耗率	实际损耗量	实际损耗比定额损耗降低
1	钢筋	t	5629	3%	2%	168.87	1.2%	71.44	97.43
2	商品混凝土	m³	38500	1.5%	1%	577.5	0.49%	187.78	389.72
3	模板	周转次数	计划周转6次			实际周转7次			—
4	加气块	m³	7066.7	1.5%	1%	106	0.9%	63.6	42.4

武陟县人民医院工程在实施绿色施工的同时，积极开展《建筑业10项新技术》应用，绿色施工过程中优化、集成、创新先进适用技术，应用在节材、节能、节地、节水和环境保护等方面并取得了显著的社会、环境与经济效益。

5.1.2 工程施工创新

1. 劳务实名制（人员健康管理）

施工现场采用劳务实名制管理，实行一人一卡机制，通过刷卡来强化现场施工人员的出入和考勤（图5-1-1），及时掌握现场实际施工人数及人员出勤情况，做到各个班组自动统计，分组汇总，自动生成人员个人信息并随时录入档案，做到有据可查，为项目部下一步工作提供了真实有效的数据信息，维护了工地的安全秩序，提高了工作质量；每个月对全体职工的出勤情况进行公示上墙（图5-1-2），让每位职工做到心中有数。

图5-1-1　刷卡进出场，电脑自动记录　　　　　　图5-1-2　考勤公示

2. 高周转多功能马镫

在传统的钢筋混凝土结构的混凝土浇筑过程中，为了避免顶板钢筋间距发生变化，需要在顶板上布置马道，以方便人员浇筑混凝土时行走；且在混凝土收面找平过程中，往往是在一个房间内根据抄设标高点，挂白色尼龙线，下返找平。在浇筑混凝土时由于马道有效覆盖面积的局限性，造成使用的不便，混凝土浇筑过程中容易造成顶板钢筋踩踏；且在开间过大的情况下，挂设白色尼龙线找平，尼龙线中间段的下垂无法控制；由此造成混凝土浇筑过程中顶板钢筋间距无法有效保证、板筋上层钢筋保护层和混凝土平整度难以保证。

高周转多功能马镫（图5-1-3）可适应各种现浇混凝土板板厚，通过旋转支撑支架即可调整等边三角形钢筋网片的高度，将等边三角形钢筋网片上标高调整至混凝土板上标高即可，将等边三角形钢筋网片用扎丝与混凝土板上层钢筋绑扎，可保证混凝土结构板钢筋网片上下间距，且因该装置的等边三角形钢筋网片为Φ16钢筋制作，故也可保证混凝土板上层钢筋保护层厚度，BIM技术施工模拟如图5-1-4所示，马镫安装如图5-1-5所示。在混凝土浇筑时，用刮杠找平时以马镫等边三角形钢筋网片上表面为基准找平；待混凝土找平完成后可将扎丝解开，使马镫的等边三角形钢筋网片与混凝土板上层钢筋脱离，拔出该装置，然后用抹子将孔洞填实、抹平。将取出的马镫上的混凝土等杂物清理干净，以备下层循环使用。现场实际应用如图5-1-6所示。

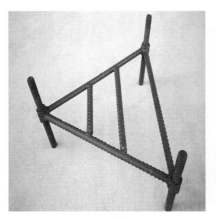

图5-1-3　高周转多功能马镫

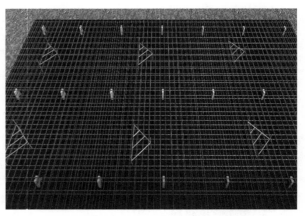

图5-1-4　BIM技术施工模拟

图5-1-5　马镫安装

图5-1-6　现场实际应用

3.混凝土自动养护装置

新浇筑混凝土养护主要采用塑料薄膜覆盖养护和洒水养护相结合的方式，这种混凝土养护方式存在很大的局限性：在新浇筑混凝土完成24h后，技术人员上去进行作业通常会把塑料薄膜掀开；因需要连续作业，所以洒水养护也很难掌握洒水的时机，且这种塑料薄膜覆盖养护和洒水养护相结合的方式，不仅工作量大而且需水量大，水资源不能得到充分利用，项目部也无法准确监控洒水养护频次；由此导致混凝土养护周期不足，养护质量不高，混凝土前期强度增长速度慢和表面出现裂纹，容易造成混凝土质量隐患。

该自动养护装置包括自动控制系统、供水系统及喷淋系统；自动控制系统包括漏电保护器、定时控制器、交流接触器、电磁阀门，根据混凝土浇筑时间及天气情况在定时控制器上设定养护开启与关闭时间段，到达设定时间后交流接触器通电闭合，触发电磁阀门开启及关闭；供水系统包括变频水泵、变频控制柜、水塔、PPR 主管道，由变频控制柜控制水泵向水塔供水；喷淋系统包括 PPR 支管、内丝直接、360°旋转喷头、45°弯头、节水龙头。管道现场安装如图 5-1-7 所示，自动喷淋养护如图 5-1-8 所示。

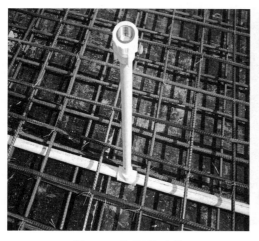
图 5-1-7　管道现场安装

图 5-1-8　自动喷淋养护

4.车辆冲洗一体循环系统

项目部结合以往施工经验加以改进，针对以往的进出场智能感应洗车系统及混凝土罐车冲洗池的弊端和优点加以改进；将洗车系统、混凝土罐车冲洗池和三级沉淀池联动，形成循环水系统，节约水资源。感应式车辆冲洗如图 5-1-9 所示。

5.砌体顶部砂浆填缝器

工程设计要求砌体砌筑至梁底或板底，砌体墙顶部填干硬性微膨胀砂浆或细石混凝土，根据以往经验，填塞密实效率较低。结合以往施工经验，通过填缝器填塞可大大提高施工效率。砂浆填缝器及砂浆填缝器填缝施工如图 5-1-10 和图 5-1-11 所示。

图5-1-9 感应式车辆冲洗

图5-1-10 砂浆填缝器

图5-1-11 砂浆填缝器填缝施工

6.雨水回收再利用系统

施工现场在外架外侧设置集水沟用于收集雨水,雨水流向三级沉淀池,然后通过浮球阀及水泵联动将沉淀后的雨水排向储水池,经过加压后,用作道路喷淋、塔吊喷淋。雨水收集水系循环模拟施工如图5-1-12所示,雨水集水沟、三级沉淀池、储水池如图5-1-13所示。

5.1.3 BIM技术应用

郑州一建集团处于河南省建筑施工企业的前列,各种新技术的应用都在展开。随着集团公司科技实力的增强,为适应建筑行业发展的趋势,集团公司组织资源,

图5-1-12 雨水收集水系循环模拟施工

图5-1-13 雨水集水沟、三级沉淀池、储水池

对BIM技术进行了研究和应用。作为拥有特级资质的施工企业，具有从设计到施工，以及楼宇运维全产业链的专业子、分公司。因而该项目能够全面进行BIM技术施工，对集团公司具有非常重要的意义。

医院建筑由于功能复杂、要求严格，创作自由度受限，因此医院建筑设计首先在总体布局上要满足流程（各种流线）及功能分区的要求。具体表现在如何将急诊、门诊、病房、医技及配套用房清晰地、有机地结合起来。相关的管线安装也是多种多样，借助于BIM技术可以有效地指导医院的施工。建筑信息模型如图5-1-14所示。

智能化技术的发展使智能建筑技术融入现代化医疗建筑之中，在现代化医院建筑中也逐渐得到广泛的应用，并改变了医院传统的管理模式、医疗习惯，也将影响医院的建筑设计。站在数字化医院的高度进行整体规划设计，具体建设内容包括：医院建筑智能化系统、智能化集成和医疗信息融合系统，三位一体，不可分割，共同构成了医院系统医疗的基础。

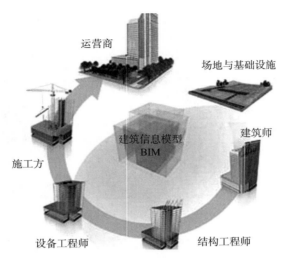

运营商

场地与基础设施

建筑信息模型
BIM

建筑师

施工方

设备工程师

结构工程师

图5-1-14　建筑信息模型

医院工程较其他工程都要繁多、复杂，不但要有综合布线、计算机网络、卫星接收及有线电视、公共广播、多媒体会议、一卡通、设备管理自动化、安保系统，还有其特有的系统如：医疗对讲系统、分诊导医系统、手术示教系统、医疗自助终端查询系统、无线AP系统、LED大屏及触摸查询系统、医院排队叫号显示系统、病号呼叫对讲系统、ICU病房探视系统、UPS电源管理系统以及医院智能化信息集成系统等。这些系统是医院的神经，直接影响医院运营效率。

医院工程除其他公建必有的水、暖、电、通风系统以外，还设有净化、防辐射、污物处理、医疗气体、医疗垃圾处理等系统；有的还拥有动物试验、试剂、制剂乃至核废料处理等功能。这些在设计施工时都要考虑充分，以满足医院功能需求。一层安装专业模型三维视图如图5-1-15所示。

医院工程特点是功能复杂，系统、设备繁多，选材要求高，必然使单方造价偏高。因此设计人员必须充分认识到这一点，在设计时尽力控制造价，不要一味地追求高、大、上。

1. BIM在医院工程应用概述

在武陟县人民医院工程施工过程中，根据医院工程施工中的重难点，通过对工程的机电系统设计，结合现场的实际情况进行分析，总结概括为以下6个方面：

（1）机电工程安装量大、专业多、管线复杂（图5-1-16、图5-1-17），采用传统的施工方法无法实现安装一次成优。

（2）作业班组工人素质参差不齐，对交底的技术和工艺理解程度不一。

（3）不同专业之间管线交叉，翻弯多，势必会影响管线性能的各项性能指标。

建设工程创新创优实践
——武陟县人民医院门急诊医技综合楼工程创新创优纪实

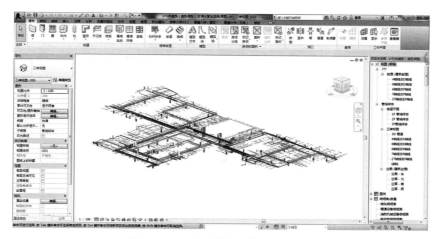

图 5-1-15　一层安装专业模型三维视图

图 5-1-16　管道优化　　　　　　图 5-1-17　管道错综复杂

（4）机电安装专业交叉作业多，极易导致工程难以协调，从而造成质量安全事故。

（5）项目质量、安全、资金、进度各系统之间的协同管理难度大，办公系统与现场不协调。

（6）材料计划无法保证准确度，误差较大，经常造成项目结束后剩余材料过多（图5-1-18）。

2. BIM技术策划目标

1）BIM技术目标包含四种奖项以及两种应用大赛说明，包括主办单位、适合参加类型等，见表5-1-2。

2）BIM施工进度计划

（1）在2016年10月中旬前把各项准备工作准备到位。

（2）在2016年10月底前所有专业模型基本建设完毕。

（3）在2016年11月运用BIM技术查出图纸的错、缺、漏等问题并进行汇编整理，对图纸进行修订完善；同时对基坑支护工程方案模型进行建设和模拟施工，

<风管明细表>

A	B	C	D
族	风管尺寸	风管长度	备注
圆形风管	100ø	2.8 m	
矩形风管	120x120	164.9 m	
圆形风管	150ø	23.2 m	
矩形风管	160x120	454.5 m	
矩形风管	160x200	7.3 m	
矩形风管	160x250	4.8 m	
矩形风管	200x120	207.1 m	
矩形风管	200x160	212.2 m	
圆形风管	200ø	11.1 m	
矩形风管	250x120	31.6 m	
矩形风管	250x160	107.2 m	
矩形风管	250x200	9.6 m	
圆形风管	250ø	17.3 m	
圆形风管	300ø	28.8 m	
矩形风管	320x120	51.3 m	
矩形风管	320x160	119.3 m	
矩形风管	320x200	28.5 m	
矩形风管	320x250	11.0 m	
矩形风管	320x500	3.5 m	
矩形风管	400x120	3.3 m	
矩形风管	400x160	53.5 m	
矩形风管	400x200	111.0 m	
矩形风管	400x250	65.5 m	
矩形风管	400x320	16.2 m	
矩形风管	400x400	5.6 m	
矩形风管	400x630	1.9 m	
矩形风管	410x160	1.5 m	
矩形风管	500x160	21.0 m	
矩形风管	500x200	53.0 m	
矩形风管	500x250	62.4 m	
矩形风管	500x320	24.0 m	
矩形风管	500x400	4.3 m	
矩形风管	630x200	91.8 m	
矩形风管	630x250	38.4 m	
矩形风管	630x320	67.4 m	
矩形风管	630x400	9.3 m	

图 5-1-18 材料清单

BIM技术目标 **表 5-1-2**

序号	名称	主办单位	适合参加类型	备注
1	创新杯	中国勘察设计协会	勘察设计类单位	每年举办一次
2	龙图杯	中国图学学会土木工程图学分会	勘察设计类单位	每年举办一次
3	中国工程建设BIM应用大赛	中国建筑业协会工程建设质量管理分会	施工类单位	含金量最高，每年举办一次
4	中原杯	河南省建筑业协会	施工类单位	每年举办一次
5	河南省建筑信息模型（BIM）技术应用大赛	河南省工程勘察设计行业为主	勘察设计类，施工单位也可参与	每年举办一次
6	匠心杯	河南工程建设协会	施工类企业	每年举办一次

精确计算基坑支护工程的工程量，对工程成本进行管控。

（4）在2016年12月对各专业模型进行碰撞检查和设计院结合完成综合管线深化设计；运用BIM技术对设计要点进行分析（如建筑节能、人员车辆的疏散、地下车库停车延时模拟等）。

（5）在2017年1月编制各专业工程量清单预算书，要求项目部做完整、切实可行的施工组织设计，施工进度总计划需具体至每个清单项。

（6）在2017年1—2月，对BIM的各专业模型、预算文件及进度计划在BIM5D软件中进行整合，做清单关联和进度关联，并根据施工组织设计做施工流水段的划分。

（7）根据施工进度做BIM5D的深入应用，及时、准确地输入现场施工数据，完成施工周期内信息的传递及质量、安全、进度、成本控制。

（8）运用BIM技术配合设计人员完成钢结构、太阳能采光板及幕墙等专业工程的深化设计。

（9）在施工周期内做实时工况的模拟、复杂节点施工方案模拟及施工重难点的剖析。

3. BIM技术建模工作应用策划

（1）模型的建立

包含Revit的土建建模，广联达的GGJ钢筋建模等（图5-1-19）。通过模型的建立，可以对比发现各专业图纸之间存在的逻辑错误。通过广联达的BIM5D软件进行模型输入时，采用广联达的GGJ软件进行的钢筋建模，可以转化为GCL的土建模型，这样土建模型可以直接导入BIM5D软件中。而通过Revit的建模可以进行不同方面的对比，所以也是非常有必要的。广联达建模侧重于结构图纸，而Revit建

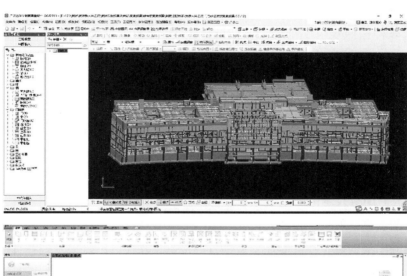

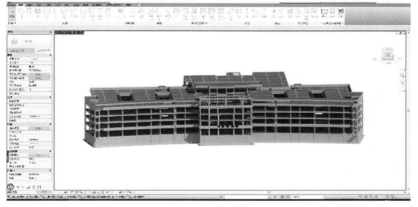

图5-1-19　Revit的土建建模、广联达的GGJ的钢筋建模

模侧重于建筑图纸，交叉审核可以发现结构图纸和建筑图纸的异同点。通过 Revit 的土建模型，广联达的土建模型、钢筋模型互相验证，可发现图纸设计的错误。

（2）三维综合管线深化设计

施工前根据专业间的碰撞检测分析结果，对项目范围内各子项公用专业系统主干管道排布方式按设计规范和施工工艺要求进行调整，设计主干部分综合支吊架系统，提交三维管线综合设计模型及管线综合设计图纸，并参考业主项目部反馈的机电安装方案及时进行三维管线综合设计模型与三维管线综合设计图纸版本更新，为机电安装施工提供参考。

该阶段在碰撞分析检查模型的基础上，对二维图纸数据的准确性和专业间冲突问题进行验证，并针对各子项系统主干管路部分，进行管线综合模型设计和管路支吊架模型设计。

（3）钢结构二次深化设计

钢结构工程拥有利用 BIM 技术进行预拼装、预组装的功能。钢结构工程的设计过程中存在着两个循环：第一个循环便是利用 BIM 技术进行钢结构的工程设计，通过 BIM 软件按照规范要求进行模型设计，明确各个构件的规格、尺寸，以此进行钢构件的料单的下料整理工作；然后在工厂进行实际的生产，对生产出的构件提取实际的工程参数信息，进行验收。

第二个循环是利用精密的仪器对构件的实际参数进行记录，利用 BIM 技术对该参数进行整理汇总并进行预拼装，检查构件是否符合标准要求。然后出厂进行现场的实际拼装，保障钢构件的施工万无一失。上海中心工程采用了此项技术，武陟县人民医院二期也需要通过上述两个循环来验证 BIM 技术是否可行。

（4）基于 BIM 技术的图纸会审

基于图纸进行的模型建造，在此过程中可以发现图纸设计中的问题，进而可以进行有效的图纸会审。在各专业模型进行链接后，软件可以自动发现各构件相互之间的碰撞点，并提高其他相关问题发现和解决的效率和质量。设计院进行图纸答疑回复时，也可以采用模型进行具体的三维展示回复，提高图纸问题的解释效率。

基于 BIM 技术的图纸会审系统及方法，主要包括模型过滤模块、获取构件几何数据模块、墙梁平面尺寸比较模块、空间位置判断模块和报告文本显示模块；该方法的应用，能够让施工技术人员在运用 BIM 技术软件建立好建筑施工模型后，快速准确地发现建筑、结构图纸中墙梁错位的部位，并及时纠正，避免施工时返工现象的出现，节约工期及成本。实现了 BIM 模型拼装后能自动检查识别墙梁偏心问题并形成文本显示的功能，为图纸会审提供指导性意见。

（5）基于BIM技术工程出图

现阶段，基于BIM技术的工程出图仍是先有图纸，再进行翻模建模，最后利用模型进行深层次的应用。真正的BIM设计技术应当是直接进行模型设计，然后再基于模型的BIM技术出图，即当BIM技术中心把模型建立起来之后，需要用到某个部分内容时，再进行CAD图纸的出图用作交底。

图纸是设计院的产品，根据目的可以分为不同的种类，如方案表现图、工作白图、综合示意图、施工图等。但作为图纸最基本的目的是反映设计意图，而根据展示对象的不同，图纸在表达习惯和表达内容的重点上也会有区别。武陟县人民医院二期项目工程应用BIM软件出了一套能满足核算成本和指导施工的"施工图"。该施工图包括项目骨架构造的类型、尺寸、使用材料要求等说明，还包括钢筋配筋情况、混凝土强度等级、标高等，有时还附有结构细部做法，是项目施工的依据。项目组在进行BIM结构出图前期根据项目特点制定了详细的结构出图审批流程，并严格按工作流程操作。

以上工作流程是针对由BIM模型得出的二维图纸，结合BIM的深化设计流程与传统的CAD深化设计流程相比，前期投入较大，但是随着时间的延长，工作量却逐渐减少。新的深化设计流程将更加注重效果展示、实物模拟以及团队的协同设计和方案优化。

（6）云端渲染功能的使用

需要进行个别高清晰图片的渲染时，可以利用Revit的云端渲染功能。云端渲染只是Revit功能的一部分，并以此作为一个应用点来使用，突出了目前网络功能的强大，最终可以实现利用网上云端进行大数据处理的功能。

4.BIM技术展示应用策划

（1）主楼外观装修效果的展示

在已有土建模型的基础上，对建筑物外观装饰装修模型进行构建，并对外观装饰模型进行综合展示，可以体现具体的建筑物外轮廓效果。通过建筑物外观装修模型的构建，可以出具建筑物外观各个角度的效果展示图，也可以清晰地显示出各个立面所有相关的逻辑相互关系，结合施工使用的CAD二维图纸，对外可进行建筑物的展示，对内可指导现场的实际施工。

在武陟县人民医院二期项目工程的建筑物的外墙装饰中，大部分采用了石材幕墙和玻璃幕墙，并且在部分建筑物不规则的情况下更需要对各个装修节点的石材和玻璃，以及弧形的龙骨进行准确的定位下料。在如此复杂的外墙装饰中使用BIM技术工具无疑可以非常准确地解决此问题，突破设计人员在二维图纸限定的思维空间，实现三维空间的各构件的精确尺寸和相互之间的逻辑关系的可视化。

（2）主楼内部装饰装修效果的展示

在对建筑物内部的装饰装修出具效果图时，可以采用不同的软件得到最终的结果。采用3Dmax软件得出的建筑物内部的装修效果图更具逼真的效果，但是该软件不能反映工程模型的各种信息，并且模型的构建效率不高。采用Revit构建土建模型，并在其基础上进行装饰装修的深化应用和部分装修细节的展示，不仅更具效率，而且也可以体现装修效果和细部节点。故可以通过模型信息转换，将Revit模型转化到3Dmax软件中对模型进行装饰装修，得到更为全面且逼真的效果图。

在采用Revit软件对土建模型进行装饰装修的深化应用中，可以对室内房间进行各种布置、粘贴图片、放置家具、设置灯具，以此来身临其境地体现实际的空间效果，并通过不同的角度对室内装修成品进行渲染，得出需要的图片和视频。也可以对室内部分的细部节点进行展示，并出具相关的施工图纸，方便向工人交底和指导现场的实际施工。

（3）施工进度模拟

BIM5D具备此功能，Navis也同样具备此种功能。建筑物的施工进度模拟是基于BIM技术的3D建筑信息模型附加以时间的维度，构成4D模拟动画，通过在计算机上建立模型并借助于各种可视化设备对项目进行虚拟描述。其主要目的是根据工程项目的施工计划模拟现实的建造过程，在虚拟的环境中发现施工过程中可能存在的问题和风险，并针对问题对模型和计划进行调整和修改，进而优化施工计划。即使发生了设计变更、施工图更改等情况，也可以快速地对进度计划进行自动同步修改。

（4）施工质量管理

把现场施工质量有缺陷的地方进行拍照留存到建筑信息模型中，整改后进行标注以示完成，形成一个闭合的现场质量问题发现整改流程。在工程施工过程中，实行检查验收制度，从分部工程到分项工程，每个分项制度又实行三检制度。每一个施工过程都必须严格按照相关要求和标准进行检查验收，利用BIM庞大的信息数据库，将这一纷繁复杂、任务众多的工作具体分解、层层落实，并将BIM模型和其相对应的规范及技术标准相关联，简化传统检查验收中需要带上施工图纸、规范及技术标准等诸多资料的流程，仅带上移动设备即可进行精准的检查验收工作，轻松地将检查验收过程及结果予以记录存档，极大地提高了工作质量和效率，减轻了工作负担。

（5）施工安全文明管理

与现场质量管理对应的流程一致，将现场的安全文明管理缺陷照片统一到模型中进行整改落实。施工过程中安全问题会涉及每个施工环节，为有效地管理施工安全问题，项目组利用BIM5D技术，通过手机对安全问题进行拍照、录音和文字记录，并关联模型。软件基于云自动实现手机与电脑数据同步，以文档图钉的形式在模型中展现，协助生产人员对安全问题进行管理。并且上传数据具有时效性，每一个安全问题都设置有整改时间，如果在整改期限内没有通过验收，该问题会一直存在直至整改完成。

5.BIM技术施工组织工作应用策划

（1）施工场地布置

开工伊始，即利用BIM技术将二维图纸三维化，通过BIM技术对临建布置进行优化，并通过BIM技术的施工模拟，调整料场、加工场等场所的布置，使人、材、机、土地等的利用率达到最佳状态。临建策划效果和临建实施效果如图5-1-20和图5-1-21所示。

图5-1-20　临建策划效果

图5-1-21　临建实施效果

通过BIM技术进行施工场地布置，提供施工场地初步设想，三维反映施工场地布置，便于讨论和修改、检验施工场地布置的合理性，根据施工现场情况优化场地布置，进行工况展示，伴随施工进度进行现场状态模拟。布置包含现场机械设施的布置、场区道路的布置、车辆行驶的模拟、安排钢筋车辆进行现场的出入行驶模拟，使现场的道路满足足够的转弯半径。现场材料堆放场地的布置，需要对材料的数量进行统计，合理安排现场，按照实际比例进行场地排放，尽量避免材料的二次搬运。

（2）场地安全文明施工标准布置

所有的安全标准、标语图片等都要明确照片，明确内容，明确尺寸、位置。然后利用BIM技术模拟出现场的实际效果，并把效果的实际宣传图片传给广告公司进行制作生产。并让广告公司提供照片的尺寸、样式，放置模型中检验实际布置的效果如何。两个流程都要同时进行，最终确保现场的所有规划策划都能够提前实现效果。

（3）钢筋工程的BIM技术施工

首先使用广联达钢筋算量软件GGJ进行钢筋模型的建模工作，然后使用广联达钢筋施工翻样软件GFY进行钢筋料单的下料工作，过程中使用广联达钢筋精细管理软件GGM进行钢筋的现场管理工作。现场的钢筋工长也可以使用广联达软件进行钢筋重量的统计、提供钢筋加工翻样图、钢筋断料的优化、钢筋过程施工管理措施等。开具的复杂钢筋节点的三维模型图，需要对劳务班组进行技术交底。

要想更好地理解设计意图，并能够在现场施工中得到符合规范的展示，只依靠二维图纸是很难实现的。但是借助于BIM技术工具进行复杂钢筋节点的模型建造，然后出具各个型号钢筋的规格尺寸，在节点中进行预排布，可以很好地展示复杂钢筋节点的大样。

（4）外脚手架方案的策划

在建筑工程施工中，外脚手架工程是一项重要的分项工程，是施工现场的重要安全保证措施。外脚手架搭设规范、整齐、美观也将提升项目工程的整体效果，是现场文明施工的重要组成部分。在项目施工时利用CAD软件绘画外脚手架的立面效果图，层次关系不清晰，效果不佳。而采用BIM技术提前对外脚手架施工方案进行详细的策划，可以清晰地反映外脚手架的逻辑层次关系，为外脚手架搭设提供更好的依据，为项目管理和班组交底提供更好的标准要求。并且外脚手架模型也可以为项目工程提供准确的材料用量。BIM技术外脚手架模拟施工及外脚手架实际施工效果如图5-1-22～图5-1-24所示。

外脚手架方案包括方案的确定，脚手架所需钢管料单的数量、规格、尺寸等，扣件的种类、数量等信息以及在BIM5D中实现的效果比较。现有的广联达软件可以自动进行外脚手架的一键生产工作：按照规范要求输入建筑模型以及一定的技术参数，并通过软件的自动进行排布计算，得出外脚手架施工的具体搭设布局；按照此种搭设方式进行外脚手架上的力学计算，校正各搭设节点以满足规范设计要求，具有很好的拓展作用。采用软件进行的外脚手架的施工方案策划，可以提高工作效率，并增强外脚手架力学验算的科学性。

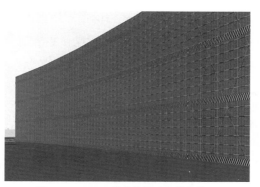
图 5-1-22　BIM 技术外脚手架模拟施工

图 5-1-23　外脚手架实际施工效果 1

图 5-1-24　外脚手架实际施工效果 2

（5）二次结构施工方案模拟

包含标准层的砌体排版等功能的展示，例如砌体工程量的统计、标准层的砌体工程量的统计；所需砂浆的统计，例如商品砂浆的重量统计等；以及对劳务班组的技术交底、样板交底、实物图形的现场展示交底。

（6）石材幕墙和保温工程的 BIM 应用

简单的节点构造展示，可以利用软件进行设计深化，以及材料的工程量的统计。根据排版策划，弹出主龙骨安装十字线，在墙面上确定竖向杆件的锚固位置。将角码连结件与锚固钢板进行焊接连结。根据所弹立柱垂线安装立柱。立柱间通过连接钢板螺栓固定，并留置伸缩缝。根据石材规格，弹出标高控制线，安装横梁连结角码。采用满粘法施工保温岩棉板，锚栓固定在结构面。石材采用不锈钢挂件与次龙骨固定。石材安装完成后在板缝两侧粘贴保护胶带，在缝隙处注胶、勾缝。最后清理保护胶带，完成石材安装工作。

广联达的 BIM5D 软件可以对二次砌体结构进行排布，该软件的此部分功能采用模块化的数据输入。在输入相关的墙体和砌块的尺寸规格、排布方式、过梁布置、构造柱布局等信息后，软件本身能直接生成砌体工程的排布图，计算出每道墙体的各种规格的砌块数量，并以砌体排布图和表格的形式体现出来，以便进行技术交底。采用此种方法进行砌体排布方案策划效率更高，操作更加简便，更适合在建设砌体工程中大范围推广应用。砌体墙排布优化、出具排版图及料单如图5-1-25所示。

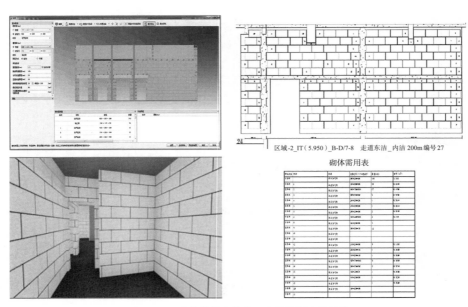

区域-2_IT（5.950）_B-D/7-8　走道东洁_内洁 200m 编号 27

砌体需用表

图5-1-25　砌体墙排布优化、出具排版图及料单

采用Revit软件对二次砌体构件进行方案策划，更能体现砌体工程现场的空间布局，出具良好的砌体成品图片，在施工中对工人进行技术交底和标准要求，效果更直观。

（7）高支模方案优化

通过BIM技术对高支模方案进行优化（图5-1-26），通过多方案对比，寻找最

图5-1-26　利用BIM技术对高支模方案进行优化、施工模拟及拆模后实体效果

优解决方案，以达到最佳效果。

（8）装修创优策划

由于武陟县人民医院工程质量目标"鲁班奖"，不但质量要求高，并且对细节要求异常严谨，本着"粗粮细作"的态度，特别是装饰装修环节，不但要求质量达标，还要求美观等，项目组利用BIM技术进行提前策划。CAD排版图和BIM技术优化如图5-1-27和图5-1-28所示。

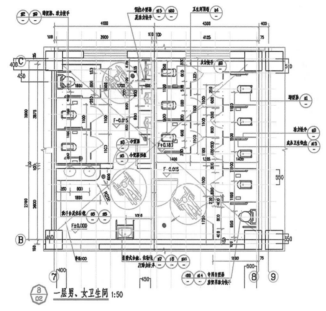

图5-1-27　CAD排版图

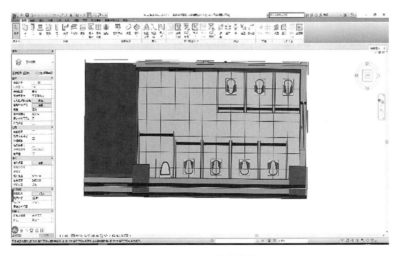

图5-1-28　BIM技术优化

（9）三维技术交底

后浇带独立支撑体系施工三维技术交底如图5-1-29所示。

框架柱封模板施工三维技术交底如图5-1-30所示。

图5-1-29 后浇带独立支撑体系施工三维技术交底

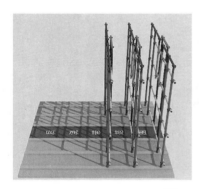

图5-1-30 框架柱封模板施工三维技术交底

6. BIM技术在水电安装工程中的应用策划

BIM技术的诞生伊始，最主要的一个价值点便是在水电安装工程中的碰撞检查。因此在此方面的认真研究，有助于实现BIM技术的价值。BIM技术应用于不同的建模软件可解决不同的功能问题，如水电安装工程则需要专业的Revit MEP或者Maging CAD进行建模。项目组利用BIM技术在武陟县人民医院工程水电安装工程中有以下综合应用：土建工程与水电安装工程的碰撞检查、管线综合设计、多方案比较管线优化、设备机房深化设计、预留预埋图设计、全专业碰撞检查、净高控制检查、维修空间检查等。

（1）土建与安装工程的碰撞检查

土建模型包括建筑专业的模型与结构专业的模型，建筑专业主要是墙体、门窗、幕墙、楼电梯及扶梯等；结构专业则主要是梁、板、墙、柱等构件。水电安装模型可以按照给水排水、强弱电、消防、暖通等不同专业进行模型建造。在建筑工程的模型建造过程中，土建模型和水电设备安装模型是分别进行建模的。模型建好后，需要进行链接，然后导入专业的碰撞检查软件Navisworks或者广联达的BIM审图软件中，便可以进行土建工程与水电安装工程模型的碰撞检查（图5-1-31）。Naviswork碰撞报告如图5-1-32所示。

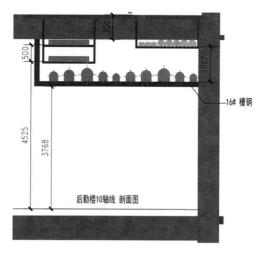

图5-1-31　安装与土建碰撞检查

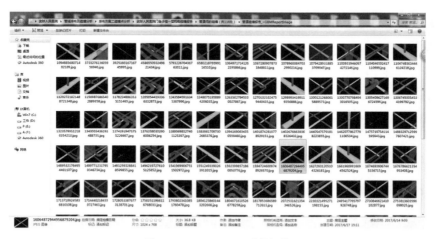

图5-1-32　Navis work碰撞报告

碰撞在实际工程中分为硬碰撞（图5-1-33）和软碰撞（图5-1-34）两种，硬碰撞是指实体与实体之间的交叉碰撞，软碰撞是指实体间实际并没有碰撞，但间距和空间无法满足相关施工要求。目前BIM的碰撞检查应用主要集中在硬碰撞，通过软件功能的应用，可以直接检查中土建模型与安装模型之间的碰撞点，出具碰撞检查报告，包含碰撞点的轴线位置、视图等信息。模型之间的软碰撞需要对管线设定专门的技术参数，然后进行手动操作分析，检查出管线之间的操作安装检修的空间是否满足规范要求。

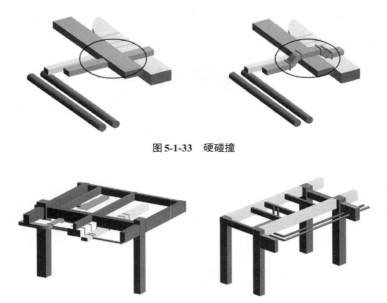

图 5-1-33　硬碰撞

图 5-1-34　软碰撞

碰撞检查中通常会出现的问题包括：安装工程中各个专业设备管线之间的碰撞、管线与建筑结构部分的碰撞，以及建筑结构本身的碰撞。土建模型和水电安装模型的集成便是进行全专业的碰撞检查。通过碰撞检查，发现设计中存在的问题；初调完成后，利用模型整合软件进行机电管线的碰撞点检测，生成碰撞报告。对于一些简单的碰撞，项目内部进行沟通调整，但是涉及净高尤其是公共区域净高不足的情况，要及时通知业主单位、设计单位、总承包商、相关分包等协商解决方案，然后再调整模型，直至综合模型在布局合理的情况下实现零碰撞。

（2）管线综合设计

在原有的施工方法中，采用二维图纸进行绘制，在大概的标高范围内进行各专业的施工，并在实际的施工过程中进行预组装，再现场调整部分管线，不具有可靠的前瞻性，存在着大量碰撞需要返工处理的问题。但是通过 BIM 技术，可以很好地解决此问题，并通过模型的链接，提前进行管线的综合设计，调整管线布局，最大限度地提高可以利用的空间，且模型的效果和实际施工的情况能够保持一致性，可以实现项目的精细化管理。

在保证机电系统功能和要求的基础上，结合装修设计的吊顶高度，对各专业模型（建筑、结构、暖通、电气、给水排水、消防、弱电等）进行整合和深化设计。为了避免管线碰撞，控制净高，管线间的避让是不可避免的。在管线综合过程中，遵循有压管让无压管、小线管让大线管、施工简单的避让施工难度大的原则，在建模的过程中需要观察管线间的空间关系，并予以调整。通过管线综合设计可以使项目人员了解设计意图，掌握管道内的传输介质及特点，弄清管道的材质、直径、截面大小，强电线缆与线槽的规格、型号，弱电系统的铺设要求。明确各楼层净高，管线安装敷设的位置和有吊顶时能够使用的宽度及高度、管道井的平面位置尺寸，特别是风管的截面尺寸、位置、保温管道间距要求、无压管道坡度、强弱电桥架的间距等。

通过BIM技术的管线综合设计优化（图5-1-35），可以极大地缓解机电安装工程中存在的各种专业管线安装标高重叠、位置冲突的问题，不仅可以控制各专业分包的施工工序以减少返工，还可以控制工程的施工质量和成本。

图5-1-35　BIM5D管线综合设计优化

（3）管线优化方案比较

用设计建模软件对不同的设计方案进行建模，并进行技术性能验证。在满足技术性能要求的基础上，将不同的方案模型导入成本分析软件进行算量及套价，得到不同设计方案的建造成本。根据得到的不同设计方案的建造成本进行比较分析，选择最优的方案。管线优化多方案比较需要业主单位的认可，根据建设单位确定价格进行方案确认，并且最终确定的最优方案还需要得到设计单位的认可。

对管线安装工程进行多方案优化对比，利用BIM技术对模型方案进行调整较为快捷方便（图5-1-36）。首先对各种的管线优化方案模型进行确定，然后把各种可对比方案模型输入到可供计价的广联达BIM5D中，模型与广联达计价软件GBQ出具的工程计价清单相互关联，最终确认各种方案的工程总价，以此价格供多方论证确认。多方案比较的管线优化更加适合图纸设计阶段的方案对比，最终确定的图纸设计方案将直接影响工程造价。真正在施工阶段进行管线优化多方案比较对工程造价的影响将十分有限，除非设计图纸出现较大的设计变更失误，而采用优化后的方案可以节省更多造价。

排布方案对比分析			
工程名称	武陟人民医院门急诊楼	专业	
位置	E轴线交12轴线		
排布方案一	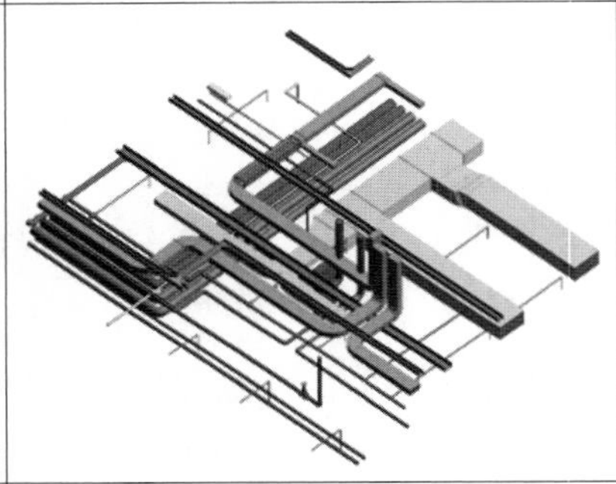		
排布方案二	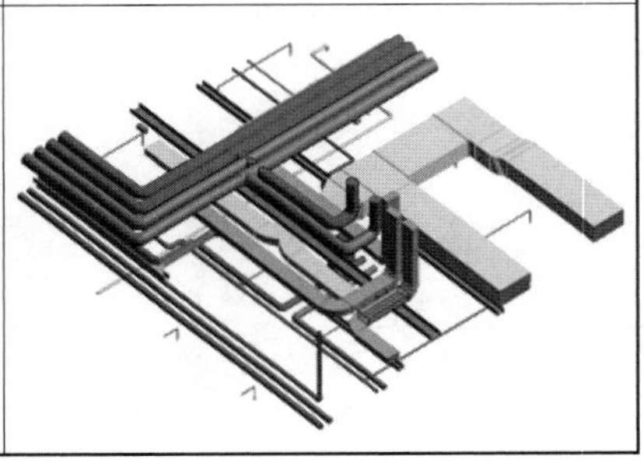		

排布方案对比分析			
工程名称	武陟人民医院门急诊楼	专业	防排烟
位置	E轴线交4轴线		
排布方案一	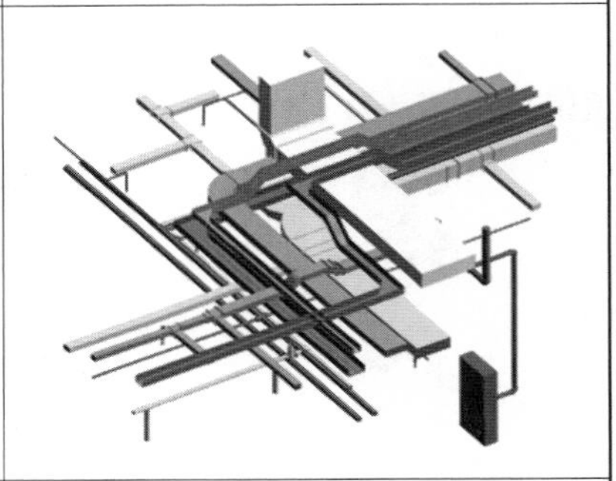		
排布方案二	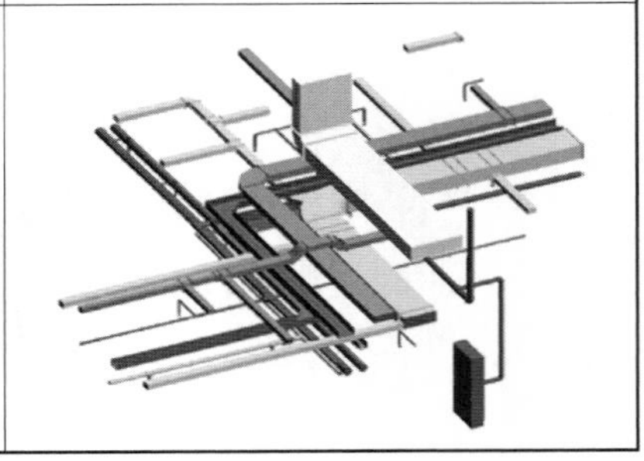		

图5-1-36　排布方案对比

医院作为大型公共建筑，安装设计复杂，牵涉的相关专业较多，在各专业设计过程中很难做到周密和细致的考虑，管线排布存在着排布乱、空间利用不合理等问题，不仅影响建筑装饰效果，甚至影响使用和维护保养。而利用BIM技术对安装工程进行提前建模，对管线进行综合排布及节点优化，较好地解决了建筑物空间的合理利用，提高了管线布置的合理性。管线综合排布和管道安装实施效果如图5-1-37和图5-1-38所示。

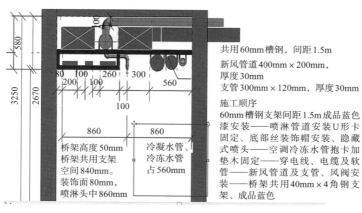

共用60mm槽钢，间距1.5m
新风管道400mm×200mm，
厚度30mm
支管300mm×120mm，厚度30mm
施工顺序
60mm槽钢支架间距1.5m成品蓝色
漆安装——喷淋管道安装U形卡
固定、底部丝装饰帽安装、隐藏
式喷头——空调冷冻水管抱卡加
垫木固定——穿电线、电缆及软
管——新风管道及支管、风阀安
装——桥架共用40mm×4角钢支
架、成品蓝色

桥架高度50mm
桥架共用支架
空间840mm。
装饰面80mm，
喷淋头中860mm

冷凝水管、
冷冻水管
占560mm

图5-1-37 管线综合排布（mm）

（4）设备机房深化设计

在设备机房的设计中，通常情况下设备设计选型与施工设计图纸的设备外形不一致，原图设计中设备的接口尺寸、形式等均可能发生变化，所以机房的施工图纸大多需要进行深化设计。要根据实际订货尺寸绘出设备基础图纸，以及设备连接的平、剖面图，对各专业图进行综合、调整，在布置时要特别考虑现场维修操作的空间。使机房内做到管线排布成行成列，排列整齐，间隔合理均匀，尽量共用支吊架。

采用BIM技术进行设备机房深化设计（图5-1-39），可以对设备进行预安装，根据厂家提供的设备规格尺寸进行模型建造，并把模型从外侧进行模拟移动，查看路线上是否有阻挡设备通行的门洞等，提前进行标注，并对施工方进行提醒，以便顺利安装。在设备机房中，对设备进行预安装，通过细致的模拟，可以确定设

图5-1-38 管道安装实施效果

图5-1-39 设备安装优化

备安装的施工工艺的先后顺序，尽可能找出存在的问题，并能够提前加以解决。设备机房深化设计达到美观的要求后，可出具各截面的施工定位图纸，向工人进行交底要求。

（5）预留预埋图设计

在土建模型和水电安装模型综合碰撞之后，对管线布置进行综合平衡深化设计，在得到各责任主体认可的施工模型基础上，利用基于BIM技术的设计建模软件，自动进行管线穿越墙、板、梁等的预留洞、套管及设备基础的模型创建，预留洞口模拟及应用如图5-1-40、图5-1-41所示。根据预留洞、套管、基础的模型实体进行标注、标记，生成管线预留预埋图和设备基础图。

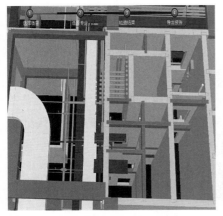
图5-1-40　预留洞口模拟

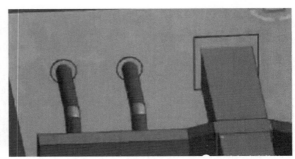
图5-1-41　预留洞口应用

由于预留洞预埋套管是在主体施工阶段且水电安装配合施工，一旦预留在后期便要求水电安装模型的深化设计到位，并在提取预留预埋图时能够正确地反映出模型的信息，不能出现偏差，这样在后期的施工时才有可能不出现返工现象。

（6）净高控制检查

业主对空间的净高要求非常严格，尤其对于地下室及裙楼的商业空间，设备管线占用的高度相差很大。在建筑功能各不相同、结构体系形式多变、管线布置错综复杂的情况下，如何合理布置设备管线以达到业主提出的建筑净高要求，对于各专业的设计来说都是一个挑战。通过净高控制检查，可有效控制地下室的净高，并经过部分设备管线调整优化，达到了业主的要求。BIM效果图如图5-1-42所示。

基于BIM技术进行净高控制检查有两种方法：一种是通过标高检查过滤器，另一种是通过天花板与相关机电管线之间的碰撞进行检查。前者通过建立一个标高检查过滤器，依据要求设置好相应管线的最低标高要求，设置过滤器所显示的颜

图 5-1-42　BIM 效果图

色，过滤器低于设置标高的管线即会通过相应的颜色显示出来的方式进行检查，后者则先建立一个天花板平面，按要求设置好天花板标高，通过碰撞检查功能检测天花板跟相关机电管线之间的碰撞结果，找出不满足净高要求的位置，最后对净高不满足的区域进行分析优化。

（7）维修空间检查

在复杂的机电工程中，走廊吊顶、设备机房等区域因为机电管线密集考虑不周，竣工后往往出现检修空间不满足操作需要导致无法检修的情况，最终必须花费极大的代价才能解决问题。因此在深化设计阶段，必须重视检修口和检修空间的设置，要确保设备便于清洁、保养和检修。BIM技术的可视化、参数化特性，为检修口和检修空间的验证提供了新的方法。

对吊顶区域的维护空间进行校验复核，即利用设计建模软件的效果图、平、立、剖面图之间的转换，对管道、阀部件、设备与检修口的尺寸关系进行全面的校验，以确保设备、管道的维修空间满足操作要求。

复核机房维修空间是否满足要求，需通过机房的全程漫游模拟的方式进行检查，用BIM技术的碰撞检查功能在模型中引入第三人视角，根据维修空间要求修改操作人员身高、身体宽度等参数。如果机房的检修通道模拟检修人员出现半蹲穿越情况，则证明操作空间比较紧张；如果检修通道无法通过，模拟检修人员会出现红色报警，并对不符合要求的地方进行优化。

（8）重点部位管线轴侧图

对于机房、泵房、走廊等管线比较密集的部位，整合建筑结构管线等专业模型，进行管线综合，在施工之前解决各专业之间的设计矛盾点，及时整改。

为方便施工交底，单独绘出管线轴测图，保证管道一次安装到位，空间分配合理，设备阀门仪表成排成线，管线布置美观大方，各种支架埋设平整牢靠，排列整齐，间距合理。

（9）BIM技术的综合管线出图

在BIM交底中，通常采用会议交底的方式，但是在现有的条件下，当工人们还不能实现利用IPad进行现场施工时，利用纸质媒介进行信息传递便显得格外重要，模型的输出表达方式如何在纸媒上更好地体现出来便是BIM技术中心思考的重点。在综合管线的表达中采用PDF格式的三维图纸进行模型信息的输出，工人们可以非常直观有效地识别图纸信息，方便现场的施工。

（10）应用总结

利用BIM技术在武陟县人民医院工程水电安装工程中的施工应用，获得较好的经济效益和社会价值，提高了项目工程的精细化施工。笔者认为BIM技术还处在一个大的发展阶段，各种应用软件层出不穷，并且软件的功能仍处于不断完善中，新的功能应用点也在不断开发中，因而今后BIM技术仍有很多的领域需要研究突破。最终BIM技术将从工具的革命转换到管理方式的改进上，以适应未来建筑行业的发展趋势。

7.BIM技术的综合应用策划

（1）现场IPad的工具的使用展示

可以采用Bentley Navigator for the iPad1.1，Bentley Navigator V8i是一款动态协同工作软件，基础设施团队可用它来交互查看、分析和补充项目信息。Bentley Navigator可充分利用存储在Bentley i-models中的信息的交互特性，以实现高性能的视觉效果。这便可以更好地了解项目，以帮助避免代价高昂的现场错误。

此外，团队可以采用虚拟方式模拟项目场景，以解决冲突情况和优化项目日程。他们可以通过在i-models中保存注释促进模型创建，还可以生成二维和三维PDF文件供更广泛的人群使用。具体包含现场无纸化查询，即利用手机和IPad等设备，安装CAD看图软件，图纸安装下载后，对现场进行图纸内容的查看。

（2）成本核算

BIM技术在处理实际成本核算中有着巨大的优势。基于BIM技术建立的工程5D（3D实体、时间、WBS）关系数据库，可以建立与成本相关数据的时间、空间、工序维度关系，数据粒度处理能力达到了构件级，使实际成本数据高效处理分析成为可能。此部分功能主要是利用BIM5D软件来实现。

（3）现场IPad的工具的使用展示

利用智能移动终端系统，及时提供现场施工所需要的信息模型。并对现场的信息进行反馈，及时地反映在建筑信息模型中，以方便查找，使项目工程施工具有可追溯性。基于BIM技术的施工方档案资料协同管理平台，可将施工管理、项目竣工和运维阶段需要的资料档案列入BIM模型中，实现高效管理与协同。

（4）现场设备二维码的扫描使用功能

利用多功能的二维码和具有RFID扫描功能的设备进行进场原材料的管理和用于楼层安装到位的机械设备管理，使各种设备具有可追溯性，方便后期的运维整修。现在二维码技术普遍应用于日常生活中，其在传递信息方面有着很好的技术优势。而利用BIM技术与二维码技术相结合，可以实现更多的技术应用。在运维阶段，使用BIM技术+二维码技术，可以有效实现管线的信息查询、管理、保养等功能。并且二维码作为信息的载体，其主要作用在于对BIM模型的各种有效信息的提取集成上。BIM技术+二维码技术是发掘竣工模型和运维阶段的各种有价值信息的有效技术工具。

在进行管道维修时，设备构件查找等都可运用二维码的深度应用。二维码的拓展空间广泛，实用性强，可以应用的场景非常多，更可结合装饰装修和运维等不同阶段的应用进行场景布置。

8.钢结构应用点实施

1）采用BIM技术的原因

（1）该工程钢结构形式较为复杂，是多曲面异形结构，采用BIM技术可以更好地展示各构件之间的相互关系。Tekla软件在钢结构模型的运用中具有非常大的优势，已经形成了BIM技术的价值点。在钢结构生产加工厂家推广应用Tekla软件已经成为一种趋势。

（2）钢结构模型可以自动生成钢结构详图和各种报表，由于图纸与报表均以模型为准，在三维模型中技术人员很容易发现构件之间连接有无错误，所以它保证了钢结构详图深化设计中构件之间的正确性。

（3）单一构件尺寸大，不易采用热弯成形，必须采用切割成型腹板的办法加工。纵向箱梁局部为三维扭曲截面，加工困难。

（4）主焊缝质量要求高，节点部位上下600mm为熔透焊缝，探伤等级为二级。其余部位为部分熔透焊缝。异型腹板双侧需要开单边45°坡口。节点部位内隔板与上下盖板采用电渣焊，保证熔透，探伤等级为二级。

（5）该工程工期要求紧，质量要求高，无类似工程经验借鉴。对于异型构件的检验也是首次，很多检验方法都需要摸索。

（6）集团公司领导注重新技术的应用，特别强调了BIM技术要成为集团公司核心竞争力。进行BIM技术推广普及，是技术创新的一个突破口。可以非常快地形成社会效益和经济效益。

2）BIM模型建造

郑州一建集团BIM技术中心成立于2014年，在掌握了各种建模软件的基础上，于2015年3月为集团公司下属钢结构子公司河南鸿丰精工钢构有限公司（以下简称鸿丰钢构）的BIM技术小组进行了Tekla软件的培训工作。鸿丰钢构的BIM技术小组充分利用该软件的强大功能，在所施工的钢结构项目上进行模型建造，并进行后期的模型综合应用，取得了良好的效果。

鸿丰钢构BIM小组于2017年5月10日开始对武陟县人民医院二期项目钢结构工程进行模型建造工作，特别是对该工程的机场收费站的弧形钢架，建模时先建一个椭圆柱体，再沿着椭圆柱体的参考点绘制折梁，最后平滑过渡，这是跨度10m以上是椭圆形构件的建模方法，针对机场项目首次采用。针对两个方向弯曲的主梁翼、腹板，先做成一个方向弯曲的曲梁，再用弯曲的形体切割出另一个曲面。经过5个工作日的努力，模型建造完毕，通过模型与原有设计图纸进行对比，模型的轮廓获得设计单位的认可。

3）BIM模型检查

武陟县人民医院二期项目钢结构模型建造完毕后，BIM技术小组的人员对模型进行了检查验收，对比原有图纸设计内容进行复核，确认模型的空间结构尺寸能够准备无误地反映设计意图。并对钢结构的连接节点进行检查确认，使节点连接形式符合图纸设计和规范要求。钢结构模型经检查无误后，进行模型信息的提取等方面的应用。

4）复杂节点的下料

Tekla是一个基于面向对象技术的智能软件包，这就是说模型中所有元素包括梁、柱、板、节点螺栓等都是智能目标，即当梁的属性改变时相邻的节点也自动改变，零件安装及总体布置图都相应改变。

在确定模型正确后，Tekla软件可以自动生成构件详图和零件详图，构件详图还需要在AutoCAD进行深化设计，深化为构件图、组件图和零件图，可供加工应用。

对于复杂钢结构节点可以自动展开。五轴相贯线切割机只能切割2个圆管的相贯线；多个圆管的相贯线，用Tekla软件展开放样后，1:1打印就是样板，对复杂钢结构节点的下料具有明显的技术优势。

5）模型信息提取

依据钢结构模型，进行相关的信息提取。利用模型信息可以提取油漆用量，并能够自动生产构件清单，并形成生产料单；利用模型可以生成构件下料清单，根据现场钢板材料的规格，进行精确的排版，最大限度地减少钢板的损耗率。利用Tekla软件自动生成的各种报表和接口文件，软件自动转化各种工程量报表，极大地提高了工作效率和提料的准确度。

6）钢构件加工生产

根据模型信息提取的钢板下料信息，通过数控机床进行构件加工，实现钢构件的自动化生产，长度较长的采用分段下料后对接法，减少人为失误。开坡口采用手持式铣边机开坡口，保证坡口精度，主焊缝采用弧焊机器人气体保护焊，保证焊缝外观。焊接顺序由中间向两边，确保4条主缝焊接方向一样，防止扭曲变形。制作一些专用的火焰切割开坡口设备来保证坡口质量，在钢构件的生产加工过程中，采用一系列的措施来保证产品质量。

最终使钢结构成型箱体参数指标控制在：长度±3mm，扭曲≤4mm，对角线与理论尺寸差≤3mm；焊缝要求节点上下600mm全熔透，评定等级Ⅲ级；主焊缝余高0～3mm，外形美观；预拼尺寸长度±15mm，扭曲≤15mm。

7）钢构件验收

钢结构生产加工完毕后，对其进行结构几何尺寸的验收。在工程中，采用了三维激光扫描仪对钢结构的外观造型进行脉冲式激光扫描仪，获取钢构件的激光点云模型。将模型扫描的精度控制在±4mm@50m内，满足实际模型对比需要。通过三维激光扫描仪对钢构件进行验收，减少了人工误差，提高了验收的精度，以及人员的工作效率。

在对钢结构进行几何尺寸验收的同时，也对钢结构的焊缝质量、油漆喷涂等进行验收。并对焊缝进行超声波探伤检查，使外观达标，漆膜厚度符合规范要求，具备出厂吊装安装的条件。

8）钢构件虚拟预拼装

利用验收的点云模型进行BIM模型的预拼装。对点云数据进行处理，在三维点云图上，利用点云切面，快速勾画钢构件水平截面的轮廓线，自动利用点云计算钢构件的轮廓，建造实体钢构件三维模型。通过模型的数据转换，以.ifc的文件格式转换到Revit软件中，对钢结构进行预拼装。检查钢构件成品的尺寸规格，是否能够满足现场的施工精度要求。对发现有质量缺陷的构件进行返工处理，对在预拼装中满足模型要求的构件进行验收确认，直接进入下道工序的施工中。

9）钢构架二维码标识

在Tekla钢结构模型中，对独立焊接的钢构件进行唯一ID码的确认，利用ID码生成具有数据信息的二维码，二维码和构件具有一对一的关联性。然后打印二维码贴纸，把二维码粘贴在与模型相一致的钢构件中，加以辨识和确认。在钢构件出厂前，对照着Tekla软件出具的材料明细表进行核对，并对二维码构件进行检查校核，防止出现编码放置错误的现象。利用二维码识读设备RFID对构件信息进行确认，保证构件信息与模型构件相一致。所有的验收工作完毕后，钢构件可以出厂进行吊装安装。

10）钢构件现场安装

武陟县人民医院二期项目土建基础施工完毕后，钢构件开始进场施工。进场后的各种构件向监理单位进行报验，然后进行钢构件的吊装焊接。由于该工程已经对作业班组进行了详细的交底和前期吊装策划安排，因而只需要对钢构件进行辨识后便可进行吊装。采用熟练技工对钢构件的连接点进行焊接，保证焊缝质量。

吊装过程中控制钢构件的精度，防止出现安装误差，保证工程质量。

11）利用二维码定位钢构件

在收费站钢构件的吊装过程中，对于入场的钢构件进行辨识，明确各个构件的具体位置。采用二维码扫描钢构件和模型相结合的技术对钢构件的位置进行辨识。现代利用二维码识读设备RFID对钢构件的二维码信息进行读取，读取后找到构件的ID码，然后通过模型对ID码进行查找，在整个模型中对该钢构件进行定位辨识。然后根据吊装顺序进行排序，按照吊装方案对钢构件进行码放，防止构件放置混乱，便于构件查找。

12）三维动画施工模拟

在进行该项目工程的钢结构施工方案的编制过程中，除明确钢构件的加工制造重难点外，对钢构件的吊装也进行了详细的文字说明和图片演示。在模拟施工过程中，BIM技术团队采用了3Dmax软件对钢构件进行分解，在Tekla模型的基础上制作了钢结构吊装的模拟施工动画视频。利用视频的形式发现吊装过程中的难点，并通过视频向吊装劳务人员进行详细的技术交底，让工人知道施工中的注意事项，提高吊装工艺策划的可视化程度。通过吊装工艺的施工模拟，提升了BIM技术团队的技术实力，提高操作工人对技术交底的接受度。

13）模型商务应用

Tekla钢结构模型文件可以自动生成各种报表和接口文件，这些文件报表可以显示螺栓数量、构件表面积、构件数量、材料用量等信息。根据螺栓报表可以统计出整个模型中不同长度、等级的螺栓总量；根据构件表面积报表可以估算油漆使用量；根据材料报表可以估算每种规格的钢材使用量。报表能够服务于整个工程，是今后工程预算、工程管理的重要依据。利用模型核算工程量非常方便快捷，对过程中控制材料用量、后期的核算工程成本、进行经济数据分析、最终完成三算对比都有非常重要的意义。

14）BIM应用的特点、亮点

在武陟县人民医院二期项目钢结构工程施工过程中，努力进行BIM技术施工，尝试各种钢结构BIM技术应用，基本实现了钢结构工程BIM技术价值点应用。

（1）在修改节点时，主构件和其连接的次构件会同时变化，图纸、报表也会相应变化，避免出现图纸修改时顾此失彼的情况。

（2）如果主构件有偏差，通过节点连接的次构件也会有偏差，因为是配套着出偏差，因此不影响安装。

（3）实现了异形钢结构工程的全流程的BIM技术应用，即从设计、加工、材料标识、吊装安装等过程的BIM技术应用，为更复杂的钢结构施工奠定了技术基础。

（4）该钢结构工程作为郑州高速收费站的一个标志性构造物，成为当地一道靓丽的风景。

15）BIM应用的应用效益

在武陟县人民医院二期项目钢结构工程施工过程中实现了全过程的BIM技术应用，产生了很好的社会效益和可观的经济效益，得到了相关方的认可。具体体现在：

（1）利用BIM技术进行设计、施工，减少了图纸的设计错误，方便了现场的施工，避免了施工过程中返工现象的发生，取得直接的经济效益。根据造价人员的初步核算，实现经济效益约为3万元。

（2）利于BIM技术进行钢结构工程的施工，可以进行全专业的技术应用，特别是对异形构造物更有技术优势，该工程的建造成功，成为出入武陟县人民医院二期项目的必经之地，良好的外观造型获得了社会认可，产生了积极的社会效益，树立了鸿丰精工钢构的品牌形象。

16）BIM应用的创新点

在武陟县人民医院二期项目钢结构工程BIM技术应用过程中，采用钢结构领域所有的最新科技，实现了各种技术创新点的示范应用。具体体现在：利用二维码技术对构件进行标识；利用三维激光扫描技术进行点云扫描，对成品钢构件进行验收，并在专业软件中进行预拼装，保证成品质量；将模型数据导入放样机器人中，对现场的钢构件进行放线定位。

17）人才培养及改进措施

该钢结构工程的BIM技术的应用，为郑州一建集团培养更专业的Tekla钢结构BIM技术应用人才队伍。通过该工程的成功建造，为鸿丰钢构树立了良好的品牌形象，为集团公司扩展该领域的市场奠定了良好的技术基础和市场信誉。随着郑州城建规模的持续扩大，钢结构框筒结构形式也是层出不穷，BIM技术团队还要进行钢混结构的研究，为适应市场做好更深的技术储备。

该工程由于规模所限，BIM技术的优势虽有一定程度的体现，但在大型且更加复杂的钢结构工程中，BIM技术的优势会更加的明显。我们需要顺应形势发展需要，不断地提高技术人员的综合实力，这就需要更多的工程对技术人员进行技术能力提升，促使更多的专业技术人员脱颖而出，所以今后仍旧有很大的发展余地。

18）BIM技术实施下一步计划

（1）进行钢混结构形式的研究，对复杂钢混结构体进行深化设计，以及对钢结构工程与钢筋混凝土工程进行碰撞检查研究，体现BIM技术在可视化上的优势。

（2）以此为契机，深化该工程的各种技术应用亮点，形成公司的作业指导书，指导同类工程施工，为更复杂的钢结构工程施工进行技术储备。

（3）对施工过程中形成的动画模拟视频进行完善，使其形成公司的宣传资料。

（4）通过该工程的BIM技术应用，我们需要对钢构厂的技术部门进行组织调整，加强技术部门人员使用BIM技术工具的数量和能力。

19）BIM技术的推广价值

通过武陟县人民医院二期项目钢结构工程BIM技术应用的尝试，我们体会到了进行技术创新的好处。只有不断进行技术创新，才能更好地改变原有的粗放式的发展方式，从而能够节约材料，提高经济效益，获得更多的市场占有率。随着钢结构领域的BIM技术的不断成熟，只能不断地适应，不断地发展完善，才能在市场的竞争中获得更好机会。所以今后还要不断提高产品的科技含量，提升加工设备的自动化数控水平。

通过本次BIM技术应用的尝试，使我们看到了推广以Tekla软件为引领的钢结构BIM发展的趋势。未来需要相关从业人员不断地投入并加以强化，才能形成以BIM技术为导向的核心竞争力。

5.2 QC小组活动成果

5.2.1 提高屋面广场砖施工质量一次合格率

1.工程概况

郑州一建集团有限公司承建的武陟县人民医院工程，位于武陟县迎宾路与朝阳二街交叉口，占地面积约5万m²，总建筑面积60461m²。武陟县人民医院工程包括门急诊医技综合楼、感染楼、后勤楼及连廊四个单体工程，结构形式为框架结构，工程为精装"交钥匙"工程，屋面广场15000多平方米，面积大，设备多，屋面结构布局复杂，做好屋面广场砖施工质量至关重要。工程效果图如图5-2-1所示。

图 5-2-1 工程效果图

2.小组简介

QC小组简介和小组成员分工一览表见表5-2-1和表5-2-2。

QC小组简介			表 5-2-1
小组名称	武陟县人民医院工程QC小组	小组成立时间	2019年03月02日
课题名称	提高屋面广场砖施工质量一次合格率	课题成立时间	2019年03月05日
课题类型	现场型	小组注册号	ZZYJ-2019-36-03
活动频率	每月平均两次	课题注册号	ZZYJ-2019-36-03-02

小组成员	10人	活动时间	2019年03月05日 - 2019年06月30日
QC教育时间	人均受教育达60h		

QC小组成员分工一览表　　　　　　　　　　　　　表 5-2-2

姓名	性别	学历	职务	职称	年龄	职责	组内分工
原××	男	本科	执行经理	工程师	38	组长	策划组织
杨××	男	本科	技术负责人	工程师	41	副组长	技术负责
李×	男	本科	施工员	助工	26	组员	质量监控
范××	男	本科	施工员	助工	26	组员	现场实施
张××	男	本科	施工员	助工	26	组员	效果检查
郑××	男	本科	施工员	助工	26	组员	总结整理
宋××	男	中学	操作工人	/	42	组员	现场操作
宋××	男	中学	操作工人	/	40	组员	实施操作
李××	男	专科	材料员	助工	42	组员	材料采购
吕××	女	专科	资料员	助工	25	组员	资料整理

　　QC小组活动日程安排表和小组活动记录见表 5-2-3 和表 5-2-4。

QC小组活动日程安排表　　　　　　　　　　　　　表 5-2-3

序号	内容\日期	2019年03月05日至2019年06月30日				循环阶段
		3月	4月	5月	6月	
1	选择课题	▬▬				P
2	现状调查	▬				
3	设定目标		▬			
4	分析原因		▬▬			
5	确定主要原因		▬			D
6	制定对策			▬▬		
7	对策实施			▬▬		
8	效果检查				▬▬	C
9	制定巩固措施				▬▬	A
10	总结和下一步打算				▬▬	

　　注：计划 ---- 　实际 ▬▬

小组活动记录 表 5-2-4

活动内容	活动次数	出勤人次	应出勤人次	出勤率（%）
计划阶段	2	20	20	100
实施阶段	3	30	30	100
检查阶段	2	20	20	100
总结阶段	2	20	20	100
合计	9	90	90	100

3. 选择课题

（1）选题背景

党的十九大报告强调：要建设知识型、技能型、创新型劳动者大军，弘扬劳模精神和工匠精神，营造劳动光荣的社会风尚和精益求精的敬业风气。在新时代，我们要大力弘扬工匠精神。"天下大事，必作于细"。能基业长青的企业，无一不是精益求精才获得成功的。锤炼精益求精的工作作风，就要牢记党的十九大提出的质量强国战略要求，树立"没有最好，只有更好"的理念，高标准对待工作，严要求自己的言行，耐心细致，扎扎实实，不放过任何一个细节，把每一项工作理清悟透，做细做实，坚决拒绝马马虎虎，全力消除"差不多"现象。

公司工程部、技术部门、质量部门认真学习十九大新时代工匠精神，落实该项目的创优情况，要求做好各个部位的施工，不留死角、暗处明做，明处细做。把节点做细，把细节做精。

（2）提出问题

屋面工程是占造价比较重的分部工程，屋面饰面层更是整体工程质量的体现，也是工程创优的重要组成部分，在工程创优中更是举足轻重，所以做好屋面广场砖的策划、施工、保护，不返工，更为重要。武陟县人民医院工程的门诊医技综合楼建筑面积46000多平方米，仅屋面就9000多平方米，屋面工程根据伸缩缝，分成了"品"字形布局的四个大分区。每个区域相对独立，有跨接天桥相互连通。屋面设计为上人屋面。铺设为200mm×200mm×10mm的防滑广场砖。屋面设计还有排水明沟、各种型号的设备基础、风机和风井等，屋面情况复杂。

经项目部对现场一期工程病房楼屋面广场砖进行实地调查，一次施工合格率仅为85.3%，后期维修工作量繁重，增加了该项工程成本。因此QC小组针对主题为《提高屋面广场砖施工质量一次合格率》展开讨论（图5-2-2）。

图5-2-2　QC小组讨论会

4.现状调查

（1）统计调查

QC小组技术负责人杨××首先安排工程师范××对现场一期工程病房楼屋面广场砖进行调查，并对屋面工程的广场砖进行试铺贴。收集数据、总结经验，排查原因，提升质量。调查了100个细部点面，共统计了600个调查点，合格点512个，不合格点88个，合格率85.3%。质量问题调查表见表5-2-5。

质量问题调查表　　　　　　　　　　表5-2-5

序号	检查项目	检查点（处）	合格点（处）	合格率（%）
1	广场砖缝不直	100	74	74
2	勾缝饱满度不足	100	76	76
3	广场砖铺设不平整	100	89	89
4	广场砖与设备基础缝隙大	100	90	90
5	排水沟砖合角对缝不严	100	91	91
6	广场砖面污染	100	92	92
	合计	600	512	85.3

（2）数据分析

根据广场砖施工质量问题频数统计表（表5-2-6），绘制出广场砖施工质量问题排列图，如图5-2-3所示。

（3）得出结论

由图可以看出影响屋面广场砖施工质量合格率的症结是：广场砖缝不直、勾缝饱满度不足。

质量问题频数统计表   表5-2-6

序号	检查项目	检查点（处）	不合格点（处）	频数（%）	累计频数（%）
1	广场砖缝不直	88	26	29.5	29.5
2	勾缝饱满度不足	88	24	27.3	56.8
3	广场砖铺设不平整	88	11	12.5	69.3
4	广场砖与设备基础缝隙大	88	10	11.3	80.6
5	排水沟砖合角对缝不严	88	9	10.2	90.8
6	广场砖面污染	88	8	9.2	100
	合计：	528	88	100	

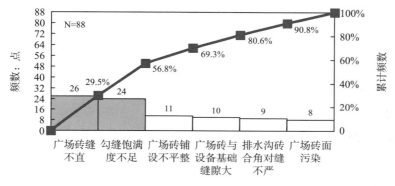

图5-2-3 施工质量问题排列图

（4）结论验证

根据现场进行调查，安排工程师李某对现场砖进行测量检查，查找影响观感质量的原因，发现问题，总结经验，找出问题的症结，找出根本问题之所在。

5.设定目标

（1）目标确定

从表5-2-5、表5-2-6、图5-2-3中可看出，广场砖缝不直占30%、勾缝饱满度不足占27%，共计占总质量问题的57%，是问题的症结所在，因此QC小组将这两个缺陷作为主要解决目标。

（2）可行性分析

根据现场调查分析以及同行业施工调查研究，小组将广场砖缝不直和勾缝饱满度不足作为主要症结，决定将两个症结问题解决。通过对人、机、料、法、环、测方面的综合分析，若采取对应的措施，将调查统计质量合格率从85.3%提高到95%是可行的。通过计算，一次合格率能够达到：85.3%+（100-85.3）%×57%×95%=93.3%。因现场实际施工中存在不可避免的误差，故小组最终将屋面广场砖施工质量目标值定为提高一次合格率至92%以上。合格率图如图5-2-4所示。

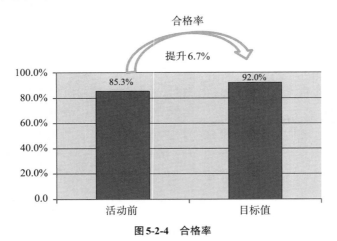

图5-2-4　合格率

6.原因分析

小组成员针对症结："广场砖缝不直""勾缝饱满度不足"进行开会讨论、研究分析，查找原因，从人、机、料、法、环、测六个方面进行原因分析，并最终绘制原因关联图如图5-2-5所示。

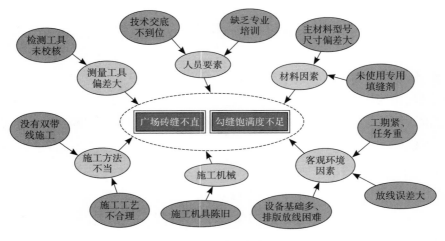

图5-2-5　原因关联图

7.要因确认

根据要因确认计划表，QC小组从各个方面积极开展活动，认真分析原因，并将八项末端因素进行要因确认，并将因确认情况进行整理，见表5-2-7～表5-2-14。

末端原因要因确认表1

表 5-2-7

末端原因	技术交底不到位	责任人	张××
方法	查阅记录	日期	2019.04.15
对应症结	(1)广场砖缝不直；(2)勾缝饱满度不足			
检查结果	2019.04.15张××、原××查阅交底记录，手续齐全，交底到位(图5-2-6)  <div align="center">图 5-2-6　技术交底记录齐全</div>			
结论	经验证，交底记录齐全，末端原因对问题症结影响较小，判定为：非要因			

末端原因要因确认表2

表 5-2-8

末端原因	缺乏专业培训	责任人	杨××
方法	培训考核	日期	2019.04.16
对应症结	(1)广场砖缝不直；(2)勾缝饱满度不足			
检查结果	2019.04.16杨××、范××对现场作业人员进行培训考核，合格率70%，工人凭经验干活，对质量标准认识不够(图5-2-7) 图 5-2-7　培训和考核			
结论	工人水平参差不齐，对质量认识不一，缺乏专业培训，末端原因对问题症结影响较大，判定为：要因			

第5章
武陟县人民医院工程创新创优

末端原因	主材料型号尺寸偏差大	责任人	李××
方法	现场检查	日期	2019.04.18
对应症结	（1）广场砖缝不直；（2）勾缝饱满度不足		
检查结果	2019.04.18李××对现场正在施工的广场砖抽样检查，发现广场砖误差3～5mm（图5-2-8）  **图5-2-8　广场砖型号偏差3～5mm**		
结论	广场砖的型号是否统一，直接影响广场砖缝的宽度顺直，末端原因对问题症结影响较大，判定为：要因		

末端原因要因确认表4　　　　　　　　　　　　　　　　　　　　表5-2-10

末端原因	施工机具陈旧	责任人	郑××
方法	现场检查	日期	2019.04.18
对应症结	（1）广场砖缝不直；（2）勾缝饱满度不足		
检查结果	2019.04.18李××对现场机具进行检查，发现机具使用无误（图5-2-9） 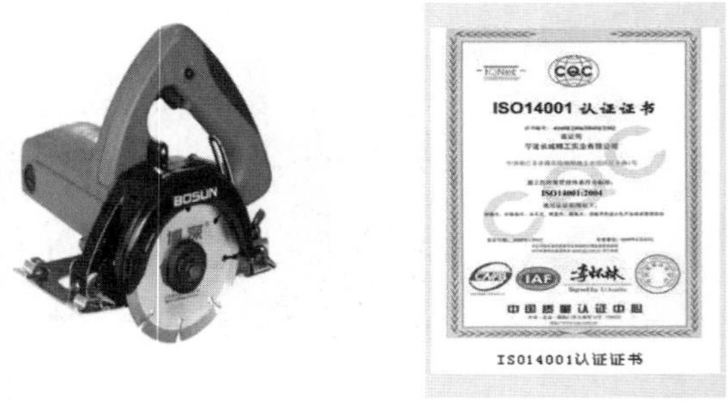 **图5-2-9　现场机具合格有效**		
结论	瓦刀、线绳、水平尺，施工机具比较简单，工人能熟练操作，末端原因对问题症结影响较小，判定为：非要因		

末端原因要因确认表 5

表 5-2-11

末端原因	没有双带线施工	责任人	范 × ×
方法	现场检查	日期	2019.04.16
对应症结	（1）广场砖缝不直；（2）勾缝饱满度不足		
检查结果	2019.04.16范××、李×对现场操作人员宋金桥铺设的广场砖进行检查，发现操作人员未按照技术交底要求双带线进行施工（图5-2-10） <div align="center">图5-2-10　没有双带线</div>		
结论	双带线决定砖缝是否顺直，末端原因对问题症结影响较大，判定为：要因		

末端原因要因确认表 6

表 5-2-12

末端原因	检测工具未校核	责任人	李 ×
方法	查看合格证、检测报告	日期	2019.04.20
对应症结	（1）广场砖缝不直；（2）勾缝饱满度不足		
检查结果	李×现场检查使用检测仪器、激光超平仪、质量合格，检测报告在有效期内（图5-2-11） <div align="center">图5-2-11　检测仪器合格证</div>		
结论	仪器合格，激光仪比较成熟，工人对仪器使用熟练，末端原因对问题症结影响较小，判定为：非要因		

末端原因要因确认表 7　　　　表 5-2-13

末端原因	施工工艺不合理	责任人	李 ×
方法	现场检查	日期	2019.04.21
对应症结	（1）广场砖缝不直；（2）勾缝饱满度不足		
检查结果	现场检查发现工人宋 × × 勾缝施工工艺不正确，工人直接用预拌水泥砂浆搅拌后进行灌缝，质量无法保障，勾缝粗糙、观感效果差（图 5-2-12） 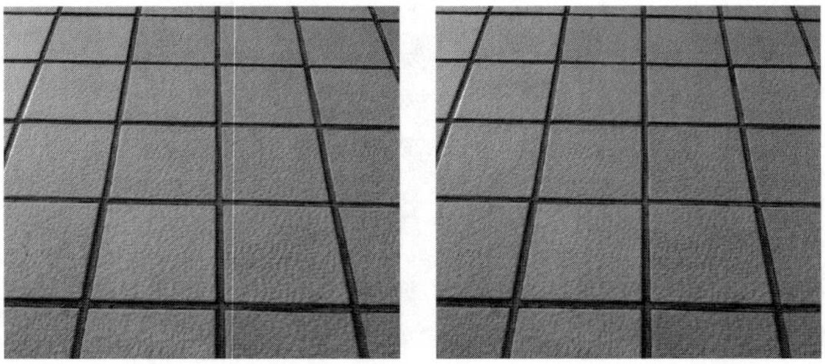 **图 5-2-12　勾缝粗糙、不细腻、观感效果差**		
结论	广场砖勾缝方法、施工材料对勾缝观感至关重要，末端原因对问题症结影响较大，判定为：要因		

末端原因要因确认表 8　　　　表 5-2-14

末端原因	设备基础多，排版放线困难	责任人	郑 × ×
方法	现场检查	日期	2019.04.21
对应症结	（1）广场砖缝不直；（2）勾缝饱满度不足		
检查结果	屋面设备基础已提前排版，按广场砖模数排版放线施工（图 5-2-13） 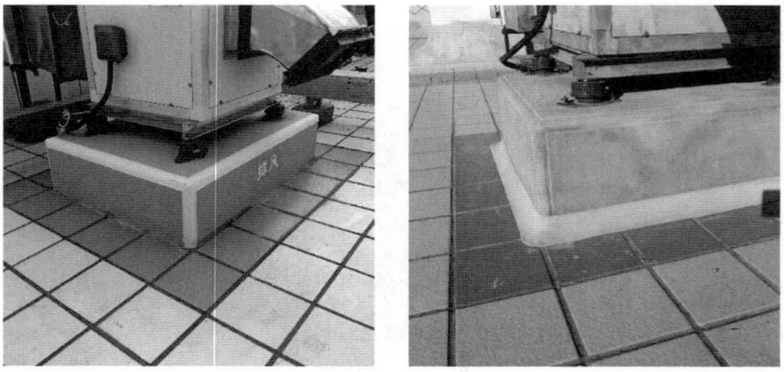 **图 5-2-13　设备基础预排版放线提前施工，不影响广场砖铺设**		
结论	屋面设备基础虽然多，但提前放线到位，对铺砖影响不大，末端原因对问题症结影响较小，判定为：非要因		

8.制定对策

在调查研究及现场验证的基础上，小组对确定的四个要因（缺乏培训和考核、主要材料不符合要求、施工方法不当、施工工艺不合理）共同制定对策，按照5W1H的原则，制订对策、制定目标、限定时间、落实到人，见表5-2-15。

对策表　　　　　　　　　　　　　　　　　表5-2-15

序号	要因	对策	目标	措施	地点	完成时间	负责人
1	缺乏培训和考核	对工人进行统一培训考核	对工人进行培训后考试，成绩达到90分以上	1.对操作工人加强岗前培训，进行书面交底和现场交底相结合，规范操作规程。 2.实行样板先行，施工过程旁站监督、跟踪检查，进行现场指导，施工中发现问题及时纠正。 3.制定落实质量责任制，教育和表扬相结，制定奖罚措施，按制度进行考核	会议室	2019.04.24	杨××、李×
2	主要材料不符合要求	重新选择广场砖厂家	同型号、不同型号广场装四边尺寸偏差小于2mm	1.对不符合要求的广场砖进行退场处理。 2.重新考察厂家、重新订货、重新进场尺寸型号一致的广场砖	施工现场	2018.04.26	范××、李××
3	施工方法不当	采取加密挂线施工方法	保证砖缝10mm纵横一条线	1.纵排方向采取双拍砖挂线施工。 2.横排放线采取单排砖管线施工	施工现场	2019.04.25	范××、张××
4	施工工艺不合理	购买专用灰色勾缝剂、水泥、按配比要求进行勾缝	勾缝宽10mm、勾缝深浅均匀、匀称密实、弧线优美、光滑细腻。十字缝处成八字角	1.按比例混合好勾缝剂和水泥、加水搅拌均匀，成为和易性良好的浆料。 2.用浆料对广场砖进行灌缝、灌缝密实，并用抹布清除广场砖上浆料。 3.用PVC管进行勾缝后，进行二次清除多余浆料。 4.第二天洒水养护屋面勾缝灰浆，防止开裂	施工现场	2019.05.04	李××、郑××

9.实施对策

小组针对末端要因确认分析，制定相对应的解决问题的对策，并实施检验。

1）实施一：对工人进行岗前培训和技术考核，如图5-2-14所示。

措施：

（1）对操作工人加强岗前培训，进行书面交底和现场交底相结合，规范操作规程。

图 5-2-14 进行岗前培训和技术考核

（2）实行样板先行，施工过程旁站监督、跟踪检查，进行现场指导，施工中发现问题及时纠正。

（3）制定落实质量责任制，教育和表扬相结合，制定奖罚措施，按制度进行考核。

实施效果：通过专项培训，进行考核，成绩平均达到90%以上。考核分数统计表如表5-2-16所示。

考核分数统计表

表 5-2-16

序号	姓名	岗前培训	考核分数	备注
1	胡×	98%	95	
2	潘××	87%	92	
3	宋××	100%	93	
4	单××	99%	85	再教育
5	戴××	100%	87	再教育
6	王××	91%	86	再教育
7	刘×	90%	98	
8	李××	100%	95	
9	庄××	90%	85	再教育
10	孙××	96%	94	

2）实施二：退场不符合要求的材料，重新选择广场砖厂家。

措施：

（1）退场型号尺寸偏差较大的广场砖。

（2）重新选择厂家、进场200mm×200mm同色款和不同色款型号尺寸符合要求的。200mm×200mm广场砖尺寸偏差≤2mm，如图5-2-15所示。

图5-2-15　200×200广场砖尺寸偏差≤2mm

实施效果：通过调整尺寸偏差较大的广场砖，重新进场的广场砖尺寸已满足使用要求。

抽查砖规格尺寸偏差情况见表5-2-17。

抽查砖规格尺寸偏差　　　　　　　　　　　　　表5-2-17

序号	抽查区域	白色广场砖（mm）	灰色广场砖（mm）	偏差（mm）
1	A区	200	201	1
2	A区	199.5	200	0.5
3	B区	199	200.5	1.5
4	二层小屋面	200.5	199.5	1
5	C区	200	199.5	0.5
6	四层小屋面	199	200	1

3）实施三：广场砖铺设过程中采取加密挂线施工方法（图5-2-16）。

图5-2-16　双带线施工

措施：

（1）纵排方向采取双拍砖挂线施工。

（2）横排放线采取单排砖管线施工。

（3）管理人员现场旁站指导、监督、跟踪检查。检查记录表见表5-2-18。

实施效果：通过以上措施的实施，广场砖铺设达到了预期效果。

检查记录表

表5-2-18

序号	检查区域	双带线施工使用频率	双带线误差（10m内）
1	D区北	100%	1mm
2	D区南	100%	1.5mm
3	B区东	100%	1mm
4	C区南	100%	2mm
5	C区西	100%	0.5mm
6	B区西	100%	1mm

4）实施四：购买灰色勾缝剂、水泥，按配比要求进行勾缝。

措施：

（1）按比例混合好勾缝剂和水泥、加水搅拌均匀，成为和易性良好的浆料。

（2）用浆料对广场砖进行灌缝、灌缝密实，并用抹布清除广场砖上浆料。

（3）用PVC管进行勾缝后，进行二次清除多余浆料。

（4）第二天洒水养护屋面勾缝灰浆，防止开裂。

实施效果：通过多种措施的实施，广场砖勾缝饱满度更高，色泽完全统一，强度也提高了，如图5-2-17所示。

10.效果检查

（1）实施前后比较

通过QC小组的多次活动，对上述对策认真组织实施，我们重新对屋面广场砖进行了效果检查，共检查广场砖100处，调查结果广场砖勾缝不直的检查点合格率达到97%，勾缝饱满度不足的情况大幅度减少，合格率达到了96%，整体验收合格率达到了94.3%。对策实施后调查表见表5-2-19，对策实施后频数统计表见表5-2-20。

对比实施前后质量排列可知，广场砖勾缝不直和勾缝饱满度不足已经从小组活动前的主要问题变成次要问题，说明QC小组的改进措施是有效且成功的。活动主要问题占比图如图5-2-18所示。

图5-2-17　黑色专用勾缝剂和水泥按比例配比后勾缝，勾缝效果精致细腻

对策实施后调查表　　　　　　　　　　　　　　　表5-2-19

序号	检查项目	检查点（处）	合格点（处）	合格率（%）
1	广场砖勾缝不直	100	97	97
2	勾缝饱满度不足	100	96	96
3	广场砖铺设不平整	100	92	92
4	广场砖与设备基础缝隙大	100	93	93
5	排水沟砖合角对缝不严	100	93	93
6	广场砖面污染	100	95	95
	合计：	600	566	94.3

对策实施后频数统计表　　　　　　　　　　　　表5-2-20

序号	检查项目	检查点（处）	不合格点（处）	频数（%）	累计频数（%）
1	广场砖勾缝不直	100	3	8.8	8.8
2	勾缝饱满度不足	100	4	11.8	20.6
3	广场砖铺设不平整	100	8	23.5	44.1
4	广场砖与设备基础缝隙大	100	7	20.6	64.7
5	排水沟砖合角对缝不严	100	7	20.6	85.3
6	广场砖面污染	100	5	14.7	100
	合计：	600	34	100	

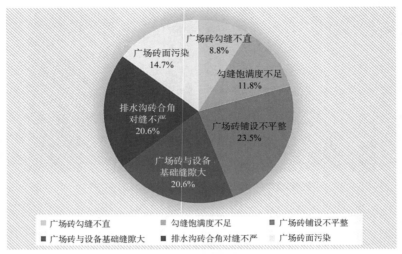

图5-2-18　活动主要问题占比图

通过QC小组活动，施工管理人员、施工操作人员的认真组织实施，经现场检查确认，屋面广场砖施工质量合格率达到了94.3%，相比于活动前制定的目标合格率92%，达到了活动的预期目的。活动目标合格率图如图5-2-19所示。

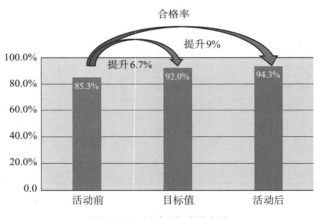

图5-2-19　活动目标合格率图

（2）经济效益

通过QC小组活动，实现了目标，极大提高了屋面广场砖施工质量合格率，提高了工人施工效率，避免了工程返工和材料浪费，确保了施工质量。同时取得较好的经济效益，施工工期提前了5d，共节约了15600元。财务证明图如图5-2-20所示。

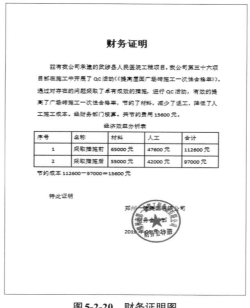

图 5-2-20　财务证明图

（3）社会效益

通过QC小组活动，加强技术措施、严格把关、提高施工质量，受到建设、监理单位和主管部门的认可，提高了公司的声誉。同时，积累了我公司在屋面广场砖铺设方面的施工经验，为日后施工同类工程提供了强有力的技术保证。

（4）质量效果

通过QC活动，施工现场管理人员及作业人员掌握了屋面广场砖的施工要点、施工工艺，提高了整个工程的施工质量，减少了不必要的返工，提高了施工效率。同时，经过本次QC活动也为公司培养锻炼了一支过硬的管理人员，为工程创优打下了良好的基础。

11. 巩固措施

（1）为巩固和推广QC小组活动成果，小组成员对本次活动中实施对策进行总结，并将有效措施编制成《屋面广场砖施工作业指导书》（ZZYJ-2019-36-03），其中针对控制规范广场砖的规格型号，勾缝选择专用勾缝剂和水泥按比例进行专业勾缝，成为屋面广场砖施工的重点要求和措施，并且在2019年8月1日经总公司工程部批准在公司内推广实施。如图5-2-21所示。

（2）为掌握本次活动效果的持续性，小组成员对实施中的4个同类工程项目进行跟踪调查，根据初验合格率为95%、96%、95%、97%，均高于活动目标，保持良好。跟踪调查统计表及跟踪调查折线图如表5-2-21和图5-2-22所示。

屋面广场砖施工工艺指导书

ZZYJ-2019-36-03

郑州一建集团有限公司
第三十六项目部

图 5-2-21　屋面广场砖施工工艺指导书

跟踪调查统计表　　　　　　　　　　　　　　　表 5-2-21

序号	检查工程项目	检查点（处）	合格点（处）	合格率（%）
1	新华书店工程	100	95	95
2	林湖美景项目	100	96	96
3	沁阳安置房项目	100	95	95
4	焦作安置房项目	100	97	97

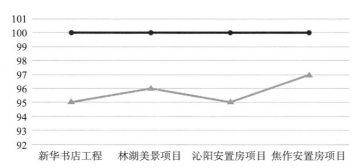

图 5-2-22　跟踪调查折线图

12. 总结和打算

（1）活动总结

通过开展本次QC活动，小组进行了进一步总结，主要由以下几个方面：

①专业技术方面：小组成员通过QC活动成功地掌握了屋面广场砖铺设施工要点，再次用科学方法实践了QC小组活动，而且在专业技术方面有很大提高，对QC小组活动有了更深入理解。运用科学分析的方法与工程建设专业技术进行有机结合，有效解决了工程施工中面对的质量问题，提高了项目现场管理人员技术解决能力。

②管理技术方面：QC小组成员对问题解决性目标课题活动程序更加理解清楚，能够根据QC活动的顺序步骤，一步一步地深入探索问题，分析问题、查找问题的根源，通过人、机、料、法、环、测等因素，分析末端原因对问题的影响程度，进行合理的评判，进行要因确认；有针对性地实施对策，有效地解决了问题，实现了目标，大大提高了小组成员技术管理能力。

③小组综合素质方面：在本次QC活动中，面对施工中出现的问题，QC小组活动根据"小""实""活""新"的活动原则。认真调查收集统计数据、认真分析原因，找到问题的关键点，针对问题切中要害从而确定目标、积极采取措施、策划实施、进行落实，直至目标的实现，活动的成功极大地提高了每个人小组成员的成就感，鼓舞了士气。人心齐泰山移，通过活动大大提高了小组成员的团队精神和团结意识，锻炼和提高了每个人的综合素质、创新能力、分析解决问题的能力。

④不足之处：项目部QC小组虽然取得了一些成绩，但也存在一些不足之处。在活动过程中，大家对活动影像资料的拍摄、收集整理重视不够，不注重过程资料收集，对资料的可追溯性需提高，加强后期经验总结和好的经验学习和推广。

活动前后小组成员状况自我评价表见表5-2-22，活动前后小组成员状况自我评价综合分析表见表5-2-23，QC小组活动前后自我评价雷达图如图5-2-23所示。

活动前后小组成员状况自我评价表   表5-2-22

序号	姓名	团队精神		质量意识		个人能力		解决问题的信心		工作热情和干劲		QC工具的应用	
		前	后	前	后	前	后	前	后	前	后	前	后
1	原××	80	93	82	95	80	96	79	98	88	95	75	90
2	杨××	75	90	85	96	78	93	75	95	85	93	80	93
3	李×	78	88	84	92	75	92	73	92	82	90	73	88
4	范××	70	80	65	82	70	85	60	86	75	90	30	60

序号	姓名	团队精神		质量意识		个人能力		解决问题的信心		工作热情和干劲		QC工具的应用	
		前	后	前	后	前	后	前	后	前	后	前	后
5	张××	73	82	80	90	72	89	70	95	79	91	70	83
6	郑××	70	80	72	88	73	90	68	91	80	92	65	80
7	宋××	71	88	70	90	75	91	70	90	85	91	70	83
8	宋××	75	85	80	88	75	90	70	92	85	93	70	89
9	李××	70	90	75	90	70	87	65	90	85	95	60	80
10	吕××	73	86	75	90	63	87	70	93	76	90	45	80
	平均分	74	86	77	90	73	91	70	92	82	92	64	83

活动前后小组成员状况自我评价综合分析表　　　　　表5-2-23

项目	活动前	活动后
团队精神	74	86
质量意识	77	90
个人能力	73	90
解决问题的信心	70	92
工作热情和干劲	82	92
QC工具的应用	64	83

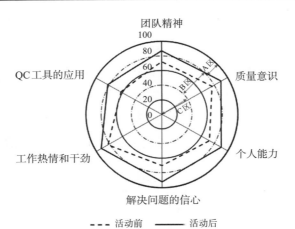

- - - 活动前　　　—— 活动后

图5-2-23　QC小组活动前后自我评价雷达图

（2）下一步打算

在本次活动中，小组成员进行了提高干屋面广场砖施工一次性合格率的活动实施，极大地增强了小组成员解决问题的信心和能力，并积累了宝贵的施工经验，为以后其他活动的开展打下了坚实的基础。

5.2.2 施工现场智能化喷淋降尘技术创新

1. 工程概况

郑州一建承建的武陟县人民医院工程，位于武陟县东产业聚集区内，占地面积约5万m^2，总建筑面积60461m^2。二期工程包括门急诊医技综合楼、感染楼、后勤楼及连廊四个单体工程，结构形式为框架结构。项目东侧毗邻武陟县公安局，北侧毗邻武陟县司法局及卫生局，南侧毗邻黄河交通学院。

2. 小组简介

QC小组简介表和小组成员一览表见表5-2-24和表5-2-25。

QC小组简介表　　　　　　　　　　　　　　　表5-2-24

小组名称	武陟县人民医院工程QC小组	课题类型	创新型
成立时间	2016年6月1日	小组登记号	ZZYJ-2016-36-01
活动频率	每月平均两次	课题登记号	ZZYJ-2016-36-01-01
小组成员	10人	活动时间	2016.06.01-2016.10.30
TQC教育时间	人均受教育达45h		

QC小组成员一览表　　　　　　　　　　　　　表5-2-25

姓名	性别	学历	职务	职称	年龄	职责	组内分工
原××	男	专科	执行经理	工程师	37	组长	策划组织
杨××	男	专科	技术负责人	工程师	38	副组长	技术负责
刘××	男	本科	质检员	助工	27	组员	质量监控
李×	男	本科	施工员	助工	26	组员	现场实施
丁××	男	本科	安全员	助工	26	组员	效果检查
司××	男	本科	水电施工员	助工	26	组员	现场实施
郑××	男	专科	BIM专员	—	22	组员	模拟施工
王××	男	高中	水电工	—	33	组员	现场实施
蔡××	男	专科	材料员	—	24	组员	材料采购
吕××	女	专科	资料员	—	25	组员	资料整理

QC小组活动计划表见表5-2-26。

QC小组活动计划表   表5-2-26

序号	内容日期	2016年6月1日-2016年10月30日					循环阶段
		6月	7月	8月	9月	10月	
1	选择课题	—					P
2	设定目标及目标可行性分析	—					
3	提出各种方案并确定最佳方案		—				
4	制定对策		—				
5	对策实施			—	—		D
6	效果检查				—		C
7	标准化					—	A
8	总结和下一步打算					—	

3.选择课题

（1）选题背景

习近平总书记于2016年9月7日在哈萨克斯坦提出"中国明确把生态环境保护摆在更加突出的位置。我们既要绿水青山，也要金山银山。宁要绿水青山，不要金山银山，而且绿水青山就是金山银山"的思想。河南省建设厅于2016年9月20日组织召开了扬尘防治攻坚战领导小组办公室会议，传达学习全省大气污染防治攻坚战第二次推进工作电视电话会议精神，并在河南省建设厅门户网站设置了"河南省工程施工、城市道路扬尘防治管理平台"。

（2）提出问题

空气污染已成为当今社会所要解决的首要难题，PM2.5是空气污染程度的重要指标，据统计PM2.5中15%来自于扬尘。

小组成员针对当前国内施工现场扬尘治理过程中普遍存在的问题进行了调查、分析、汇总，主要体现在以下两个方面：

①效率低下：目前很多施工现场的扬尘治理方式还是人工推/开着洒水车（图5-2-24），进行道路洒水，哪里尘土飞扬往哪里去，效果不理想，且效率极其低下。

②浪费严重：目前施工现场布置的喷淋降尘系统（图5-2-25）大部分处于长时间开启状态，造成我们宝贵水资源的极大浪费。

（3）确定课题

施工现场扬尘治理方式、标准没有具体的规范要求，由于各单位情况不一，没有有效的施工现场降尘系统，需要创新形成一套完整的智能化降尘系统。针对该系

图5-2-24　施工现场人工推/开着洒水车

图5-2-25　施工现场喷淋降尘系统

统的设想，我们分别从实施性、经济性、有效性进行调查分析。智能化降尘系统调查分析如图5-2-26所示。

经济性
该系统需形成一整套的集控系统，组成设备多，前期投入大，但后期运行维护费用低

实施性
该系统缺乏成熟的施工工艺，需自主摸索、分析、研究，存在问题多，施工难度大

有效性
该系统满足施工现场日常降尘需要，预计将实现施工现场降尘的现代化降尘管理，有效节约资源，确保了施工现场PM2.5或PM10的达标率

➡ 施工现场智能化喷淋降尘技术创新

图5-2-26　智能化降尘系统调查分析

因此将《施工现场智能化喷淋降尘技术创新》作为本次小组活动的课题。

4.设定目标

（1）目标设定

河南省对施工现场空气质量的要求为，施工现场PM2.5浓度3h平均值≤78μg/m³或PM10浓度3h平均值≤115μg/m³。因此，小组成员将目标设定为：施工现场PM10浓度1h平均值≤100μg/m³，施工现场扬尘指标达标率100%。

（2）目标可行性分析

①该系统缺乏成熟的施工工艺，需要自主摸索、分析、研究，存在问题多，施工难度大。

②依托集团公司技术中心的支持，为小组开展施工现场智能化喷淋降尘系统的研究提供2万元专项资金、人力、物力等全方位的支持，可有效解决新产品及新技术攻关的后勤保障难题。

③QC小组成员由老中青结合，既有现场施工经验丰富的老师傅，又有理论水平高、管理能力强的项目领导，既有管理层又有操作层，便于集思广益、取长补短。

④利用集团公司BIM工作站模拟施工技术，进行施工现场智能化喷淋降尘集控系统的仿真模拟施工，可实现技术的创新应用。

⑤集团公司有严格的材料采购管理制度，从制度上杜绝了材料的以次充好，不经济的情况发生。

⑥河南省住房和城乡建设厅制定了《河南省建筑施工现场扬尘防治管理暂行规定》，随着政府对扬尘治理力度的逐渐加强，施工现场的扬尘治理压力日益增加。

通过对以上六个方面的有利因素和不利因素进行综合分析，小组成员一致认为目标可以实现。

5.提出各种方案并确定最佳方案

（1）提出方案

根据目标设定值，小组制定活动计划，并于2016年6月1日由小组组长召集小组成员，围绕"施工现场智能化喷淋降尘技术创新"课题召开专题会，运用"头脑风暴法"集思广益，提出各种方案并进行比较分析。

方案一：自动控制喷淋系统

工作原理是在开阔地带布置扬尘监测器及报警装置，沿施工道路及外架布设喷淋管道，并在管道上安装电磁阀，用喷淋控制器来控制电磁阀，电磁阀通过控制线与控制器连接，安装完成后，设定控制器程序（设定开启时间间隔），连接电源。

方案二：智能集控喷淋系统

工作原理是在开阔地带布置扬尘监测器及报警装置，沿施工道路及外架布设喷淋管道，扬尘监测器将污染浓度实时传递至电脑，电脑根据程序已设定的污染浓度上下限值进行对比分析；当超过程序设定限值时，控制电磁阀实现喷淋设施的启停，形成智能控制喷淋降尘系统。

（2）比较和确定最佳方案

根据以上方案，小组成员对以上两种方案进行方案分析，确定最佳方案，见表5-2-27。

通过上述评比分析，方案二在绿色施工、技术可行性、经济合理性等方面更具有优势，由此选定方案二"智能集控喷淋降尘系统"为最佳方案。

6.方案细化

小组成员对方案二进行了展开分析，采用系统图展开，如图5-2-27所示。喷淋供水系统表见表5-2-28，供水管网系统表见表5-2-29，供水管网管材表见表5-2-30，喷头见表5-2-31，智能启闭控制系统见表5-2-32。

比较方案表　　　　　　　　　　　　　　　　表5-2-27

项目名称	方案分析	成本分析（元）	特点	分析结论
方案一：自动控制喷淋降尘系统	通过控制器程度设定喷淋开启时间，并与扬尘监测报警器组合使用	水泵：2000 喷头：1000 管材：3000 定时控制器：2000 压力罐：500 人工：3000 共计：11500	优点：投资费用低，降尘效果明显。 缺点：需增加开启频率，浪费水资源	费用低，能达到降尘效果，但水资源浪费大。 结论：不选
方案二：智能集控喷淋降尘系统	通过扬尘监测器检测，将实时数据传递至电脑，电脑根据程序已设定的污染上下限值对比分析后启停喷淋系统	变频组件：7000 喷头：1000 管材：3000 人工：3000 联动控制器：1500 共计：15500	优点：降尘效果非常明显，节约用水量。 缺点：前期投入稍大，费用较高	实现全程智能控制，降尘、节水效果明显，后期维护成本低，效果好。 结论：选用

喷淋供水系统表　　　　　　　　　　　　　　表5-2-28

喷淋供水系统	优点	缺点	分析结论
普通水泵	1.使用简单。 2.造价低	1.耗电量大。 2.维护工作量大。 3.需专人维护	费用虽然较低，但不符合绿色施工宗旨。 结论：不采用
变频组件	1.可调节转速，调节流量。 2.维护工作量小	初始成本相对较高	初始成本虽然较高，但可调节水压，综合使用成本低。 结论：采用

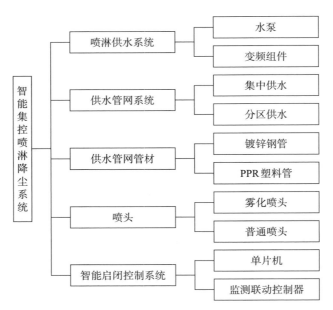

图5-2-27 系统图

供水管网系统表 表5-2-29

供水管网系统	优点	缺点	分析结论
集中供水	1.施工简单。 2.造价低	1.耗水量大。 2.维护工作量大	虽然使用简单,但工程施工现场较大,扬尘区域有时不一,同时开启耗水量大。 结论:不采用
分区供水	1.分区控制扬尘。 2.节约水资源	1.需增加监测探头。 2.综合费用相对集中供水较低	工程施工现场大,扬尘区域不一,分区供水降尘,可有效减少水资源的浪费。 结论:采用

供水管网管材表 表5-2-30

供水管网管材	优点	缺点	分析结论
镀锌钢管	最高能承受8.5MPa压力,0.8、1.5MPa压力下无渗漏	1.成本高,28~30元/m。 2.施工速度慢	成本太高,性价比低。 结论:不采用
PPR塑料管	1.成本低,10~15元/m。 2.施工方便	最高能承受1.6MPa压力,1.6MPa压力下无渗漏	虽然最高只能承受1.6MPa压力,但经计算已满足使用要求。 结论:采用

喷头 表5-2-31

喷头	优点	缺点	分析结论
雾化喷头	1.耗水量低。 2.效果明显	单个成本相对普通喷头高2元	结论:采用
普通喷头	安装简单	耗水量大	结论:不采用

智能启闭控制系统　　　　　　　　　　　　　　表 5-2-32

智能启闭控制系统	优点	缺点	分析结论
单片机	1.数据采集精准度高。 2.反应速度快	投入成本高，后期维护成本高	该控制系统准确性高，反应速度快，但费用相对较高。 结论：不采用
联动控制器	1.性价比高，程度设定简单。 2.高度集成，体积小，控制功能强	功能单一	该系统费用较低，也能实现智能启闭喷淋系统。 结论：采用

　　通过对实施方案的对比分析，确定了最佳实施方案，并绘制了系统图，如图 5-2-28 所示。

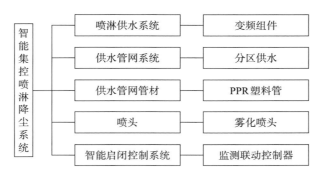

图 5-2-28　系统图（最佳方案）

7.制定对策表

根据系统图制定了相应的实施措施，见表 5-2-33。

对策表　　　　　　　　　　　　　　表 5-2-33

序号	方案	对策	目标	措施	地点	时间	完成人
1	喷淋供水系统	安装变频组件	1.有效调节转速、调节流量。 2.安装完成后调试	1.派专业技术人员进行安装。 2.完成安装后进行现场测试	材料市场和施工现场	2016.08.02 - 2016.08.15	蔡×× 李× 司×× 王×× 张××
2	供水管网系统	分区供水	1.掌握基本连接操作要点。 2.安装电磁阀。 3.喷头预留位置准确。 4.接头严密、紧固、无渗漏	1.利用BIM技术进行模拟施工，找出重点监控区域，合理管线区域布置。 2.作业前进行专项技术交底，并进行技术培训。 3.安装完成后，进行试压	施工现场	2016.08.10 - 2016.09.10	郑×× 李× 司×× 王×× 张××

序号	方案	对策	目标	措施	地点	时间	完成人
3	供水管网管材	PPR塑料管	材料合格，在1.6MPa压力下无渗漏	1.详细的市场调查，对各项性能数据进行对比分析。 2.做好原材料质量验收	材料市场	2016.08.08- 2016.08.16	蔡×× 杨×× 刘××
4	喷头	雾化喷头	1.喷雾有效覆盖范围≥3m。 2.喷头雾化颗粒在50μm左右	1.详细的市场调查，对各项性能数据进行对比分析。 2.做好原材料质量验收	材料市场	2016.08.10- 2016.08.15	蔡×× 杨×× 刘××
5	智能启闭控制系统	监测联动控制器	监控准确、灵敏度高，反应敏捷	1.安装前对施工人员进行专项培训，提高安装水平。 2.设定自动启闭扬尘上下限值，数据处理程序设定。 3.安装完成后进行调试，试运行	材料市场和施工现场	2016.09.11- 2016.09.20	蔡×× 李× 司×× 王×× 张××

8.按对策表实施

1）实施一：安装变频水泵组件。

（1）派专业技术人员进行安装。

由小组成员蔡××负责原材料采购，按照公司《合格物资供方名录》采购材料；经多方看样机询价后，共有四家单位产品符合要求，为保证原材料质量，选用接近平均报价单位作为供货商。厂家送货到现场后，由厂家技术人员指导现场作业人员进行安装、固定。

（2）完成安装后调试

安装完成后，接入原临水管网进行调试、试运行，查看压力及流量是否满足要求。

实施效果检查：QC小组对已经安装好的变频水泵组件（图5-2-29和图5-2-30）进行验收，压力及流量均满足要求，实现了预期的目标。

2）实施二：供水管网管材

详细的市场调查，对各项性能数据做好对比分析。

由小组成员蔡××负责原材料采购，按照公司《合格物资供方名录》采购材料；经多方看样机询价后，共有四家单位产品符合要求，为保证原材料质量，选用接近平均报价单位作为供货商。

由杨××、刘××、蔡××对进场的原材料进行检查验收，原材料外观、规格尺寸、性能均符合要求，原材料合格证及质量检验报告齐全有效。

实施效果检查：QC小组成员在施工现场对管材进行效果检查（图5-2-31和图5-2-32），PPR塑料管在1.6MPa时无异常，无渗漏满足要求，目标实现。

图5-2-29 已经安装好的变频水泵组件（1）

图5-2-30 已经安装好的变频水泵组件（2）

图5-2-31 管材进行效果检查（1）

图5-2-32 管材进行效果检查（2）

3）实施三：雾化喷头

由小组成员蔡××负责原材料采购，按照公司《合格物资供方名录》采购材料；经多方看样机询价后，共有四家单位产品符合要求，为保证原材料质量，选用接近平均报价单位作为供货商。

由杨××、刘××、蔡××对进场的原材料进行检查验收，原材料外观、规格尺寸、性能均符合要求，原材料合格证及质量检验报告齐全有效。

实施效果检查：QC小组成员在施工现场对雾化喷头进行效果检查，雾化喷头喷雾覆盖面积为3.2m、喷雾粒径均满足要求，目标实现。

4）实施四：分区供水

（1）利用BIM技术进行模拟施工，找出重点监控区域，合理管线区域布置。

由QC小组BIM专员郑××利用BIM技术进行模拟施工，找出扬尘多发区域，针对性布置监测探头重点监控，合理分区管线布置。

（2）作业前进行专项技术交底，并进行技术培训。

作业前进行专项技术交底，PPR塑料管热熔连接处是存在渗漏的隐患部位，热熔连接时应注意以下事项：

①连接前，将管道及管件上的杂物清理干净。

②达到加热时间后，立即把管子与管件从热熔器两端迅速取下，迅速无旋转、均匀地用力把管子插入25mm深，使接头处形成均匀凸圈。

③在规定的加热时间内，刚熔接好的接头出现歪斜可迅速进行调直校正，不得旋转校正管道。

④管材和管件加热时，要防止加热时管材歪斜，造成管材厚度不均的现象发生。

（3）安装完成后，进行试压。

供水管网安装完成后，进行压力试验。

实施效果检查：QC小组对已经布置完成的供水管网进行供水压力试验（图5-2-33），水压在实验持续时间内压降稳定，无渗漏现象，实现了预期目标。

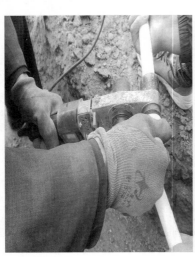

图5-2-33　供水压力试验

5）实施五：监测联动控制器

（1）安装前对施工人员进行专项培训，提高安装水平。

项目部召集施工人员进行监测联动控制器技术培训，严格按照安装及使用说明施工，确保监测联动控制器正常运行。

（2）设定自动启闭扬尘上下限值，数据处理程序设定。

将PM10监测上限值设定为105μg/m³，下值设定为85μg/m³，污染超过上限值时，信号传输至电磁阀自动打开喷淋，当将污染程度降低至下限值时，喷淋自动关闭。

（3）安装完成后进行调试、试运行。

安装完成后与电磁阀正确连接，进行自动控制系统调试，试运行；当运行正常后将监测联动控制器固定至指定位置。

效果检查：QC小组成员对监测控制系统进行性能检查，在监测器周围高速过车和人工挥洒灰尘试验，经试验，监测联动控制器灵敏度高、监控准确、反应敏捷，实现预期目标（图5-2-34～图5-2-36）。

图5-2-34　监测控制系统　　　　图5-2-35　监测系统　　　　图5-2-36　自动打开喷淋系统

9.确认效果

1）目标完成情况

系统完成运行一周后，对8个监测区进行了检查，QC小组成员采用电子检查仪（DT-9881M）对智能喷淋系统开启前后现场PM10空气悬浮颗粒浓度值进行监测，并汇总编制了数据分析表，见表5-2-34。

当系统开启30min时空气悬浮颗粒浓度值下降率＝（1－89/122）×100%=27%，总平均值为89μg/m³达到预先设定目标。

相比整体供水系统，分区供水监测系统可以达到哪里超标、开哪里的效果，有

	分析表							表 5-2-34	

时间 测点	连续 7 天场内 PM10 浓度平均值（μg/m³）							场外 PM10 浓度 平均（μg/m³）	
	1	2	3	4	5	6	总平均值	7	8
系统未开启	120	119	125	129	116	100	122	98	102
系统开启 15min 后	108	107	110	115	104	因分区供水，该区域未超标故未开启	109	96	100
系统开启 30min 后	87	90	92	88	86		89	97	98

效地节约水资源。

结论：通过对智能喷淋降尘系统现场检查，整体喷淋降尘效果好，实现智能化、分区化、精准化，使施工现场扬尘治理达标率100%，且有效地节约了水资源，实现了预期的目标。

2）经济效益

通过采用智能喷淋降尘系统，实现智能控制，有效地降低了施工现场的扬尘，分区降尘有效地节约了水资源，大大提高了施工现场降尘效率；虽然相比传统降尘方法，我们在前期增加了费用，但智能喷淋降尘系统有降尘效果好、分区控制、精准降尘、有效节约水资源及综合使用成本低等诸多优势，具有较高的性价比。根据相关数据制作使用的成本控制费表用见表 5-2-35。

	成本控制费用表				表 5-2-35

名称	管材	电磁阀	雾化喷头	变频组件	监测联动控制器
费用（元）	3100	400	950	7800	1500
总计（元）	13750				

3）绿色施工效益

（1）智能喷淋降尘系统有效地降低了现场空气悬浮颗粒浓度值，极大地提高了施工现场的控制质量。

（2）智能喷淋降尘系统采取分区降尘，有效地节约了水资源。

10.标准化

为了使活动成果有效地保持和继续提高，QC 小组根据已有的施工经验对施工现场智能降尘喷淋系统施工方案进行了完善，并编制了《施工现场智能降尘喷淋系统技术规程》，以便于类似工程加以推广应用；在后续的施工中根据施工阶段的不同不断调整控制区域重点以实现分区控制。

11. 总结和计划

1) 活动总结

通过开展本次QC活动，小组进行了进一步总结，主要有以下几个方面：

（1）专业技术方面：小组在技术方案的选择、制定、实施总结方面，更加系统严密，工艺措施科学合理，可实施性较强，实施效果理想，开拓创新水平显著提升。

（2）管理技术方面：全体小组成员采用了科学的PDCA循环程序来开展工作，在工作中的实际应用能力得到了大幅提高，并且在工作中能够科学地以客观的事实数据作为决策依据。

（3）提前策划方面：通过本次QC活动，小组成员的提前策划能力得到了大幅度提高，但部分细节深化能力仍有很大提高空间。

（4）综合素质方面：小组成员的团队精神、个人综合素质、创新能力、分析解决问题的能力、QC知识的应用水平均得到了提高。

活动前后小组成员状况自我评价表见表5-2-36，活动前后小组成员状况自我评价综合分析表见表5-2-37，QC小组活动前后自我评价雷达图如图5-2-37所示。

活动前后小组成员状况自我评价表　　　　　　　　表5-2-36

序号	姓名	团队精神		质量意识		个人能力		解决问题的信心		工作热情和干劲		QC知识	
		前	后	前	后	前	后	前	后	前	后	前	后
1	原××	80	93	82	95	80	96	79	98	88	95	75	90
2	杨××	75	90	85	96	78	93	75	95	85	93	80	93
3	刘××	78	88	84	92	75	92	73	92	82	90	73	88
4	李×	73	82	80	92	72	89	70	95	79	91	70	83
5	丁××	70	80	72	88	73	90	68	91	80	92	65	80
6	司××	71	88	70	90	75	91	70	90	85	91	70	83
7	张××	75	85	80	88	75	90	70	92	85	93	70	89
8	郑××	70	90	75	90	70	87	65	90	85	95	60	80
9	王××	60	80	65	82	70	85	60	86	75	90	30	60
10	蔡××	70	90	71	85	65	88	68	87	80	92	45	78
11	吕××	73	86	75	90	63	87	70	93	76	90	45	80
平均分		72	87	76	90	72	90	70	92	82	92	62	82

2) 下一步计划

在本次活动中，小组成员进行了智能喷淋降尘技术创新活动，极大地增强了小组成员解决问题的信心，并积累了宝贵的经验，为以后其他活动的开展打下了坚实的基础。

活动前后小组成员状况自我评价综合分析表　　　　　　表5-2-37

项目	活动前	活动后
团队精神	72	87
质量意识	76	90
个人能力	72	90
解决问题的信心	70	92
工作热情和干劲	82	92
QC知识	62	82

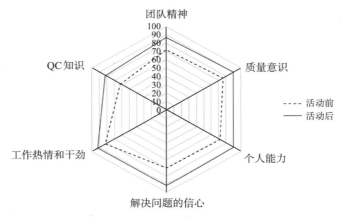

图5-2-37　QC小组活动前后自我评价雷达图

5.2.3 提高干挂墙砖消防箱门安装一次性合格率

1.工程概况

武陟县人民医院工程为精装"交钥匙"工程，做好机电消防安装和墙砖干挂施工质量至关重要。

工程质量目标为"鲁班奖"，已先后取得国家级安全文明工地荣誉，国家级BIM大赛卓越"二等奖"，已立项并通过国家级绿色示范工程中期检查，取得河南省结构中州杯。

2.小组简介

QC小组简介和小组成员分工一览表见表5-2-38和表5-2-39。

QC小组活动日程安排表和小组活动记录见表5-2-40和表5-2-41。QC小组讨论会如图5-2-38所示。

小组名称	武陟县人民医院工程QC小组	小组成立时间	2018年4月02日
课题名称	提高干挂消防箱门安装一次性合格率	课题成立时间	2018年04月05日
课题类型	现场型	小组登记号	ZZYJ-2018-36-02
活动频率	每月平均两次	课题登记号	ZZYJ-2018-36-02-01
小组成员	10人	活动时间	2018.04.05-2018.07.30
QC教育时间	人均受教育达48h		

QC小组成员分工一览表   表5-2-39

姓名	性别	学历	职务	职称	年龄	职责	组内分工
原××	男	专科	执行经理	工程师	37	组长	策划组织
杨××	男	专科	技术负责人	工程师	38	副组长	技术负责
李×	男	本科	施工员	助工	27	组员	质量监控
张××	男	本科	施工员	助工	26	组员	现场实施
孙××	男	本科	施工员	助工	26	组员	效果检查
郑××	男	专科	施工员	助工	26	组员	模拟施工
宋××	男	专科	墙砖干挂工人	助工	32	组员	现场实施
淡××	男	高中	门框加工焊制工人	助工	33	组员	现场实施
蔡××	男	专科	材料员	助工	26	组员	材料采购
吕××	女	专科	资料员	助工	25	组员	资料整理

图5-2-38　QC小组讨论会

QC小组活动日程安排表   表 5-2-40

序号	内容 日期	2018年04月05日至2018年07月30日				循环阶段
		4月	5月	6月	7月	
1	选择课题	-----				P
2	现状调查		----			P
3	设定目标		----			P
4	分析原因		----			P
5	确定主要原因			----		P
6	制定对策			-----		D
7	对策实施			-----		D
8	效果检查				-----	C
9	制定巩固措施				-----	A
10	总结和下一步打算				-----	A

注：计划安排 ----   实际行动 ——

小组活动记录   表 5-2-41

活动内容	活动次数	出勤人次	应出勤人次	出勤率（%）
计划阶段	2	20	20	100
实施阶段	3	30	30	100
检查阶段	3	30	30	100
总结阶段	2	20	20	100
合计	10	100	100	100

3.选择课题

（1）选题背景

随着社会的发展，消防功能的重要性显得越来越突出，消防设备的完善和消防功能的有效性与社会生活中的每个人都息息相关。

总公司领导上下都对工程的创优工作非常重视，要求各项安装严格按照规范施工，做好施工的每个环节，把节点做细，把细节做精。作为一家特级建筑施工企业严格按照规范，做好消防施工，确保消防设备的完善和功能有效，是企业的基本责任。

（2）提出问题

武陟县人民医院工程的门诊医技综合楼建筑面积46000多平方米，走廊墙面设计为墙砖干挂施工，而大部分消防箱都在走廊内嵌墙面上，必须在消防箱门口安装一个干挂墙砖消防门，以保持和墙面干挂的一致性。走廊内有消防箱280多个，消防箱门采用焊制钢门框，按照干挂地板砖的施工方式施工。把钢框干挂墙砖制作的消防门一次性安装合格，确保消防箱门的开启顺畅，使用方便、合理；门扇墙缝与墙面砖缝对齐、门缝与墙砖缝隙均匀一致。因此小组把提高干挂墙砖消防门安装一次性合格率作为本次活动的课题。

4.现状调查

1）统计调查

QC小组技术负责人杨××首先安排工程师孙××对现场一期工程病房楼安装的干挂消防门以及公司承建的其他项目同类型的消防箱门进行专项调查。收集了100个消防箱，共计600个调查点，合格点509个，不合格点91个，合格率84.8%。调查问题数据见表5-2-42、表5-2-43。

质量问题调查表   表5-2-42

序号	检查项目	检查点（处）	合格点（处）	合格率（%）
1	门扇开启角度不足120°	100	76	76
2	门扇开启遮挡消防箱	100	79	79
3	门扇开启不顺	100	84	84
4	门缝宽度不均匀	100	86	86
5	门扇开启后倾斜	100	91	91
6	门扇变形	100	93	93
合计（平均）：		600	509	（平均）84.8

质量问题频数统计表   表5-2-43

序号	检查项目	检查点（处）	不合格点（处）	频数（%）	累计频数（%）
1	门扇开启角度不足120°	100	24	29.5	29.5
2	门扇开启遮挡消防箱	100	21	27.3	56.8
3	门扇开启不顺	100	16	12.5	69.3
4	门缝宽度不均匀	100	14	11.3	80.6
5	门扇开启后倾斜	100	9	10.2	90.8
6	门扇变形	100	7	9.2	100
合计：		600	91	100	

2）数据分析

根据干挂消防箱门施工质量问题统计表，绘制出干挂消防箱门施工质量问题排列图，如图5-2-39所示。

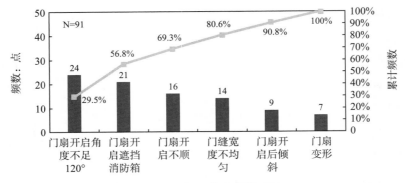

图 5-2-39　施工质量问题排列图

3）得出结论

由图5-2-39可以看出影响干挂墙砖消防箱门安装合格率的主要问题是：门扇开启角度不足120°、门扇开启遮挡消防箱。

4）结论验证

针对得出的结论进行了实验，工程师李×在现场试验安装3个样板干挂墙砖消防门并进行实际调查、数据测量、发现问题、总结经验，找出问题的症结，找出根本问题之所在。通过调查，发现开启角度不足120°、门扇开启遮挡消防箱成为影响消防门合格率的主要原因。

5.目标确定及可行性分析

（1）目标确定

从图5-2-39中可看出，影响干挂墙砖消防箱门安装合格率的因素有6个，其中开启角度不足120°、门扇开启遮挡消防箱占质量问题的56.8%，是问题的症结所在，因此QC小组此次活动将这两个缺陷作为主攻目标。

（2）可行性分析

根据现场调查分析，小组活动讨论，决定将两个症结问题解决95%，通过计算，一次合格率能够达到：84.8%+（100−84.8)%×56.8%×95%=93%。因现场实际施工中存在不可避免的误差，故小组最终将干挂墙砖消防门目标设定为提高一次合格率至92%以上。合格率图如图5-2-40所示。

6.原因分析

小组成员针对主要症结问题："开启角度不足120°""门扇开启遮挡消防箱"进行研究分析，集思广益、相互启发、相互补充，从人、机、料、法、环、测六个方面进行原因分析，并最终绘制关联图，如图5-2-41所示。

建设工程创新创优实践
——武陟县人民医院门急诊医技综合楼工程创新创优纪实

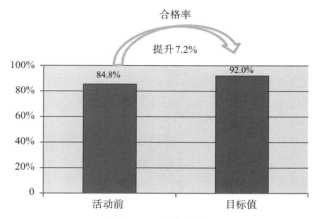

图5-2-40　合格率图

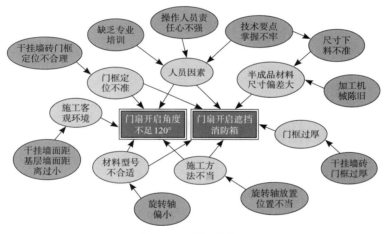

图5-2-41　原因关联图

7. 要因确认

根据要因确认计划表，QC小组从各个方面积极开展活动，认真分析原因，并将10项末端因素进行要因确认，并将要因确认情况进行整理，见表5-2-44～表5-6-53。

8. 制定对策

在调查研究及现场验证的基础上，我们对确定的四个要因（操作人员责任心不强、干挂面距墙面厚度过小、旋转轴位置放置不当、角钢规格过大）共同制定对策，按照5W1H的原则，研制对策、制定目标、限定时间、落实到人，制订了对策，见表5-2-54。

9. 实施对策

我们针对末端要因确认分析，并制定相对应的解决问题的对策，进行实施检验。

末端因素要因确认表1

表 5-2-44

末端因素	技术要点掌握不牢	责任人	杨××
方法	查阅记录	日期	2018.05.15
标准	技术交底记录完整，每个施工人员熟知交底内容		
检查结果	2018.05.15杨××、孙××查阅交底记录，手续齐全，并对现场作业人员进行考核，合格率100%（图5-2-42）  <div align="center">图5-2-42 交底记录齐全</div>		
结论	非要因		

末端因素要因确认表2

表 5-2-45

末端因素	缺乏专业培训	责任人	杨××
方法	培训考核	日期	2018.05.16
标准	综合考评合格率100%		
检查结果	2018.05.16杨××、孙××对现场作业人员进行培训考核，合格率100%（图5-2-43） <div align="center">图5-2-43 培训和考核</div>		
结论	非要因		

末端因素要因确认表3 **表5-2-46**

<table>
<tr><td>末端因素</td><td>操作人员责任心不强</td><td>责任人</td><td>孙××</td></tr>
<tr><td>方法</td><td>现场检查</td><td>日期</td><td>2018.05.26</td></tr>
<tr><td>标准</td><td colspan="3">根据专业培训要求，按照技术交底和排版图纸要求精心施工</td></tr>
<tr><td>检查结果</td><td colspan="3">2018.05.17孙××对现场操作人员淡小孬安装的防火门框进行了检查，发现操作人员未按照技术交底和排版设计图纸要求进行施工（图5-2-44）
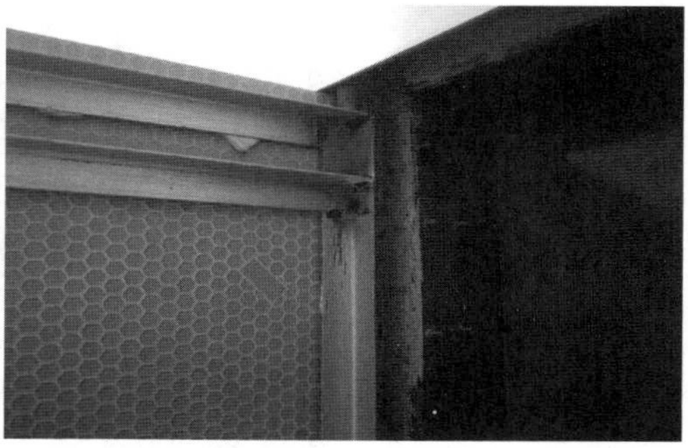
图5-2-44 旋转轴位置不准确，开启角度不到位，施工随意，剔凿墙体</td></tr>
<tr><td>结论</td><td colspan="3">要因</td></tr>
</table>

末端因素要因确认表4 **表5-2-47**

<table>
<tr><td>末端因素</td><td>干挂墙砖门框定位不合理</td><td>责任人</td><td>孙××</td></tr>
<tr><td>方法</td><td>现场检查</td><td>日期</td><td>2018.05.18</td></tr>
<tr><td>标准</td><td colspan="3">要求对消防箱干挂墙砖门框进行大样图排版设计，对门框定位进行设计排版，门框左侧门轴处预留90mm，右侧门框边预留40mm</td></tr>
<tr><td>检查结果</td><td colspan="3">2018.05.18孙××调查分析，现场有排版图册且排布合理（图5-2-45）
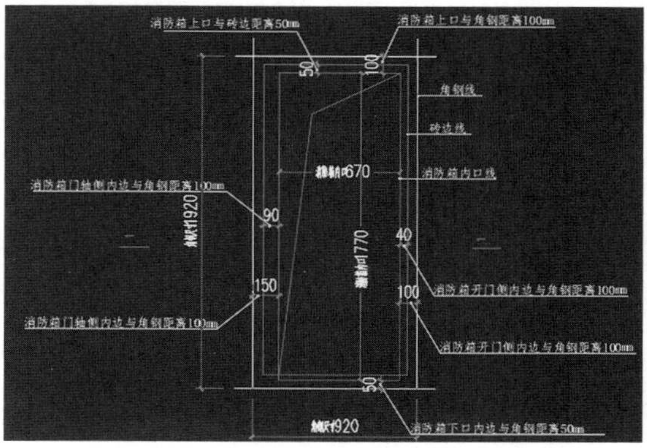

图5-2-45 消防箱门定位排版图</td></tr>
<tr><td>结论</td><td colspan="3">非要因</td></tr>
</table>

末端因素要因确认表5　　　　　　　　　表5-2-48

末端因素	干挂墙面距基层墙面距离过小	责任人	孙××
方法	现场检查	日期	2018.05.18
标准	每个消防门口干挂墙砖面距基层墙面间距不小于100mm		
检查结果	2018.05.18孙××对宋××现场已安装的防火门扇进行检查，用卷尺进行测量干挂墙面距基层墙面距离不足100mm（图5-2-46）  **图5-2-46　干挂墙面距基层墙面不足100mm**		
结论	要因		

末端因素要因确认表6　　　　　　　　　表5-2-49

末端因素	旋转轴偏小	责任人	李×
方法	现场检查	日期	2018.05.18
标准	按照排版图对已安装的直径32mm的旋转轴安装定位测量，干挂墙砖后旋转轴开启能灵活自如，且满足强度要求		
检查结果	2018.05.18李×按照安装排版图纸进行安定位测量，直径32mm的旋转轴能满足强度使用要求（图5-2-47） 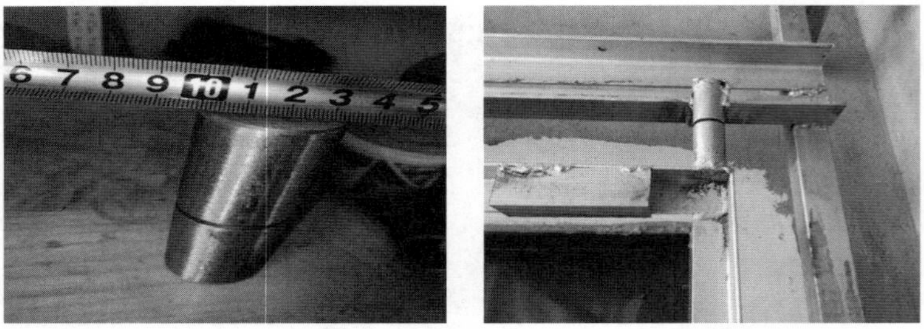 **图5-2-47　直径32mm旋转轴安装满足强度使用要求**		
结论	非要因		

末端因素	旋转轴放置位置不当	责任人	李 ×
方法	现场检查	日期	2018.05.19
标准	现场确认旋转轴不能遮挡门框，且满足旋转120°角度空间距离		
检查结果	现场检查旋转轴遮挡门口，消防门宽度口变小，且不能满足门扇开启旋转120°角度空间距离要求（图5-2-48） 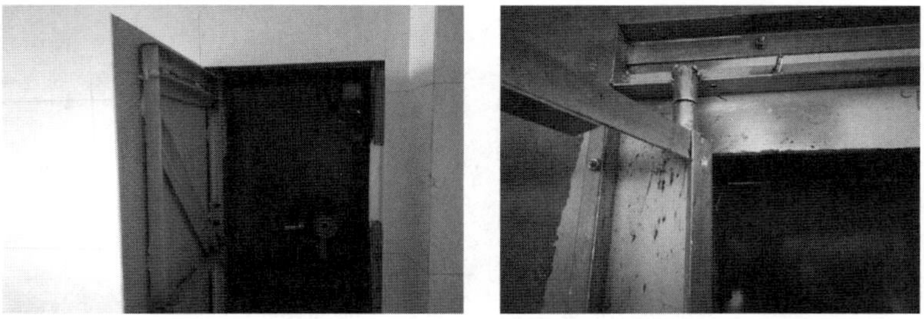 图5-2-48　消防箱门开启不足120°、门框遮挡消防箱门口		
结论	要因		

末端因素	干挂墙砖门框过厚	责任人	蔡 × ×
方法	现场检查	日期	2018.05.19
标准	现场确认门框加上干挂墙砖及粘胶厚度＜70mm		
检查结果	经现场检查50mm厚角钢+15mm厚粘胶厚度+10mm厚墙砖厚=75mm＞70mm门框总厚度，不能满足要求（图5-2-49） 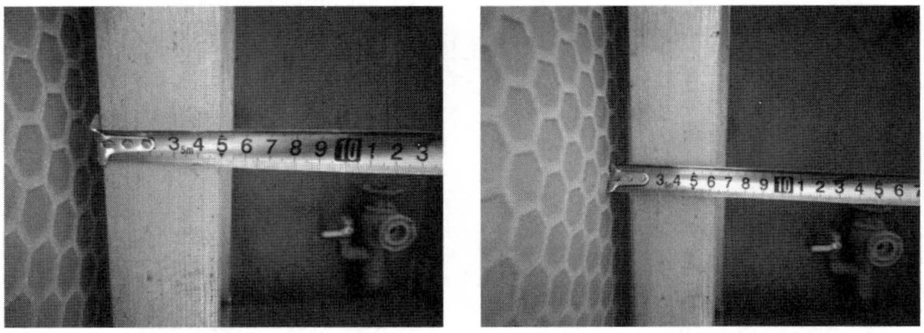 图5-2-49　现场50mm角钢过大，影响门框成品总厚度（＞70mm）		
结论	要因		

末端因素要因确认表9 表5-2-52

末端因素	加工机械陈旧	责任人	张××
方法	现场检查	日期	2018.05.20
标准	切割机、焊机、角磨机等机具合格证、检验报告、监测报告三检记录完整，现场使用性能良好		
检查结果	经现场检查切割机、焊机、角磨机等机具合格证、检验报告、监测报告三检记录完整，现场使用性能良好。下料尺寸偏差较大，是下料不细心原因造成，非机械原因（图5-2-50）。 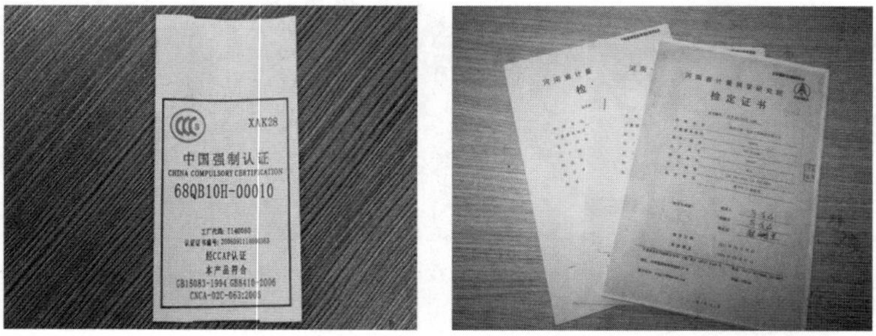 图5-2-50　机械设备合格证		
结论	非要因		

末端因素要因确认表10 表5-2-53

末端因素	尺寸下料不准	责任人	郑××
方法	现场检查	日期	2018.05.21
标准	门框角钢下料尺寸偏差控制在5mm内，因干挂墙砖总宽度为800mm，消防门口宽度为670mm。确定下料加工角钢门框总宽度为690mm		
检查结果	现场实测实量检查，下料尺寸偏差均在有效范围5mm内（图5-2-51）。  图5-2-51　消防门框下料安装尺寸合理、准确		
结论	非要因		

对策表 表5-2-54

序号	要因	对策	目标	措施	地点	时间	负责人
1	操作人员责任心不强	班前加强对工人的岗前交底； 每天加强跟踪检查； 每周进行考核	对工人进行交底后考试，成绩达到90分以上	1.对操作工人加强岗前培训，进行书面交底和现场交底相结合，规范操作规程 2.实行样板先行，施工过程旁站监督、跟踪检查，进行现场指导，施工发现问题及时纠正。 3.制定落实质量责任制，教育和表扬相结，制定奖罚措施，按制度进行考核	施工现场	2018.05.25	杨耀增
2	干挂墙面距基层墙面距离过小	采取措施加大干挂墙砖面距基层墙面的距离	保证干挂厚度最小100mm	增加挂件长度，采用100mm加长挂件	施工现场	2018.05.28	李喆
3	旋转轴放置位置不当	对门轴安装位置进行模拟实验； 进行图纸排版设计，出具最佳安装位置和尺寸	保证门轴距基层墙面40mm空间距离，保证门轴距砖边缝隙为35毫米；保证门轴距消防箱门口50mm，保证门轴旋转120°，保证门框不遮挡门口	1.管理人员和操作人员一起进行门轴定位模拟实验，寻找最佳安装位置 2.根据模拟数据进行设计排版，确定最佳位置和尺寸，出具施工大样图	施工现场	2018.05.29	李喆
4	干挂墙砖门框过厚	采取减小材料型号； 减少粘胶厚度，提高门框垂直度； 加大门轴旋转空间距离	门框厚度控制在70mm内，确保门轴后空间距离不小于40mm	1.由原来的50mm×50mm×5mm角钢改为40mm×40mm×5mm角钢。 2.减少干挂墙砖粘胶厚度，粘胶厚度不大于15mm。 3.焊制门轴上下垂直对应，减少偏差，确保门框面垂直，使干挂墙砖粘胶厚度上下均匀，减少门框整体厚度。 4.增大门轴旋转空间不小于40mm。减小门框和干挂墙砖整体厚度不大于70mm	施工现场	2018.06.05	李喆

1）实施一：加强对工人的岗前培训，制定质量责任制度，加强跟踪检查。

（1）措施1：对操作工人加强岗前培训，进行书面交底和现场交底相结合，规范操作规程。

（2）措施2：实行样板先行，施工过程旁站监督、跟踪检查，进行现场指导，施工发现问题及时纠正。

（3）措施3：制定落实质量责任制，教育和表扬相结合，制定奖罚措施，按制度进行考核。

实施效果如图5-2-52和图5-2-53所示。

图5-2-52　现场实行样板先行

图5-2-53　现场跟踪检查指导

2）实施二：采取措施加大干挂墙砖面距基层墙面的距离

措施：增加挂件长度，采用100mm加长挂件，保证干挂墙砖面距基层墙面厚度≥100mm

实施效果如图5-2-54和图5-2-55所示。

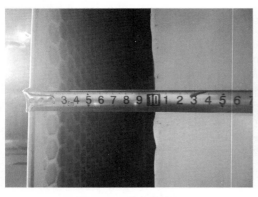

图5-2-54　施作前情况

图5-2-55　干挂墙面距基层墙面距离≥100mm

3）实施三：对门轴安装位置进行模拟实验，寻找最佳安装位置和尺寸，并进行图纸排版设计。

（1）措施1：管理人员和操作人员一起进行门轴定位模拟实验，寻找最佳安装位置。

（2）措施2：根据模拟数据进行设计排版，出具施工大样图，保证门轴距基层墙面40mm空间距离，保证门轴距砖边缝隙为35mm；保证门轴距消防箱门口50mm，保证门轴旋转120°，保证门框不遮挡门口。

（3）措施3：管理人员现场旁站安装指导、跟踪检查。

实施效果如图5-2-56和图5-2-57所示。

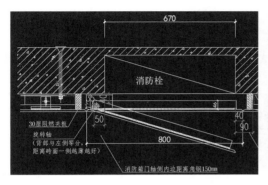 

图5-2-56　消防箱旋转轴定位大样图　　　　图5-2-57　消防箱门框旋转轴定位实物图

4）实施四：采取措施减少门框和干挂墙砖总厚度。门框总厚度控制在70mm内，确保门轴后空间距离≥40mm。

（1）措施1：原设计的50mm×50mm×5mm角钢改为40mm×40mm×5mm角钢。

（2）措施2：减少干挂墙砖粘胶厚度粘胶厚度，粘胶厚度≤15mm。胶后背砖增加干挂墙砖与门框牢固性。

措施3：焊制门轴上下垂直对应，减少偏差，确保门框面垂直，使干挂墙砖粘胶厚度上下均匀，减少门框整体厚度。

措施4：操作加工确保门框和干挂墙砖整体厚度≤70mm，确保门轴旋转空间≥40mm。

实施效果如图5-2-58和图5-2-59所示。

图5-2-58　实施效果1　　　　　　　　图5-2-59　实施效果2

门框总厚度≤70mm（砖8mm+胶10mm+角钢40mm+铝塑板3mm=61mm）。

10.效果检查

（1）实施前后比较

通过QC小组的多次活动，对上述对策认真组织实施，小组重新对安装完成的干挂墙砖消防门进行了效果检查，共检查消防门100个，门扇开启角度不足120°和门扇开启遮挡消防箱的情况大幅度减少，合格率分别达到96%和95%。整体平均合格率达到了93.2%。对策实施后调查表见表5-2-55。对策实施后频数统计表见表5-2-56。

对策实施后调查表 表5-2-55

序号	检查项目	检查点（处）	合格点（处）	合格率（%）	备注
1	门扇开启角度不足120°	100	96	96	
2	门扇开启遮挡消防箱	100	95	95	
3	门扇开启不顺	100	91	91	
4	门缝宽度不均匀	100	91	91	
5	门扇开启后倾斜	100	92	92	
6	门扇变形	100	94	94	
合计（平均）:		600	559	（平均）93.2	

对策实施后频数统计表 表5-2-56

序号	检查项目	检查点（处）	不合格点（处）	频数（%）	累计频数（%）
1	门扇开启角度不足120°	100	4	8.8	8.8
2	门扇开启遮挡消防箱	100	5	11.8	20.6
3	门扇开启不顺	100	9	23.5	44.1
4	门缝宽度不均匀	100	9	20.6	64.7
5	门扇开启后倾斜	100	8	20.6	85.3
6	门扇变形	100	6	14.7	100
合计:		600	41	100	

对比实施前后质量排列可知，门扇开启角度不足120°和门扇开启遮挡消防箱已经从小组活动前的主要问题变成次要问题，说明QC小组的改进措施是有效的，是成功的（图5-2-60、图5-2-61）。

消防箱门开启角度达到120°，不遮挡消防箱，安装缝隙均匀，外观整洁大方。

活动后效果检查：

图5-2-60　效果图1	图5-2-61　效果图2

活动后质量问题频数饼状图如图5-2-62所示。

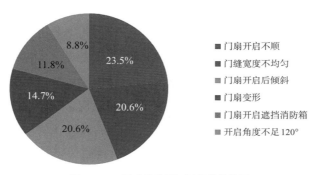

- ■ 门扇开启不顺
- ■ 门缝宽度不均匀
- ■ 门扇开启后倾斜
- ■ 门扇变形
- ■ 门扇开启遮挡消防箱
- ■ 开启角度不足120°

图5-2-62　活动后质量问题频数饼状图

通过QC小组活动，以及施工管理人员、施工操作人员的认真组织实施，经现场检查确认，干挂墙砖消防门安装合格率达到了93.2%，过于活动前制定的目标合格率92%，达到了活动的预期目的。合格率图如图5-2-63所示。

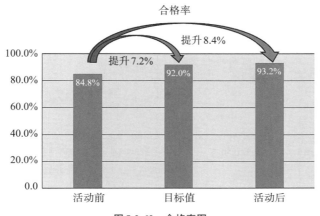

图5-2-63　合格率图

（2）经济效益

通过QC小组活动，实现了本课题目标，极大提高了干挂墙砖消防门的合格率，提高了工人施工效率，避免了工程返工和材料浪费，确保了施工工期。同时取得较好的经济效益，施工工期提前了5天，共节约了15600元。财务证明书如图5-2-64所示。

（3）社会效益

通过QC小组活动，加强技术措施、严格把关、提高施工质量，受到建设、监理单位和主管部门的认可，提高了公司的声誉。同时，积累了我公司在干挂墙砖消防门安装方面的施工经验，为日后施工同类工程提供了强有力的技术保证。

（4）质量效果

通过QC活动，施工现场管理人员及作业人员掌握了干挂墙砖消防门安装施工要点、施工工艺，提高了整个工程的施工质量，减少了不必要的返工，提高了施工效率。同时，本次QC活动也为公司培养锻炼了一支技术水平精湛的管理人员，为工程创优打下了良好的基础。

11.巩固措施

（1）为巩固和推广QC小组活动成果，小组成员对本次活动中实施对策进行总结，并将有效措施编制成《干挂墙砖消防箱门施工作业指导书》（ZZYJ-2018-36-03），2018年10月20日经总公司工程部批准在公司内推广实施。如图5-2-65所示。

图5-2-64　财务证明书

图5-2-65　干挂墙砖消防箱门安装施工
工艺指导书

（2）为掌握本次活动效果的持续性，小组成员对实施中的4个同类工程项目进行跟踪调查，根据初验合格率为95%、96%、95%、96%，均高于活动目标，保持

230

良好。

12.总结和打算

（1）活动总结

通过开展本次QC活动，小组进行了进一步总结，主要有以下几个方面：

①专业技术方面：小组成员通过QC活动掌握了干挂墙砖消防门安装施工要点，不仅再次用科学方法实践了QC小组活动，而且在专业技术方面有很大所提高，对QC小组活动有了更深入理解。QC小组活动运用科学管理的管理方法与工程建设专业技术进行有机结合，有效解决了工程施工中质量难点，提高了项目现场管理人员技术解决能力。

②管理技术方面：QC小组成员对问题解决性目标课题活动程序更加理解清楚，能够根据QC活动的顺序步骤，一步一步地深入探索问题，寻找问题的根源，通过人、机、料、法、环、测等因素，分析末端因素对问题的影响程度，进行合理的评判，进行要因确认；有针对性地进行实施对策，有效地解决了问题，实现了目标，大大提高了小组成员技术管理能力。

③小组综合素质方面：通过本次QC活动，面对施工中的难题，大家集思广益、一起努力，各司其职，从调查收集统计数据进行分析，到确定目标、策划实施，再到具体应用，直至目标的实现，活动的成功极大地提高了每个人小组成员的成就感，鼓舞了士气。人心齐泰山移，通过活动大大提高了小组成员的团队精神和团结意识、锻炼和提高了每个人的综合素质、创新能力、分析解决问题的能力。

活动前后小组成员状况自我评价表如表5-2-57所示，活动前后小组成员状况自我评价综合分析表如表5-2-58所示，QC小组活动前后自我评价雷达图如图5-2-66所示。

活动前后小组成员状况自我评价表　　　　　　　　　　表5-2-57

序号	姓名	团队精神		质量意识		个人能力		解决问题的信心		工作热情和干劲		QC知识	
		前	后	前	后	前	后	前	后	前	后	前	后
1	原××	78	93	82	95	79	96	79	98	88	95	73	90
2	杨××	74	90	83	96	77	93	75	95	85	93	74	93
3	张××	76	88	82	92	74	92	73	92	82	90	70	88
4	李×	68	80	63	82	70	85	60	86	75	90	30	60
5	孙××	72	82	79	90	72	89	70	95	79	91	64	83

序号	姓名	团队精神		质量意识		个人能力		解决问题的信心		工作热情和干劲		QC知识	
		前	后	前	后	前	后	前	后	前	后	前	后
6	郑××	69	80	71	88	71	90	68	91	80	92	65	80
7	宋××	70	88	69	90	74	91	70	90	85	91	67	83
8	淡××	73	85	79	88	74	90	70	92	85	93	69	89
9	蔡××	69	90	74	90	69	87	65	90	85	95	67	80
10	吕××	73	86	75	90	63	87	70	93	76	90	43	80
平均分		72	86	76	90	72	90	70	92	82	92	62	83

活动前后小组成员状况自我评价综合分析表　　　　　　表5-2-58

项目	活动前	活动后
团队精神	72	86
质量意识	76	90
个人能力	72	90
解决问题的信心	70	92
工作热情和干劲	82	92
QC知识	62	83

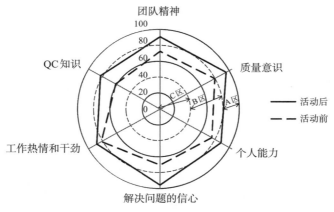

图5-2-66　QC小组活动前后自我评价雷达图

（2）下一步打算

在本次活动中，小组成员进行了提高干挂墙砖消防门安装技术一次性合格率的活动实施，极大地增强了小组成员解决问题的信心和能力，并积累了宝贵的施工经验，为以后其他活动的开展打下了坚实的基础。

5.2.4 新浇筑结构混凝土自动养护装置

1. 选择课题

（1）选题背景

在科学发展观的指导下，在实现中国梦的实践中，在绿水青山就是金山银山理念的指引下，在严控扬尘治理、创建蓝天工程的今天，武陟县政府非常重视工程建设管理，要求施工现场必须做好绿色施工。如何实现绿色施工，做好四节一环保是我们所面临的重要课题。传统的框架结构现浇混凝土浇水养护有很大的局限性，在施工过程中往往投入大量的人力物力，但效率低下、成本较高、水资源不能充分利用，浪费很大，更不环保。

开工伊始，公司便制定了工程创建鲁班奖的目标，立项了省级和国家级绿色示范工程，总公司领导上下都对工程的创优工作非常重视，要求走在企业创新的时代前列，切实做好绿色示范工作。

武陟县人民医院工程的门诊医技综合楼单层面积10000m²，用传统浇水养护方式（图5-2-67）需要专人负责落实，人工浇水养护周期长，由于板面大不存水，失水快，大量的养护水白白流走浪费，成本高，效率低下。

图5-2-67 传统浇水养护方式

（2）提出问题

项目部QC小组成员召开讨论会，通过调查门急诊医技综合楼一层传统人工养护现状及问题。

人工成本：现有10000m²的混凝土板面，每天派两个专人养护，按7天计算，每人工资150元/工日，需用2100元。

材料费：根据小组调查统计，养护供水设备一台价值2200元，安装供水管道到楼面，材料及安装费用共计1450元。现场购买水管3盘，200元/盘，共计600元。

水资源费：每天浇水养护4次，每次浇水约1h，根据水表调查统计，每天用水约80m³（水价：3元/m³），7天共计水费1680元。

养护作业：每天安排专业工人养护，工人每天收管盘管、连接水管，进行混凝土的浇水养护很麻烦，既不方便也不快捷。

其他现存问题：浇水养护间隔频次，浇水养护用水量及养护质量等都受工人素质影响。流失养护水无组织横流，影响其他工人作业，需二次清理打扫积水，不利于环保。

以上据不完全统计，新浇筑混凝土养护7天成本费用一次性投入需约8030元。

（3）确定课题

经QC小组多次商议、讨论（图5-2-68），根据小组综合意见，小组把活动重点放在了降低混凝土养护成本技术研发上，并根据降低养护成本的三种课题，对比分析详见表5-2-59。

图5-2-68　QC小组讨论会

2.获取新的创新思路

查询：通过网络查询（图5-2-69），得到的大多是一些传统的养护方式，例如覆盖塑料布养护、间歇洒水养护等，较为创新的只有独立的墩台自身喷淋养护和地铁箱梁的表面喷淋养护，没有找到更为先进的大面积混凝土养护方案。

借鉴：有感于路边花园地坪内预埋管道预留安装的喷淋头，借鉴预埋安装管道喷淋系统，施工现场混凝土板面内安装喷淋养护装置。

课题对比分析表　　　　　　　　　　　　　　　　表5-2-59

序号	课题	分析	评估				综合得分	选定课题
			可实施性	经济型	有效性	对其他工作的影响		
1	降低混凝土人工养护成本	1.工人必须专职； 2.工人工资逐渐上涨	▲	□	▲	□	8	不选
2	提高混凝土养护节水率	1.提高工人素质困难； 2.提高工人操作能力困难； 3.传统浇水养护方法节水困难	□	□	▲	□	10	不选
3	混凝土养护技术创新研发	1.大面积板面混凝土从未实施过； 2.一次性投入不大； 3.降低养护水损耗、节约成本	□	◎	◎	□	16	选定

注：◎5分　□3分　▲1分

图5-2-69　网络查询

高铁制梁场喷淋养生系统只对单个混凝土构件适用，但对大面积板面混凝土养护不适用，必须进行新的养护装置研制。现浇筑混凝土结构养护装置的研制如图5-2-70所示。

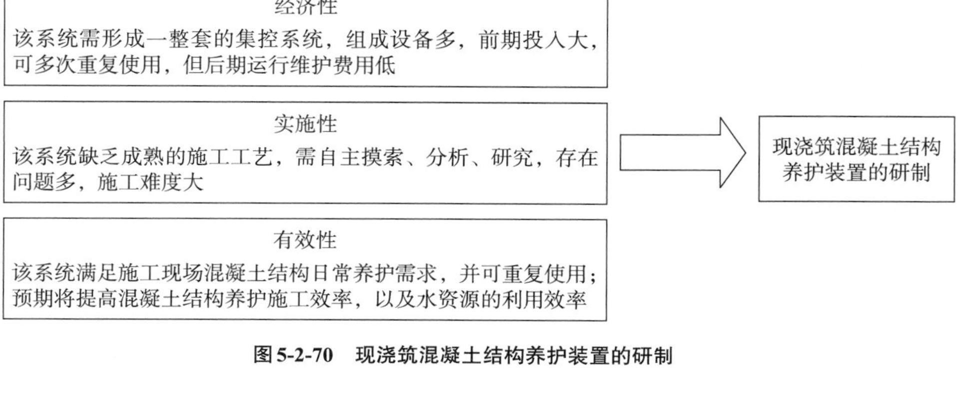

经济性
该系统需形成一整套的集控系统，组成设备多，前期投入大，可多次重复使用，但后期运行维护费用低

实施性
该系统缺乏成熟的施工工艺，需自主摸索、分析、研究，存在问题多，施工难度大

有效性
该系统满足施工现场混凝土结构日常养护需求，并可重复使用；预期将提高混凝土结构养护施工效率，以及水资源的利用效率

→ 现浇筑混凝土结构养护装置的研制

图5-2-70　现浇筑混凝土结构养护装置的研制

针对以上反映出来的一系列问题，分别通过查询和借鉴，并从实施性、经济性、有效性等角度进行调查分析，小组成员认为现阶段没有较好有效解决此问题的经验和方法。施工现场现浇筑混凝土结构养护方式、标准没有具体的规范要求，由于各单位情况不一，没有有效的施工现场现浇筑混凝土结构的养护系统，需要创新形成一套完整的智能化养护系统。因此小组将《现浇筑混凝土结构养护装置的研制》作为本次小组活动的课题。

3.设定目标

（1）目标设定

目标为现浇筑混凝土结构养护装置的研制，根据总目标及传统施工工艺，我们制定了以下目标量化考核值：与传统养护方式相比节约成本20%（传统成本8030-传统成本8030×20%=目标成本6424元）。

（2）目标可行性分析

人：QC小组成员人员比较年轻，文化水平较高，思想比较活跃，经过QC学习培训，通过召开"诸葛亮会"，采取头脑风暴法，提出了许多合理的建议和方法，开拓了大家的思路，大家积极性很高。相信大家团结协作一定能够使本QC小组活动顺利开展。

机：现场有专业的机电安装部，积极支持QC小组活动的开展，提供现场各种机械设备和材料，可根据课题进行各种组装实验。

料：材料部通过网络查询各种材料信息，根据需要提供各种设备、材料等参数和样品供参考选择，并通过市场和网络购买回了管件、设备等材料，为QC小组活动的顺利实施奠定了物质基础。

法：利用集团公司BIM工作站模拟施工技术，进行现浇筑混凝土结构养护技术的仿真模拟施工，根据现场条件QC小组能力可实现本技术的创新应用。

环：项目确定工程目标为鲁班奖，以及国家级绿色示范工地，是武陟县标杆工程、样板工程。公司领导非常支持技术创新科技创新，为QC小组活动的开展提供了有利的施工环境。

测：通过查询和借鉴，发现有高铁项目对墩台和箱梁采用明管法对单个独立构建进行养护的经验，可以借鉴应用。

通过对以上六个方面的有利因素进行综合分析，小组成员一致认为目标可以实现。

4.提出方案

根据目标设定值，小组制定活动计划，并于2017年2月5日由小组组长原××

召集小组成员，围绕"现浇筑混凝土结构养护装置研制"课题召开专题会；运用"头脑风暴法"集思广益，提出各种方案并进行比较分析。现浇筑混凝土结构养护技术创新实施方案图如图5-2-71所示。

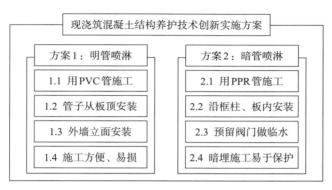

图5-2-71 现浇筑混凝土结构养护技术创新实施方案图

方案一：明布管线喷淋养护系统

工作原理是在混凝土浇筑完成且可以上人后，在混凝土板上布置供水管线，等间距布置三通，并安装喷淋头，有专人控制开启系统进行混凝土养护。

方案二：暗埋管线自动喷淋养护系统

工作原理是在供水端安装定时控制器、电磁阀，在楼板钢筋底筋绑扎完毕后即进行供水管线布设工作，等间距布置三通，并安装喷淋头，根据混凝土浇筑完毕时间设定养护时间，定时开启。

（1）比较和确定最佳方案

根据以上方案，小组成员对以上两种方案进行方案分析，确定最佳方案，见表5-2-60。

最佳方案表　　　　　　　　　　　　表5-2-60

方案名称	方案分析	成本分析（元）	特点	分析结论
方案一：明布管线喷淋养护系统	在混凝土浇筑完毕后布置管线，专人控制开启时间	变频组件：3000 喷头：375 管材：450 人工：700 控制系统：450 共计：4975	优点：效果非常明显，节约耗水量。 缺点：影响模架施工，容易损坏	使用效果明显，维护成本高，不易成品保护。 结论：不选用
方案二：暗埋管线自动喷淋养护系统	在混凝土板内暗埋管线，通过定时控制器控制养护时间	变频组件：3000 喷头：375 管材：750 人工：500 控制系统：450 共计：5075	优点：效果非常明显，节约耗水量。 缺点：管线暗埋无法回收利用	使用效果明显，综合使用成本低，后期还可作为临水设施使用。 结论：选用

通过上述评比分析，方案二在绿色施工、技术可行性、经济合理性等方面更具有优势，由此选定方案二"暗埋管线自动喷淋养护系统"为最佳方案。

（2）方案细化

小组成员对方案二进行了展开分析，采用系统图展开，如图5-2-72所示。

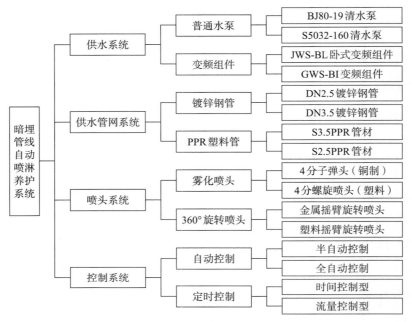

图5-2-72 系统图

小组成员对现有的普通水泵用电量进行计量与市场上的变频组件理论用电量分别进行了统计，并结合成本，绘制了综合成本对比分析图（图5-2-73），可以看出，

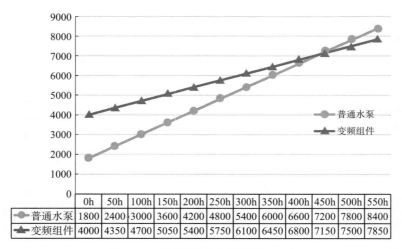

	0h	50h	100h	150h	200h	250h	300h	350h	400h	450h	500h	550h
普通水泵	1800	2400	3000	3600	4200	4800	5400	6000	6600	7200	7800	8400
变频组件	4000	4350	4700	5050	5400	5750	6100	6450	6800	7150	7500	7850

图5-2-73 综合使用成本分析图（kWh）

建设工程创新创优实践
——武陟县人民医院门急诊医技综合楼工程创新创优纪实

普通水泵随着使用时间的增加，成本大幅增加，而变频组件在使用时间超过400h后，使用成本开始低于普通水泵。

供水系统表见表5-2-61。供水管网系统表见表5-2-62。喷头系统表见表5-2-63。控制系统表见表5-2-64。

供水系统表   表5-2-61

喷淋供水系统		优点	缺点	分析结论
普通水泵	BJ80-19清水泵	1.使用简单。 2.造价低	1.耗电量大。 2.维护工作量大。 3.需专人维护	初始费用虽然较低，综合使用成本高。 结论：不采用
	S5032-160清水泵			
变频组件	JWS-BL卧式变频组件	1.可调节转速，调节流量。 2.维护工作量小	初始成本相对较高	初始成本虽然较高，但可调节水压，综合使用成本低。 结论：采用
	GWS-BI变频组件			单价较高，功率过大。 结论：不采用

供水管网系统表   表5-2-62

供水管网管材		优点	缺点	分析结论
镀锌钢管	DN2.5镀锌钢管	最高能承受8.5MPa压力，0.8、1.5MPa压力下无渗漏	1.成本高，8元/m。 2.施工速度慢	成本太高，性价比低。 结论：不采用
	DN3.5镀锌钢管			
PPR塑料管	DN3.5镀锌钢管	1.成本低，7元/m、5元/m。 2.施工方便	最高能承受1.6MPa压力，1.6MPa压力下无渗漏	管径供水流量过大，不节约 结论：不采用
	S2.5PPR管材			虽然最高只能承受1.6MPa压力，但经计算已满足使用要求。 结论：采用

喷头系统表   表5-2-63

喷头		优点	缺点	分析结论
雾化喷头	4分子弹头（铜制）	1.耗水量相对较低。 2.产生水雾颗粒	1.铜制喷头单价高。 2.覆盖范围有限，容易受风力影响	结论：不采用
	4分螺旋喷淋头（塑料）			
360°旋转喷头	金属摇臂旋转喷淋头	喷射距离远，覆盖范围广，不受风力影响	喷射距离远，覆盖范围广	单价高 结论：不采用
	塑料摇臂旋转喷淋头			经济适用 结论：采用

雾化喷头如图5-2-74所示，360°旋转喷头如图5-2-75所示。

控制系统表   表5-2-64

控制系统		优点	缺点	分析结论
自动控制系统	半自动控制	1.数据采集精准度高。 2.反应速度快	1.每个作业面均需单独布置供水管网。 2.投入成本高,后期维护成本高	该控制系统准确性高,反应速度快,但费用相对较高。 结论:不采用
	自动控制			
定时控制器	时间控制器	1.性价比高,程度设定简单。 2.每栋楼设置一个即可	功能可靠、性能稳定	该系统费用较低,也能实现自动启闭养护系统。但实际不能简单地依靠时间控制调节。 结论:不采用
	流量控制器			该系统费用较低,能靠流量实现自动启闭养护系统。 结论:采用

图5-2-74　雾化喷头

图5-2-75　360°旋转喷头

通过对子方案的对比分析,确定了最佳实施方案,并绘制了系统图,如图5-2-76所示。

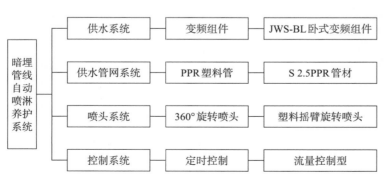

图5-2-76　系统图

建设工程创新创优实践
——武陟县人民医院门急诊医技综合楼工程创新创优纪实

5.制定对策表

对策表见表5-2-65。

对策表　　　　　　　　　　　表5-2-65

序号	方案	对策 what	目标 why	措施 how	地点 where	时间 when	完成人 who
1	供水系统	安装变频组件	安装完成后调试合格率100%	1.派专业技术人员进行安装。 2.完成安装后进行现场测试	材料市场和施工现场	2017.03.01-2017.03.03	蔡×× 李× 司×× 王×× 张××
2	供水管网系统	PPR塑料管连接	喷头预留位置间隔15m安装准确。接头严密、紧固、无渗漏,合格率100%	1.利用BIM技术进行模拟施工,合理管线区域布置。 2.作业前进行专项技术交底,并进行管网安装。 3.安装完成后,进行试压	施工现场	2017.03.01-2017.03.07	郑×× 李× 司×× 王×× 张××
3	喷头系统	360°塑料旋转喷头安装	在≤4级风的情况下,喷雾有效覆盖范围≥10m	1.详细的市场调查,对各项性能数据进行对比分析。 2.做好原材料质量验收和安装	材料市场	2017.03.08-2017.03.09	蔡×× 杨×× 刘××
4	控制系统	定时控制器组装	安装电磁阀,准确调整时间隔,45min不同的间隔、灵敏度高,反应敏捷	1.安装前对施工人员进行专项培训,提高安装水平。 2.设定自动启闭时间,数据处理程序设定。 3.安装完成后进行调试,试运行	材料市场和施工现场	2017.03.10-2017.03.12	蔡×× 李× 司×× 王×× 张××

6.按对策实施

(1)实施一:安装变频组件。

措施1:派专业技术人员进行安装。

由小组成员蔡××负责原材料采购,按照公司《合格物资供方名录》采购材料;经多方看样及询价后,共有四家单位产品符合要求,为保证原材料质量,选用接近平均报价单位作为供货商。厂家送货到现场后,由厂家技术人员指导现场专业技术人员王××进行安装、固定。市场水泵调查如图5-2-77所示。

措施2:完成安装后调试

安装完成后,接入原临水管网进行调试、试运行,查看压力及流量是否满足要求。设备安装调试如图5-2-78所示。

实施效果检查:QC小组对已经安装好的变频水泵组件进行验收,压力及流量均满足要求,合格率100%,实现了预期的目标。

(2)实施二:PPR管件连接

措施1:利用BIM技术进行模拟施工,优化管线区域布置。

图 5-2-77　市场水泵调查

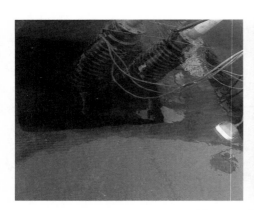

图 5-2-78　设备安装调试

由 QC 小组 BIM 专员郑 ×× 利用 BIM 技术进行模拟施工，合理优化管线布置。

措施 2：作业前进行专项技术交底，并进行管网安装。

作业前由司 ×× 对王 ×× 进行专项技术交底，包括 PPR 塑料管热熔连接时应注意的各种事项，如热熔连接处是否存在渗漏的隐患部位。施工连接前，王 ×× 将管道及管件上的杂物清理干净。热熔器达到加热时间后，立即把管子与管件从热熔器两端迅速取下，迅速无旋转、均匀地用力把管子插入 25mm 深，使接头处形成均匀凸圈。在规定的加热时间内，对刚熔接好的接头如出现歪斜迅速进行调直校正。喷头之间保持净距为 15m。PPR 热熔施工如图 5-2-79 所示。

措施 3：供水管网安装完成后，进行目测检查和管道试压。

供水管网安装完成后，进行压力试验。

实施效果检查：QC 小组对已经布置完成的 PPR 管件连接进行供水压力试验，水压在实验持续时间内保持稳定，无渗漏现象，合格率 100%，实现了预期目标。

图5-2-79　PPR热熔施工

（3）实施三：360°塑料旋转喷头安装

措施1：由小组成员蔡××负责原材料采购，根据厂家产品介绍喷头有效覆盖10米，结合作业面实际情况，及水压变化情况，经多方看样询价后，选用360°塑料旋转喷头，共有三家单位产品符合要求，为保证原材料质量，选用接近平均报价单位作为供货商。

措施2：由杨××、刘××、蔡××对进场的原材料进行检查验收，原材料外观尺寸、规格尺寸、性能均符合要求，原材料合格证及质量检验报告齐全有效。

根据喷头有效覆盖半径15m，考虑水压变化情况，最后将喷头间距确定为15m。并安装360°塑料喷淋头。完成喷淋效果图如图5-2-80所示。

图5-2-80　完成喷淋效果图

实施效果检查：QC小组成员在施工现场对360°旋转喷头进行效果检查，360°旋转喷头覆盖半径为10m，在四级风的情况下正常工作，满足要求，目标实现。

（4）实施四：定时控制器组装

措施1：安装前对施工人员进行专项培训，提高安装水平。

项目部召集施工人员进行控制系统技术培训，严格按照安装及使用说明施工，确保控制系统正常运行。

措施2：根据混凝土浇筑完毕时间设定自动启闭时间，数据处理程序设定。

当混凝土浇筑完毕后，根据混凝土浇筑完成时间，设定定时控制的启闭时间。

措施3：安装完成后进行调试，试运行。

安装完成后与电磁阀正确连接，进行定时自动控制系统调试，试运行。定时控制器和电磁阀如图5-2-81和图5-2-82所示。

图5-2-81　定时控制器

图5-2-82　电磁阀

效果检查：QC小组成员对定时控制器控制系统进行性能检查，经试验，定时控制器监控准确、反应敏捷，合格率100%，实现预期目标。

7.确认效果

通过小组成员的不懈努力，首先在门急诊医技综合楼二层对本次QC活动进行了实施，与一层传统养护方式比较，不仅节约了成本，还实现了节省人工和节约用水的目的，既定的目标全部得以实现。

1）成本

开展本次活动以后，小组成员对传统养护成本和自动养护成本进行了统计对比，具体统计数值见表5-2-66。

传统养护与自动养护费用对比分析　　　　表5-2-66

方式	材料费/设备费		人工费（150元/工日）	水费（3.0元/m³）		合计
传统养护	水泵、供水管道、橡胶软管（约300m）等	4250元	2100元	按每层10000m²连续养护7天计算	1680元	8030元
自动养护	喷头、管材、人工、控制系统	5075元	200元	按每层10000m²连续养护7天计算	840元	6115元

建设工程创新创优实践
——武陟县人民医院门急诊医技综合楼工程创新创优纪实

注：（1）上述两种方案比较是在门急诊医技综合楼施工的基础上进行，建筑面积5470m²，地上四层，地下一层，东西向长162m，南北向长101m。

（2）成本目标为降低20%，即养护目标费用为少于6424元。

2）经济效益分析

工程共使用该养护装置养护混凝土50000m²，共节约9575元。

结论：通过对现场检查，得出结论：整体效果好，实现了科学化、智能化、精细化施工，方便快捷高效的提高了工作效率，有效降低了23.8%的传统养护施工成本，实现了降低养护成本20%的目标值。成本分析对比图及财务证明如图5-2-83和图5-2-84所示。

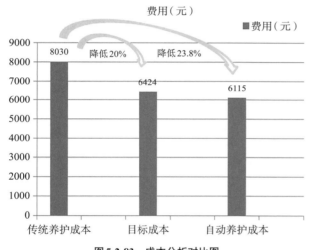

图5-2-83　成本分析对比图

图5-2-84　财务证明

现浇筑混凝土暗埋管线自动养护系统的实施，不仅实现了QC小组活动的预期目标，而且有效地节约了水资源和人力资源，促进了现浇筑混凝土养护技术在绿色施工中的展开应用，实现了绿色施工环保节能的目标。

8. 标准化

（1）为了使活动成果有效的保持和继续提高，我们QC小组根据已有的施工经验对新浇筑混凝土自动养护系统施工方案进行了完善，2017年7月并编制了《现浇筑混凝土养护装置实施工艺指导书》（ZZYJ-2017-36-02），2017年7月20日发布，开始于新工程施工过程中的推广应用（图5-2-85）。

（2）小组成员针对本次QC的关键核心技术进行汇总整理，编制了《新浇筑结构混凝土自动养护装置》申报了国家实用新型专利，已获得国家知识产权局受理（图5-2-86）。

图5-2-85 《现浇筑混凝土养护装置实施工艺指导书》

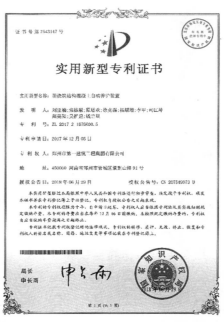

图5-2-86 《新浇筑结构混凝土自动养护装置》国家实用新型专利

5.3 创优阶段工作部署

5.3.1 创优总方针

（1）杜绝质量通病（底线）

在各工序施工前，认真剖析本工序相关的各类裂缝、渗漏、沉陷、墙体淋水（滴水线、截水线问题）等常规的质量通病，采取必要的措施，确保上述问题不出现。

（2）做实常规项目（常态）

任何一个构件，通过事先的策划，做到"墙地对缝、构件居中、双边对称、均匀美观"。按照：一层→一道轴线→一个房间→一个面→一个构件→一个参数的顺序，按照策划、复核、审核、审批的流程逐一确定，做实每一个构件的策划工作，然后在实施中严格执行，确保所有构件"平、直、匀、顺"。

（3）挖掘闪光感动点（升华）

在设缝、收边、压顶、过渡、阴阳角等细部节点的处理上，挖掘出规律性解决方案，运用"工匠精神"树立"手工工艺"精雕细琢的理念，点点滴滴，呕心沥血，不奢华，尽精致，真心感动业内专家。

5.3.2 工作总流程

样板间平面图→样板间效果图→材料样品→实物样板→方案确认→批量排版图（画、审、批）→大面积实施→监督检查→完善提高。

5.3.3 区域分类

1.横向分类

①诊室办公室等通用房间；②公共走廊；③公共卫生间；④楼梯间；⑤精装设计区；⑥屋面（含庭院）；⑦室外幕墙（石材、窗户）；⑧变形缝；⑨甲分包项目。

2.纵向分类

①地；②墙；③顶；④安装。

5.3.4 组织结构（创优小组）

1.顾问专家：定期请顾问专家来现场指导、资料审阅、排忧解难。

2.组长：张××。

3.执行组长：原××（推动创优工作开展，组织各项工作按计划进行，为实现总目标负责，审核方案文件，实施各类工作策划，现场总体安排）。

4.小组秘书长：杨××（各类文稿组织，策划文件整理、成册，复核策划方案，完善技术资料，专家沟通）。

5.小组秘书：张××、李×（协助秘书做好各类统计、汇编工作）。

6.组员（包含且不限于以下职责内容，还应完成领导安排的其他工作）：

（1）工程师：张××、李×、郑××、范××、孙××（负责实际数据采集、排版策划、放线、实施监督、信息反馈）。

（2）造价师：李××、杨×（负责造价匹配、价格落实、计量统计、辅助总工完善技术资料的造价语言）。

（3）材料员：李××、蔡××（负责提供材料物资保障、样品组织、材料组织、材料市场调研）。

（4）安全员：丁××（负责安全交底、实名制登记、安全管理等安全工作）。

（5）资料员：程×、吕××（负责试验，资料报验收集归档、收发文档、会议记录服务等内业工作）。

5.4 创优行动

5.4.1 创办创优特刊

2017年3月份由郑州一建集团有限公司武陟县人民医院项目部策划创办的创优特刊《创优在行动》正式印刷出版。该特刊作为项目创优的指导性材料，以月刊的形式印刷成册，并向项目部管理人员、项目劳务班组发行。特刊主要内容有获奖优秀工程案例、业内专家讲座、专业学术文章交流等。每期一项主题，旨在为项目相关人员灌输创优思想、学习创优方法、鼓舞创优士气、提供创优交流平台。

集团公司总经理助理、第三十六项目部党支部书记、项目经理张××为该特刊作创刊寄语一篇，希望以该特刊的创刊为起点，为项目创优指明方向、打好基础，圆满完成项目创优目标。创刊寄语全文如下：

"质量之魂，存于匠心"。国务院原总理李克强在政府工作报告中强调，要大力弘扬工匠精神，厚植工匠文化，恪尽职业操守，崇尚精益求精，培育众多的"中国工匠"，打造更多享誉世界的"中国品牌"，推动中国经济进入质量时代。我国要全面提升质量管理水平，广泛开展质量提升行动。

中国早已结束"制造"时代而开启"创造"模式。近年来，中国建筑业蓬勃发展，经过我们建筑人的代代不懈努力，"中国建造"已屹立于世界之巅，中国为人类奉献了一批又一批的世界精品工程、世界超级工程。作为一名中国"建筑人"，我们有责任，有使命，为国争光！这绝不是空喊的口号，是踏踏实实地做好每一件事情，做精每一个细节，是把每建必精的思想根深蒂固地融入我们骨子里的实际行动！

随着城镇化进程的急速发展，中国城镇化率快速增长，中国建筑业以量取胜的年代终将一去不复返，而以质取胜的时代已悄悄来临。业务紧缩，竞争激烈，我们的企业拿什么去跟别人比拼？靠的是管理，靠的是质量，靠的是品质，靠的是软实力！靠的是我们所有"一建人"，每建必精，每做必优的精益求精的追求，靠的是我们把所有的理想和抱负都付诸到实际行动当中去！

我们每个人都有匆匆的一生，也仅有匆匆的一生！一生很短暂，不过几个十年而已，一生很短暂，只能建造有限的几项工程罢了，但我们的建筑却是永恒的。我们亲手创造的、要留给后人的，是一个没有灵魂的视觉垃圾，还是一个美轮美奂的艺术瑰宝，我想答案是不容置疑的，也是人心所向的。不管你以前是踌躇满志，还是彷徨不前，从今天起，从现在开始，请用鲁班祖师的精神武装自己，认真垒好每一块砖、筑好每一堵墙，强化细节锻造品质，尽情展现我们大国工匠的风采！为了社会的进步，为了企业的发展，为了我们不悔的人生，让我们一起行动吧！

创优的过程，也许是春风化雨、静等花开的淡定与从容，也许是感动上帝、磨炼自我的坚守与苛求，总之，我们在行动！

5.4.2 质量创优管理

在创新创优方面，工程秉承以下原则：

（1）目标明确，策划先行：开工之时即确定了鲁班奖的质量目标（图5-4-1），根据集团公司施工现场质量、安全、环境、绿色施工、资料及屋面实施指南的标准化管理要求，编制切实可行的《施工组织设计》《创优方案》等，创办创优特刊《创优在行动》(图5-4-2、图5-4-3)，依据项目特点进行图纸深化设计，精细施工管理。

图5-4-1　质量目标：鲁班奖

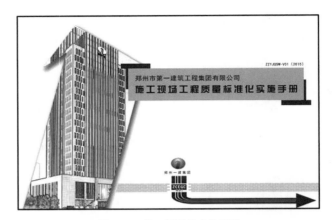

图5-4-2　施工质量标准化手册

图5-4-3　《创优在行动》期刊

（2）体系健全，保障有力：建立了覆盖所有施工管理环节的质量管理体系和制度，建立创优组织机构。组织机构图如图5-4-4所示。

（3）管理有据，覆盖全面：施工创优管理覆盖全面，包括：①工程管理性及技术性文件的针对性整理（图5-4-5）；②工程实施过程文件控制管理（图5-4-6）；③工程物资控制管理（图5-4-7）；④检测试验控制管理；⑤检测和测量控制。

（4）手段先进，优化实施：积极开展BIM技术在施工过程中的深入应用，对多个施工方案和节点进行预先优化，提高工程实施的预控性和前瞻性（图5-4-8～图5-4-11）。

（5）一季一刊，一室一案：分阶段总结编制创优期刊12期，提升创优管理；统筹总体装饰效果，根据每个房间的不同尺寸，排版策划，优化施工（图5-4-12和

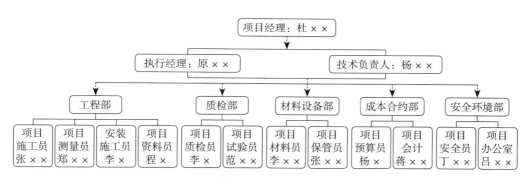

图 5-4-4　组织机构图

序号	类别	行业标准及相关规范	代号
1	行业	《建筑工程资料管理规程》	JGJ/T 185—2009
2	行业	《钢筋焊接接头试验方法标准》	JGJ/T 27—2014
3	行业	《建筑机械使用安全技术规程》	JGJ 33—2012
4	行业	《施工现场临时用电安全技术规范》	JGJ 46—2005
5	行业	《工程测量规范》	GB 50026—2007
6	行业	《建筑地基基础工程质量验收规范》	GB 50202—2002
7	国标	《混凝土结构工程施工质量验收规范》	GB 50204—2015
8	国标	《建筑工程施工质量验收统一标准》	GB 50300—2013
9	国标	《混凝土强度检验评定标准》	GB/T 50107—2010
10	国标	《钢筋机械连接技术规程》	JGJ 107—2016
11	国标	《屋面工程施工质量验收规范》	GB 50207—2012
12	国标	《建筑地面工程施工质量验收规范》	GB 50209—2010
13	国标	《建筑防腐蚀工程施工质量验收规范》	GB 50224—2010
14	国标	《建筑装饰装修工程质量验收规范》	GB 50210—2001
15	国标	《民用建筑工程室内环境污染控制规范》	GB 50325—2010
16	国标	《建筑工程项目管理规范》	GB/T 50326—2006
17	国标	《建设工程文件归档整理规范》	GB/T 50328—2014
18	国标	《建筑给水排水及采暖工程施工质量验收规范》	GB 50242—2002
19	国标	《建筑电气工程施工质量验收规范》	GB 50303—2015
20	国标	《建筑工程施工现场供用电安全规范》	GB 50194—2014
21	国标	《建筑排水用硬质聚氯乙烯内螺旋管道工程技术规程》	CECS 94—2002
22	行业	《预拌砂浆应用技术规程》	JGJ/T 223—2010
23	省标	《河南省建设工程"中州杯奖"评审标准》	DBJ/T 058—2004
24	行业	《建筑施工模板安全技术规范》	JGJ 162—2008
25	国标	《塔式起重机安全规程》	GB 5144—2006
26	国标	《建筑工程施工现场消防安全技术规范》	GB 50720—2011
27	行业	《建筑施工机械设备检查技术规程》	JGJ 160—2008
28	行业	《建筑施工扣件式钢管脚手架安全技术规范》	JGJ 130—2011
29	行业	《建筑施工高处作业安全技术规范》	JGJ 80—1991

图 5-4-5　工程管理性及技术性文件

图 5-4-6 施工试验记录及检测文件

图 5-4-7 施工物资出厂质量证明及进场检测文件

图 5-4-8 主体施工策划

图5-4-9 临建模拟策划

图5-4-10 BIM技术进行难点部位钢筋模拟安装

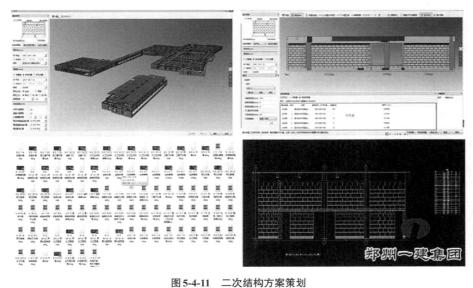

图5-4-11 二次结构方案策划

图5-4-13）。

（6）强化交底，样板保证：采用多种样板形式（工程样板、图片样板、实物样板）进行交底，形象化指导工程施工（图5-4-14～图5-4-17）。

（7）过程控制，一次成优：施工过程注重过程控制，依据施工情况动态跟踪，

图5-4-12　创优期刊

图5-4-13　墙、地、吊顶排版图册

图5-4-14　施工现场班前讲评台

图5-4-15　可移动施工实物样板

图5-4-16　图片样板

图5-4-17　砌体放线样板

优化方案，实现一般项目（底线）、做实常规项目（常态）、挖掘细部闪光点（升华）的创优总方针（实施创优全过程控制）（图5-4-18～图5-4-25）。

（8）智慧工地，精细管理：通过信息化、智慧化手段，助力施工过程管理，实现施工现场管理精细化。云建造系统和云端监控系统如图5-4-26和图5-4-27所示。

图5-4-18　混凝土浇筑钢筋防污染措施

图5-4-19　直螺纹钢筋丝头加工后戴保护帽

图5-4-20　钢筋绑扎标准化控制

图5-4-21　严控混凝土浇筑质量

图5-4-22　严控结构轴线、标高

图5-4-23　严控砌体结构施工质量

图 5-4-24　项目部自查

图 5-4-25　实测实量上墙公示

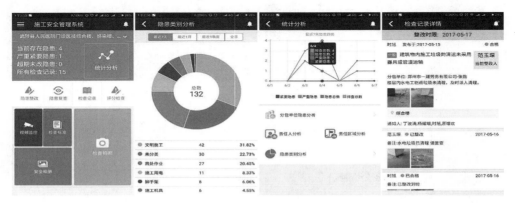

图 5-4-26　云建造系统

图 5-4-27　云端监控系统

5.4.3 创优感言

当再次领略鲁班奖工程的匠心神韵、再次感受"小金人"的独特魅力之后，从未平静的心再起涟漪。继"创优在行动"之后，决胜之心更加坚定！

对于武陟县人民医院项目，从目标初定时的"兴奋期"，到基础主体阶段小有成绩的"自信期"，再到砌体抹灰阶段屡受挫败的"失落期"，创优之路越走越近，却似乎离我们越来越远。犹如造瓷成坯，亟待渲彩之时，心有千头万绪，却不知如何表达。此刻的我们似乎进入了"枯竭期"，为此，我们不断寻求外界的力量。

当我踏破铁鞋，寻觅了无数个鲁班奖工程之后，仍没有找到通向鲁班奖的有效模式，也没能找到一个可以复制的样板，甚至连一条捷径都没有找到；当我日夜兼程，埋头拜读大量的创优文献之后，始终没能找到一套放之四海而皆准的"万能宝典"；当我求知若渴，拜访了无数个"鲁班奖"专家之后，才发现就算散尽千金，也没有谁能保证一定可以帮我捧回"小金人"。

我已深深感觉到，创优之路犹如登山，征服顶峰的欲望促使我们踏上征程，一个个不断实现的小目标让我们兴奋，但最终让我们到达终点的却是忍得住寂寞，兴奋消退仍然埋头远足的耐力和坚持，在那逆风背阴的山谷里，当兴奋全无，仍有力量驱动自己继续前行！

当站在鲁班奖工程—安阳世贸中心的屋顶，看到数千米的"V"字形滴水线，全部粉刷而成，整个线条所有截面尺寸不超过2cm，那么小的构件上，尖角坚固通畅无一破损，阴角分明、顺直，整个看来犹如雕刻一般精致。此刻，我是震撼了，真的被感动了！原来现在还有技术如此精湛的泥工师傅，还有如此淋漓尽致的别具匠心！难道这就是一直在我内心深处萌动的鲁班精神？我不禁又想起西安航空服务中心项目屋面那无数种面砖粘贴工艺的展示，想起济源变电站工程那如雕如画的清水混凝土基础和清水砖墙，还有武汉中天工地那数米高的策划资料，以及十年前在广汇PAMA工地做外墙样板时，工人师傅"雕"出的我画都画不出来的双八字砖缝。

此刻，我对鲁班奖精神有了更深一层次的认识，鲁班奖精神就是工匠精神，就是对工程完美和极致的追求，以及追求过程中的执着和坚持，同时也是中国建造前行的精神源泉、是企业竞争发展的品牌资本、是员工个人成长的道德指引。创优之路是多么的神圣，建筑能在自己手中不断地升华，那又是一种何等美妙的享受。

靡不有初，鲜克有终，初心不改，继续前进！创优之路，没有捷径，只有以"一层一轴、一间一面一物一参数"为纵，以"一平一直、一匀一顺一中一对称"为横，以匠心为梭，脚踏实地，付出不亚于任何人的努力，耐心编织出纵横万千的智慧生灵，相信总有一个能够感动世界！

5.5 本章小结

本章结合工程概况及创优目标，阐述了创优阶段工作部署，明确创优总方针及工作流程，组建创优小组，开展了提高干屋面广场砖施工一次性合格率、施工现场智能喷淋降尘技术创新、提高干挂墙砖消防箱门安装一次性合格率、研发新浇筑结构混凝土自动养护装置等QC小组活动，攻克了施工中的质量、技术上的难题。在实施绿色施工的同时，积极开展十项新技术的应用，在节材、节能、节地、节水和环境保护等方面取得更显著的社会、环境与经济效益。

第6章
关键技术创新及应用

6.1 新技术施工方案

6.1.1 地下基础和地下空间工程技术

地下基础和地下空间工程技术中的分项内容为土工合成材料应用技术。

1.应用概况

武陟县人民医院工程门急诊医技综合楼屋面，大部分为种植屋面，为满足种植屋面有覆土及根系植物作用下的游离水系长期作用下的滤水、排水要求，以及对防水保护层的保护要求，工程通过在屋面防水保护层上铺设凹凸性塑料排蓄水板，相互搭接，并在其上覆盖土工布，组成复合滤水、排水系统。

2.施工准备

技术准备：对劳务队做好技术交底和安全交底，让所有施工管理人员充分了解凹凸性塑料排蓄水板和土工布的施工工艺及技术要点。

材料准备：检验进厂原材料的出厂合格证和检测报告，认真检查原材料的品种、规格、型号；对原材料分类堆放并做好防雨准备。

主要机械设备：壁纸刀、喷灯、土工布放卷架。

3.主要施工方法

（1）土工合成材料施工工艺流程

基层验收→规划弹线→空铺凹凸性排蓄水板→扣合搭接扣→自检验收→检查验收→铺设土工布→自检验收→检查验收。

（2）土工合成材料施工方法

排蓄水板施工：排水板铺设时应沿防水保护层顺坡铺设，采用扣合搭接扣搭接，应铺满整个种植屋面区域，排蓄水板之间不得有空隙。

土工布铺贴：在排蓄水板铺好以后满铺于排蓄水板之上，边缘相互搭接100mm，可采用粘合或缝合，与排水板形成一个整体中空层，可以保证排水的通畅并阻止泥土流入其中。土工布收口时上翻，至少高出出水孔100mm（起挡土滤水的作用），顶部用黏胶或钢钉固定。

4.质量保证措施

（1）操作工人操作时必须佩戴劳保手套。

（2）注意土工布的搭接，一定要满足搭接要求（最低100mm），并确保再回填土时土工布无褶皱、翻起，以免土体进入排蓄水板的空间内，影响排蓄水。

（3）每块排蓄水板都应用搭接扣扣好，避免因搭接不好造成缝隙过大导致土工布塌陷而阻塞排水通道。

（4）铺设完成后，不允许其他人或机械在其上行走，以免对已经铺设完成的土工布造成破坏。

（5）已铺设土工布的区域，尽快进行回填土施工，防止土工布被破坏。

6.1.2 混凝土技术

1.轻骨料混凝土

1）应用概况

武陟县人民医院工程楼地面局部降低楼板处和屋面找坡层采用Lc7.5轻骨料混凝土填充，轻骨料混凝土极大地减轻了结构自重，还提高了热工效果；轻骨料混凝土具有轻质、高强、保温和耐火等特点，并且变形性能良好，弹性模量较低。工程用量约为2550m³。

2）施工准备

技术准备：

（1）进行技术复核，轴线标高、管道埋设及防雷焊接等符合设计要求，并经验收合格。

（2）施工前应有施工方案，对施工操作人员有详细的施工技术、安全交底。

（3）各种进场原材料进行进场验收，材料规格、品种、材质等符合设计要求，同时进行现场抽样复试，有相应施工配比通知单。

材料准备：

（1）水泥采用普通硅酸盐水泥，其强度等级为42.5R。

（2）砂采用中砂，含泥量≤1.6%。

（3）轻骨料陶粒（暂定）的级配要适宜，其最大粒径应＜8mm。

3）主要机具

手推车、电子磅秤、筛子、铁锹、白线、木拍板、刮杠、木抹子等。

4）作业条件

（1）屋面泡沫玻璃保温板铺设完成/楼地面局部降低楼板处防水及管道安装施工完成，且均已验收合格，并做好隐蔽验收记录。

（2）混凝土配合比经试配合格并已经确认，混凝土搅拌后对混凝土强度等级、配合比、搅拌制度、操作规程等进行挂牌。

（3）施工现场杂物清理完成，水平标高控制线已弹完或完成设置标杆等措施。

（4）水、电布置到位，施工机具、材料已准备就绪。

5）主要施工方法

（1）轻骨料混凝土施工工艺流程

基层清理→找标高、弹线→搅拌→浇筑→养护→检验。

（2）轻骨料混凝土施工方法

①基层清理：浇筑混凝土前，应将基层清理干净；基层表面平整度应控制在3mm以内。

②找标高、弹线：根据侧墙上水平标高控制线，向下量出板厚标高，在侧墙上弹出标高控制线。面积较大时，在屋面板中每隔2m放置钢筋支架以控制板面标高，待收面后将钢筋支架取出。

③轻骨料混凝土搅拌：轻骨料混凝土搅拌机开始大规模搅拌前应进行试运行，并对其安全性能进行检查，确保其运行正常。

由于轻骨料混凝土拌合物中轻骨料上浮不易拌均匀，因此宜选用强制式搅拌机。外加剂应在骨料吸水后加入。轻骨料混凝土搅拌时应先加骨料，后加水泥，最后加砂和水，其搅拌时间不得少于1.5min。

④轻骨料混凝土的运输：轻骨料混凝土的运输距离应尽量缩短，在运输中，应保持其匀质性，做到不分层、不离析、不漏浆。运至浇筑地点时，若出现塌落度损失或离析较严重时，浇筑前宜采用人工二次拌合。

⑤轻骨料混凝土的施工：

a.铺设轻骨料混凝土：

轻骨料混凝土的铺设应从一端开始，由内向外铺设。混凝土连续浇筑，间歇时间不得超过1h。如间歇时间过长，应分块浇筑，接槎处按施工缝处理，混凝土应捣实压平，不显接头槎。与混凝土厂家共同安排好混凝土车的供应，尽量做到整个房间一次性浇筑完成。

b.振捣混凝土：

用铁锹摊铺混凝土，用水平控制桩和找平墩控制标高，虚铺厚度略高于找平墩，然后人工振捣密实。

c.轻骨料混凝土表面找平：

轻骨料混凝土应采用机械振捣成型，对流动度大者，也可采用人工插捣成型；

建设工程创新创优实践
——武陟县人民医院门急诊医技综合楼工程创新创优纪实

混凝土振捣密实后，以墙柱上水平控制线和水平桩为标志，检查平整度，高出的地方铲平，凹的地方补平。

d.刮平、滚压：

以水平桩及侧墙控制线为标志，控制好虚铺厚度，用铁锹粗略找平，然后用木杠刮平，再用滚筒往返滚压，并随时用2m靠尺检查平整度，高出部分铲掉，凹处填平。直至滚压平整出浆且无松散颗粒。对于墙根、边角、管根周围不易滚压处，应用木拍板拍打密实。采用木拍板压实时，应按拍实→拍实找平→轻拍提浆→抹平等四道工序完成。

e.养护：

施工完成后应立即进行覆盖，并进行浇水养护，养护时间不得少于7d；轻骨料混凝土试块须设置至少两组在同部位作为同条件养护试件。

6）质量保证措施

由于轻骨料的松堆密度小和多孔结构吸水的特性，使其配制的混凝土拌合物的性质呈现某些特点，在施工时必须加以注意才能保证工程质量。

（1）轻骨料的储存和运输应尽量保持其颗粒混合均匀，避免大小分离。因为不同粒径的轻骨料其颗粒松散堆积密度、吸水率和强度等都不相同，对混凝土的和易性强度和堆密度都会有影响。因此，工程实践证明对轻骨料进行预湿处理是比较适宜的，尤其是对于吸水率大于10%的轻骨料或搅拌至浇灌时间间隔较长的场合。

（2）搅拌轻骨料混凝土时，加水的方式有一次加水和二次加水两种：

①若轻骨料吸水速度较快，或采用预湿骨料时，则可将水泥、骨料和全部水一次加入搅拌机内。

②如采用干燥骨料，其吸水速度又较慢时，则宜分两次加水，即先将粗轻骨料和1/2拌合水加入，其目的预湿骨料，搅拌后再将水泥、砂和剩余水加入搅拌机内搅拌。若掺外加剂，宜在骨料预湿润后加入，否则易被轻骨料吸收而降低其效果。

（3）轻骨料混凝土，尤其是全轻骨料混凝土，不宜采用自落式搅拌机搅拌，因为轻骨料混凝土堆密度小，靠自落效果不佳，尤其是搅拌全轻骨料混凝土时，筒内壁上会黏附相当数量的水泥砂浆，影响轻骨料混凝土配合比的准确性。因此，宜选用强制式搅拌机，而且总搅拌时间一般不得小于3min，从搅拌机卸出后至浇筑成型的时间，不宜超过45min。

（4）运输轻骨料混凝土拌合物时，由于组成材料的颗粒堆密度较大，所以应当注意防止拌合物离析。浇筑时，拌合物竖向自由降落的高度不应大于1.5m。

（5）轻骨料混凝土拌合物的堆密度小，所以上层混凝土施加于下层混凝土上的附加荷载也较小，而且内部的衰减较大，其浇筑的工作量较普通混凝土大。

（6）轻骨料混凝土浇筑后一般采用振动捣实，当采用插入式振捣器时，其作用半径为普通混凝土的1/2，因此插点间距也要缩小1/2。当遇到轻骨料与砂浆的堆密度相差较大时，在振捣过程中容易使轻骨料上浮而砂浆下沉，产生分层离析现象，因此必须防止振动过度。

（7）轻骨料内部所吸收的水分，随着混凝土表面水分的蒸发，会从骨料向水泥石迁移。因此，在一段时间内能自动供给水泥水化用水，造成良好的水化反应条件。

（8）在比较温和潮湿的环境中，轻骨料混凝土不需要特殊养护措施，而在热天，必须加强养护，防止表面失水太快，造成混凝土内外湿度相差太大而出现表面网状收缩裂纹。采取的保湿养护措施如洒水、塑料布覆盖等。每天洒水4到6次，且不得少于7d。

（9）雨天不宜施工，如必须施工时须采取防雨措施。

2. 混凝土裂缝控制技术

1）应用概况

武陟县人民医院门急诊医技综合楼地下室混凝土采用C35，抗渗等级P6，条基截面尺寸以800mm×1400mm居多，防水板250mm厚。工程将对混凝土原材料、配合比、浇筑、养护等方面均采取相应的措施，减少混凝土裂缝的产生。工程用量约为42200m³。

2）施工准备

水泥：采用32.5级普通硅酸盐水泥，水泥的7d水化热指标≤275kJ/kg，水灰比≤0.5，最小水泥用量为300kg/m³，碱含量须满足每立方米混凝土中水泥的总碱量≤2.25kg。水泥有出厂合格证及进场试验报告。

粗骨料：采用5～35mm级配均匀的机碎石，粗骨料中的针、片状颗粒≤15%，含泥量≤1%，孔隙控制在39%以内。

细骨料：为减小混凝土的后期收缩，宜采用中粗砂，细度模数2.5～3.2，不使用人工砂。砂的含泥量≤3%。

外加剂：外加剂应采用低碱、低水化热的外加剂。使用高效减水剂。

为保证混凝土的抗裂能力，兼顾施工要求，混凝土的入泵坍落度宜控制在180mm之内，误差上限+20mm。主要机具计划见表6-1-1。

建设工程创新创优实践——武陟县人民医院门急诊医技综合楼工程创新创优纪实

主要机具计划   表6-1-1

序号	名称	单位	数量	备注
1	混凝土输送泵	台	2	
2	插入式振捣棒	根	6	
3	汽车泵	台	2	56m
4	塔吊	台	2	QTZ80
5	布料机	台	1	
6	抹子	个	50	
7	铁锹	把	50	
8	水准仪	台	3	
9	照明工具	盏	5	

　　劳动力组织：项目部要求施工员、质检员在混凝土施工全过程进行旁站检查、监督，并做好记录。作业班组在浇筑混凝土前向项目部上报振捣手、抹面人员、摊铺人员、负责人等名单，施工员负责对相关人员进行检查落实。人员职责见表6-1-2。

人员职责   表6-1-2

人员	人数	职责
项目经理	1	负责各方面的组织、协调工作
施工员	3	负责对混凝土浇筑全过程进行旁站管理
质检员	1	负责对混凝土浇筑全过程进行监督检查
安全员	1	负责安全施工
材料员	1	负责在商混凝土站旁站监督混凝土的生产
试验员	2	负责试件制作、坍落度检测
测量工	1	负责控制标高
电工	1	负责供电设备、电器维修
混凝土泵车司机	2	负责混凝土输送泵操作
钢筋工	2	负责修整看护钢筋（两班）
木工	2	负责看护模板（两班）
混凝土工	20	负责混凝土浇筑养护等。每台泵车配备3名振捣手（两班）

　　3）主要施工方法

　　（1）对要浇筑的混凝土的技术要求应书面通知混凝土搅拌站，并向搅拌站索要混凝土施工配合比单。商品混凝土送到施工现场后要进行检查。包括：向司机索要送料单，以确定混凝土出机的时间；测量混凝土的坍落度。对混凝土出机时间超过初凝时间，而且出料有离析、沉淀现象的，应予以处理或退货。

（2）工程门急诊医技综合楼地下室划分为五个施工段，以后浇带为划分界线；其他单体均为一个施工段。在各个浇筑段浇筑时采用"分层浇筑、分层振捣、一个斜面、一次到顶"的推移浇筑法。分层浇筑适合于混凝土的振捣，且混凝土的暴露面小，冷量损失小，有利于降低基础底板混凝土的最高温升。每个浇筑段浇筑混凝土时，各浇筑带齐头并进，互相搭接，确保各浇筑带之间上下混凝土的结合，利用混凝土自然流淌形成的斜面，分层浇筑循序渐进，一次到顶。保证上下混凝土浇筑停歇时间不超过初凝时间，交界面分界处不漏振。

（3）每层浇筑厚度要控制在400mm以内，混凝土自然流淌形成斜面的坡度1:6（高：长）左右。每条作业带配备3台直径50mm的插入式振捣器，1台在出料口，其余布置在坡中和坡角。出料后先振捣出料点混凝土，促成流坡，再呈阵列自下而上全面振捣。振捣时严格控制振捣棒的移动距离，特别要注意混凝土的入仓振捣，防止离析和漏振。

（4）混凝土表面处理

混凝土浇筑完振捣密实后，表面用铝合金刮杆将混凝土表面的脚印、振捣接槎不平处整体刮平，且使混凝土表面的虚铺高度略高于其实际高度。待混凝土初凝前，再用平板振捣器振一遍，进行此遍振捣时，应保证振捣后的混凝土面标高比实际标高稍高。在平板振捣器进行振捣时，其移动间距应能保证振捣器的平板覆盖已振捣部分边缘。前后位置搭接3～5cm，在每一个位置上连续振动时间一般保持25～40s，以混凝土表面均匀出现泛浆为准。

（5）用铝合金刮杆将表面刮平，并用木抹子进行抹压，在混凝土初凝后、终凝前再进行一次抹压，使混凝土面层再次充分达到密实，与底部结合一致，以消除混凝土由初凝到终凝过程中由于水硬化而产生表面裂缝的最大可能性。整个抹压应控制在混凝土终凝前完成。

（6）混凝土的养护

混凝土拆模后，对混凝土采用塔吊自动喷淋技术和暗埋管自动喷淋技术养护。养护时间按规定不少于28d，有特殊要求的部位延长养护时间。

（7）混凝土的温差控制

混凝土养护期间，混凝土内部的最高温度不得高于65℃，混凝土表面的养护水温度与混凝土表面温度之间的温差不得大于15℃。混凝土结构或构件在任一养护时间内的内部最高温度与表面温度之差不得大于20℃（梁体任一养护时间内的内部最高温度与表面温度之差不得大于15℃）。当周围大气温度与养护中混凝土表面温度之差超过20℃（当周围大气温度与养护中梁体混凝土表面温度之差超过15℃）时，混凝土表面必须覆盖保温。

混凝土拆模时，内部混凝土与表层混凝土之间的温差、表层混凝土与环境之间的温差均不得大于20℃（梁体内部混凝土与表层混凝土之间的温差、表层混凝土与环境之间的温差以及箱梁腹板内外侧混凝土之间的温差均不得大于15℃）。在炎热和大风干燥季节，采取有效措施防止混凝土在拆模过程中开裂。

6.1.3 钢筋及预应力技术

1.高强钢筋应用技术

1）应用概况

工程墙、柱、梁、板及基础梁、板主筋均采用HRB400E钢筋，其材料质量稳定性好，钢筋性能优越，适用于各种受力条件；强度高，具有良好的延性、塑性，应用规格为Φ8～Φ32，工程共应用HRB400E级钢筋约4556t。

2）施工准备

（1）钢筋进场后由质检员和材料员共同进行验收，对数量进行验收；检查出厂质量证明文件，与实物上的炉牌号应对照一致；向监理报验并见证取样送样。

（2）钢筋经上述检查验收合格后应做好标识，然后才能下料加工使用；若不合格应立即组织退场，或标识不合格后放在一边，以免混用。

（3）绑扎丝采用20～22号铁丝（火烧丝）或镀锌铁丝（铅丝），其切断长度应满足使用要求。

（4）受力钢筋保护层垫块厚度和使用部位具体如下：基础筏板迎水面为50mm，非迎水面为35mm，地下室外墙迎水面为50mm，其他墙为15mm，梁、柱为25mm，楼板为15mm。垫块应提前购置或预制，保证在使用时强度达到要求。

（5）直径＞16mm的钢筋采用机械连接；梁及筏板等水平受力钢筋采用机械连接，超长水平筋绑扎现场可以采用电弧焊连接；直径16mm及以下钢筋采用搭接。

（6）断钢机、调直机、电焊机、对焊机、钢筋钩子、撬棍、扳子、钢丝刷、尺子、粉笔等各种钢筋加工制作和绑扎安装用的设备、器具应提前准备好，且必须处于良好的正常使用状态。

（7）做好抄平放线工作，弹好水平标高线、墙柱外皮尺寸线；对梁板钢筋，应在其模板预检合格后方能绑扎安装。

3）主要施工方法

（1）钢筋配料单应由专业钢筋翻样人员编制，料单应准确全面，系统性最大限度避免废料的发生。钢筋下料表应包括以下内容：钢筋型号、结构部位、简图、接头形式、断料长度、重量汇总、翻样人签字。

（2）任何一种钢筋加工之前都应先加工一个样品，将机械和人为的加工误差控制在最小的范围内。样品无误后，方可进行大批量的断料和加工。

（3）钢筋断料时应统筹安排，编制断料单，先断长料，后断短料，减少短头，减少损耗。在断料过程中如发现有劈裂、缩头或严重的弯头，必须切除。短料料头应及时放入废料池，禁止随地乱扔。

4）钢筋绑扎

（1）为保证钢筋的排列间距，应先画出位置标志，按所标位置布筋，在绑扎过程中，钢筋工长、翻样员、质检员要亲临现场指导，处处把关验收。

（2）大小为大于40mm×40mm垫块，排放间距采用800mm×800mm呈梅花形，其余采用直线距离不大于800mm间距排列。

（3）墙板钢筋绑扎时，为了防止钢筋倾斜和保证混凝土保护层的厚度，墙板双排筋之间除按设计要求设置拉结筋外，另在两侧模板之间设置支撑，保证墙板有效断面，并挂好保护垫块。钢筋绑扎前先熟悉图纸，进行技术交底，核对钢筋规格、尺寸、直径、数量，然后按施工图和弹出的位置线进行布筋和绑扎。绑扎时，相邻绑扎点的铁丝要呈八字形。

（4）梁、柱的箍筋应与主筋垂直，箍筋的接头应相互错开，搭接范围不少于3个绑扎点。箍筋转角与纵向钢筋的交叉点均应绑扎牢固，平直部分与纵向钢筋的交叉点可间隔绑扎，以防骨架歪斜。梁钢筋绑扎，一般采用在模板上放好支架和横木，横木上摆放梁上部钢筋，套上箍筋，按准确位置绑扎至完成后，将梁钢筋骨架落入模板中，并调整保护层垫块，使位置和保护层符合要求。

（5）钢筋直螺纹连接的接头，端头应切平后加工直螺纹。加工直螺纹的人员应稳定。加工好的直螺纹应用塑料保护帽或其他措施防锈。

5）施工技术措施

（1）钢筋工程施工前，按施工图及有关施工规范要求，放出钢筋大样料单，并按料单下料成型，成型钢筋编号，挂牌分类堆放整齐，并建立领料制度、禁止随意乱拿。

（2）钢筋的焊接：操作焊工必须有焊工上岗证，焊接前必须试焊，试焊合格后方可大量施工。

（3）由于钢筋数量多，各种型号差别不大，易造成混淆。因此，加工成型的钢筋按不同的规格、型号、品种等分类堆放、挂牌标识，并有专人负责管理，以免乱领料或钢筋用错地方。绑扎时按图纸要求弹出基础底板、轴线、柱子边线并用红漆标识，以方便施工。

（4）柱插筋确保钢筋接头位置错开50%，插筋固定牢固，不能出现移位现象；柱钢筋在就位前核实钢筋下插位置，保证无误后方可施工，绑扎好后进行位置固定。

（5）为保证预留洞口标高位置正确，在洞口竖筋上划出标高线，洞口加固钢筋要符合设计要求。

（6）浇筑混凝土时，派专人看筋，发现钢筋位移时要及时修整。浇筑混凝土时，对污染的钢筋及时用棉布清理干净，确保钢筋无污染。

2.大直径钢筋直螺纹连接技术

1）应用概况

武陟县人民医院工程四个单体均为框剪结构、条形基础，结构设计中基础、梁、框架梁、框架柱大量采用了大直径钢筋，经核算钢筋采用直螺纹连接与搭接相比降低了成本，且保证了质量。工程钢筋工程技术交底要求主体结构钢筋直径在16mm以上的钢筋均采用直螺纹连接技术，应用数量约为33000个。

2）施工准备

（1）材料准备

①钢筋的级别、直径，套筒的规格、型号必须符合设计要求。

②连接套筒符合以下要求：

a.有明显的规格标记（如Φ32）。

b.套筒要有防护端盖封住。

c.有产品合格证。内容包括：型号、规格、适用钢筋的品种、连接接头的性能等级、产品批号、检验日期、质量合格签章、厂家名称、地址、电话。

d.连接套分类存放，不得混淆和锈蚀。

③钢筋套丝机：可套直径16mm及以上的Ⅱ、Ⅲ级钢筋套丝机。

④量规：量规包括塞规、环规。塞规是用来检查连接套加工质量的量规；环规是用来检查钢筋连接端的螺纹加工尺寸的量规。

⑤管钳扳手：用于钢筋连接时的拧紧。

（2）技术准备

①凡参与接头施工的操作工人必须参加技术培训，经考核合格后持证上岗。

②施工前做好二、三级技术交底。

3. 施工方法

1）钢筋丝头加工

（1）工艺流程

对钢筋端部削平→切削螺纹→滚丝→进行连接套筒→连接钢筋。

（2）制造工艺操作要点

①钢筋端部不得有弯曲，出现弯曲时要调直后再进行加工。

②钢筋下料时选用砂轮锯机具，不得用电焊、气割等切断。钢筋端面平整并与钢筋轴线垂直，不得有马蹄形或扭曲。

③钢筋规格要与滚丝器调整一致，螺纹滚丝的长度必须满足设计要求。

④钢筋直螺纹滚丝加工时，使用水溶性切削润滑液，不得使用油性切削润滑液，也不得在没有切削润滑液的情况下进行加工。

⑤钢筋丝头加工自检完毕后，必须立即套上保护帽，防止损坏丝头。

2）套筒加工

（1）套筒应按照产品设计图纸要求在工厂加工制造，其材质、螺纹规格及加工精度应满足设计要求并按规定进行生产检验；钢筋直螺纹丝头检验指标见表6-1-3。

钢筋直螺纹丝头检验指标   表6-1-3

钢筋规格	剥肋直径（mm）	螺纹尺寸（mm）	丝头长度（mm）	完整丝扣圈数
Φ18	16.9±0.2	M19×2.5	27.5～30	≥9
Φ20	18.8±0.2	M21×2.5	30～32.5	≥10
Φ22	20.8±0.2	M23×2.5	29.5～32.5	≥9
Φ25	23.7±0.2	M26×3	32～35	≥9
Φ28	26.6±0.2	M29×3	37～40	≥10
Φ32	30.5±0.2	M33×3	42～45	≥11

（2）套筒加工完成后，应立即用防护盖将两端封严，防止套筒内进入杂物。其表面必须标注规格、生产车间和日期代号、批号。

（3）套筒严禁有裂纹，并应作防锈处理。

3）钢筋连接工艺

（1）工艺流程

钢筋就位→拧下丝头和套筒保护帽→接头拧紧→做标记→质量检验。

（2）操作要点

①首先对连接套筒进行外观检验，套筒表面要无锈蚀、污染、裂纹、黑皮等缺陷，标志完整清晰。连接套筒结构尺寸要符合表6-1-4的规定。

建设工程创新创优实践
——武陟县人民医院门急诊医技综合楼工程创新创优纪实

钢筋规格	螺距－P	外径D_0(mm) 0，-0.5	长度L(mm) 0，-2	底径$D \geqslant$ (mm)	螺纹小径D_1，允许误差 范围（mm）
Φ22	2.0	31	60	22.0	20.2，0～0.375
Φ25	2.5	35	65	25.1	22.9，0～0.45
Φ28	2.5	41	70	28.1	25.9，0～0.45
Φ32	2.5	46	80	32.0	29.8，0～0.45

连接套筒结构尺寸　　　　　　　　　　表6-1-4

②钢筋连接施工时，钢筋规格必须与连接套规格一致，钢筋丝头和套筒的丝扣要完好无损。

③连接水平钢筋时，必须从一头向另一头依次连接，不得从两头向中间或中间向两端连接。

④连接钢筋时，必须对准轴线将钢筋拧入同规格的连接套内，用扳手将接头拧紧。拧紧后的直螺纹接头，外露完整丝扣数不超过一圈。

⑤接头连接拧紧后用力矩扳手全数检查，合格后用红油漆做好标记。

⑥力矩扳手不得用作拧紧丝头扳手，并随时校核其准确性，扳手不用时将力矩值调到0。

4）质量检查与试验要求

（1）质量检查

①内螺纹尺寸的检查：用专用的螺纹塞尺检验，其塞规要能顺利旋入，止、塞规长度不得超过3个完整丝头。

②丝头有效螺纹数量不得少于设计规定；标准型接头的丝头有效螺纹长度不小于1/2连接套筒长度；其他连接形式必须符合设计要求。

③检查接头外观质量无完整丝扣外露，钢筋与连接套之间无间隙。如发现有一个完整丝扣外露必须重新拧紧，然后用扭矩扳手对接头进行检查。

④接头连接拧紧后用力矩扳手全数检查，按不小于规定的力矩值进行检验。检查时在扳手拧转半圈内听到扳手"咔"的一声响为合格，否则须重新拧紧。

（2）试验要求

同一施工条件下，采用同一批材料的同等级、同形式、同规格接头，以500个为一验收批进行检验和验收，不足500个也为一验收批。每一批取3个试件作单向拉伸试验。

当3个试件抗拉强度均不小于该级别钢筋抗拉强度的标准值时，该验收批判定为合格。在3个试件中，如有一个试件不合格，此验收批判定为不合格。

第6章　关键技术创新及应用

271

5）质量控制措施

（1）凡参加钢筋连接施工的，操作工人必须经过技术培训，并经考核合格后持上岗证作业。使用钢筋剥肋滚压直螺纹机严格遵守《钢筋剥肋滚压直螺纹机使用说明书》中的安全注意事项的要求进行操作。

（2）钢筋连接工程开始前及施工过程中，对每批进场钢筋和接头进行工艺检验。

（3）对每种规格钢筋母材进行抗拉强度试验；每种规格钢筋接头试件数量不少于3根；接头抗拉强度大于钢筋母材的实际抗拉强度。

（4）严把钢筋剥肋滚压螺纹套丝关，要求操作工人用螺纹环规逐个检查钢筋套丝质量。质检人员以加工批的10%随机抽检，且不少于10个丝头，并填好钢筋直螺纹加工检验记录。发现一个不合格丝头，则令工人逐个复检，剔除不合格丝头，切除重新加工，将合格的丝头，一头拧上保护帽，另一头拧上连接套。

（5）连接套的规格必须与钢筋规格一致，连接水平钢筋时，必须从一头向另一头依次连接，不允许从两边向中间连接，钢筋和套筒的丝扣需清理干净，完好无损。连接时将帽去掉，连接后保护帽及时回收。

（6）由于丝头的加工是先将钢筋的横纵肋剥掉，使滚压螺纹前钢筋柱体尺寸一致，因此滚环出的螺纹精度高，直径大小一致，接头质量稳定性好。

（7）在工程中，500个同一规格为一检验批，每批随机抽取3个试件做单向拉伸试验，达到规定时该批为合格，否则重取6个试件进行复检，复检中仍有不合格，该批为不合格，在现场连续检验10个验收批，一次抽样合格，验收批接头数量可扩大一倍。

（8）现场施工用600～1000mm套筒扳手，拧紧力矩＞350N·m。经拧紧后的滚压直螺纹接头保证螺纹精度高，直径大小一致，接头质量稳定性好。

6.1.4 模板及脚手架技术

模板及脚手架技术中的分项内容为清水混凝土模板技术。

1. 应用概况

工程模板选用915mm×1830mm规格的喷漆胶合板，对拉螺栓孔间距为450mm，对拉丝杆在截面范围内采用硬PVC套管，拆模后对拉丝杆可抽出重复使用，模板拼缝均粘贴海绵条，保证梁板柱混凝土均达到清水混凝土要求工程用量约为100000m²。

2.施工准备

（1）认真学习施工组织设计及清水混凝土施工方案和安全施工技术，以及施工工艺要求。

（2）对作业场所周围环境进行安全检查，如发现不安全因素应及时汇报相关人员并得到及时解决。

（3）工程施工设施料准备：根据施工方案，提出模板工程施工材料计划。剪力墙模板为木制大模板，采用13mm厚镜面多层板50mm×100mm方枋背楞，方木加工成统一的规格尺寸待用。剪力墙木制大模板的附件：−5mm×60mm U形接连器，Φ48钢管背楞，穿墙螺栓山形扣件的配备，各类小型附件进场后，清点入库保管。现浇板、梁、模板采用12mm厚镜面竹胶板、同一规格50mm×100mm的方枋垫木、钢管式模板支架。

（4）作业面：根据平面轴线控制网，测量、放出建筑的各条构件的边线和200mm的控制线。根据BM1高程点测量出建筑物的建筑50cm线，布置在外墙周边用墨线弹出+0.500m标高线，并用红丹油漆标识。工程往上施工时的标高统一依此标高线来控制。

3.施工工艺流程

结构层施工测量定位放线复核验收→钢筋连接、绑扎、隐蔽验收→现浇模板支架搭设，剪力墙模板吊装、加固校正、自检、复核、验收→墙模浇筑混凝土养护→测量、放线。

模板安装、拆除后，经自检、复检、专检合格后填写各类相关技术资料，报监理部门验收合格后，进行下道工序施工。

4.现浇板、梁模板安装技术要求

（1）现浇板、梁模板采用13mm厚竹胶板做面板，小方钢做模板背楞。梁模板安装：梁侧模板包底模，现浇模板压梁侧模。

（2）现浇板、梁模板的支架的搭设方法：模板支架立杆间距900mm，排距1000mm；梁模支架的立杆间距900mm×900mm，水平连杆步距1300mm，扫地杆离地200mm。模板支架搭设时，根据轴线布设保证立杆与下层立杆相对应，同时纵向与横向的立杆在同一直线上。现浇板、梁模板的下部找平横杆须用双扣件固定。

（3）现浇板、梁模板跨度＞4m时，底模板中部必须起拱2‰。

（4）现浇模板的铺设：50mm×100mm的方木垫木必须经过加工成同等规格的木方，木方须顺构件的长方向铺设，先布置构件周边的垫木，再布设模板拼接缝的垫木，最后，平均布置垫木，间距设定为250～300mm，垫木用14号铁丝绑牢，竹胶板铺设从一侧边角开始，铺设整张竹胶板，另一侧余下的尺寸进行集中切割，相互套用。阳台、卫生间、过道等小面积的构件必须使用小块板拼接，不得使用独块模板，防止因拆除而损坏。

（5）现浇板、梁模板安装技术措施，梁侧模与梁底模相交处须用双面胶带嵌缝，防止接缝漏水，影响梁混凝土构件的外观质量。现浇模板与墙混凝土相交处，须在板模侧边粘贴双面胶带后，再将模板推至墙边与墙紧靠并用400mm圆钉固定，防止边缝漏浆，污染墙混凝土面。现浇板其他拼接缝采取硬接法，但必须保证长方向接缝下有垫木，短方向接缝用木条固定，防止发生接缝漏浆和接缝错台现象。

（6）现浇模板、梁模板安装完成后，认真清扫模板，并对模板的标高平整度支撑系统作认真检查，同时均匀地涂刷隔离剂，不得有漏刷或堆积现象。

（7）空调板、阳台梁外挑板构件的滴水线安装：沿构件外边沿设置10mm×6mm塑料凹槽条，距边沿30mm，拐角部位的凹槽条须切割45°角对接，端部距剪力墙50mm，凹槽条用18mm圆钉固定。

5.清水混凝土的施工质量目标、标准及控制措施

1）清水混凝土的施工质量目标

（1）墙面无漏浆、污染；

（2）墙面光洁度好，手感光滑；

（3）墙面无过振、久振、离析，颜色均匀、预留孔洞方正，位置正确；

（4）结构尺寸准确，无漏筋、无隐筋；

（5）穿墙孔边角整齐、光滑；

（6）墙面无流坠、及时清洗。

2）清水混凝土的施工质量标准

（1）大墙角垂直度偏差（总高40m以内）3～5mm；

（2）阳台顺直偏差2～4mm，阳台、窗口高低偏差5mm；

（3）墙面、模板接缝错台0～1mm，墙面每层垂直度偏差2mm；

（4）（顶板、梁）底模板上表面平整度2mm；

（5）外墙线条构件顺直，垂直度偏差3mm；

（6）混凝土表面色差基本一致。

6.成品保护

（1）剪力墙模板应提前3～4h涂刷隔离剂，不得在安装过程中涂刷，以防对其他构件产生污染。

（2）剪力墙模板施工时，严禁攀爬钢筋网架以免造成钢筋构件骨架的破坏、移位。

（3）每次混凝土浇筑完毕，要派专人负责清理浇洒在大模板上的混凝土、砂浆。

（4）模板拆除时严禁用大锤砸或撬辊硬撬，以免损伤混凝土表面及棱角和产生模板变形、损坏。现浇板模板拆除时必须提前做混凝土护角保护，防止碰伤混凝土墙棱角。

6.1.5 机电安装工程技术

1. 金属矩形风管薄钢板法兰连接技术

1）应用概况

武陟县人民医院工程通风及空调工程中的送、排风系统均采用金属矩形风管薄钢板法兰连接技术，与传统角钢法兰连接技术相比，具有制作工艺先进、安装生产效率高、操作人员少（省去焊接、油漆工种）、操作劳动强度降低、产品质量稳定等特点，工程用量约16418m^2。

2）主要施工机具准备

机械设备：剪板机、电剪、折方机、联合冲剪机、咬口机、手枪钻、空压机、电锤、管钳、线坠、米尺、电焊机、气割机、套丝、活扳手、手电钻、垂直吊机等。

测量工具：游标卡尺、钢直尺、钢卷尺、风速仪等。

3）通风系统工程施工工艺流程

施工准备→风管加工→管道支架制作→风管部件安装→漏光试验→通风设备安装→管道安装→管道阀门附件安装→设备安装→管道试压→管道冲洗→系统调试→验收。

4）风管加工操作要点

（1）材料要求

工程风管制作采用镀锌钢板制作。镀锌钢板的厚度要符合设计要求，表面平整光滑，无结晶。

（2）加工要求

参照陕西省工程建设标准《通风与空调工程施工工艺标准》DBJ/T 61-39—2005，风管咬口加工先对板材进行划线，通过机械剪刀和手工剪刀进行剪切，风管转角处采用联合咬口方式，板材拼接时采用单边咬口。

（3）技术要求

风管板材拼接的咬口缝应错开，不得有十字拼接缝。风管法兰的螺栓及铆钉孔的间距不得＞150mm，矩形风管法兰的四角部位设有螺栓。风管所用的螺栓、螺母、垫圈和铆钉均应镀锌。

不应在风管内设加固筋。镀锌钢板不应有严重锌层损坏的现象，如表面大量白花、锌层粉化情况。法兰翻边处，锌层损坏的应刷环氧富锌漆。制作过程中注意保护板材，不应在地面上拖拉板材。

风管与配件的咬口缝应紧密，宽度应一致，折角应平直，圆弧应均匀，两端面平行，风管无明显扭曲与翘角，表面应平整，凹凸不大于10mm。

风管制作尺寸的允许偏差：风管的外径或外边长的允许偏差为负偏差，如≤630mm，偏差值为−1mm；如＞630mm，则为−2mm。

（4）风管加固

为避免矩形风管变形和减少系统运转时管壁振动而产生噪声，需要进行风管加固。当矩形风管大边长≥630mm，保温风管大边长≥800mm，风管长度在1000～1200mm以上的均应采取加固措施：采用角钢框加固，边长1000mm以内的用L25mm×4mm；边长＞1000mm的用L30mm×4mm，铆在钢板外侧。

加固框用直径4～5mm的铆钉连接，间距150～200mm。风管加固间距：风管大边长为630～1000mm，加固间距为1000～1200mm；风管大边长≥1000mm，加固间距为700～1000mm。

（5）法兰制作

法兰由四根角钢组焊而成。角钢采用无齿锯切割，不能用电焊进行断割。下好料的角钢应去除毛刺，对角钢进行矫直，焊成后的法兰内径不能小于风管的外径，法兰上的铆钉孔和螺栓孔直径≤150mm，法兰铆钉采用镀锌实心铆钉，不能采用抽芯铆钉。法兰的焊缝应融合良好、饱满，无假焊和孔洞；法兰平面度的允许偏差为2mm，法兰边长及法兰对角线的偏差值不超过3mm。同一批量加工的相同规格的法兰螺孔排列应整齐，并具有互换性。在喷漆前应把焊渣敲除干净。

风管与法兰采用铆接连接，铆接要牢固，不应有脱铆和漏铆的现象发生，翻边应平整、紧贴法兰，其宽度应一致且≥6mm；咬缝与四角处不应有开裂与孔洞。

风管法兰内侧的铆钉处应涂密封胶，涂胶前清除铆钉处表面油污。

（6）法兰垫片

空调送回风管法兰垫片采用耐热橡胶片（70℃），垫片厚度4mm；排烟风管采用耐高温垫片（材料待定）。

垫片采用楔形搭接（图6-1-1），垫片的厚度应与法兰同宽，垫片不能突入风管内部，避免增大阻力影响通风，对于突出的垫片应进修理。

建设工程创新创优实践
——武陟县人民医院门急诊医技综合楼工程创新创优纪实

图6-1-1 搭接形式

5）风管支吊架制作操作要点

风管支（吊）架采用角钢+圆钢制作。圆钢作为吊杆，角钢作为横担，对于横担和吊杆的选择见表6-1-5。

横担和吊杆尺寸   表6-1-5

风管大边尺寸b（mm）	横担规格（mm×mm）	吊杆规格（mm）	间距（mm）
b≤400	25×3	Φ8	2000～3000
400＜b≤630	30×4	Φ8	2000～3000
630＜b≤1250	40×4	Φ10	2000～3000
1250＜b≤2000	50×5	Φ12	2000～3000
b＞200	60×5	Φ12	2000～3000

备注：防火排烟风管吊架最大允许间距≤1500mm。吊杆与风管或保温层之间距离≥25mm；吊架与横担同侧端距离≥25mm。垫木厚度与保温层同厚，与横担同宽同长，垫木须经过防腐处理。防火排烟风管的支、吊架必须单独设置，法兰两侧必须加法兰垫圈，螺栓须做防腐处理，采用碳素钢支、吊、托架时必须进行防腐绝缘及隔垫处理。

6）漏光试验

风管组装完后进行漏光试验，用带防护罩的灯具作为光源，在黑暗的条件下对风管外侧或内侧进行漏光检测，当每10m接缝不多于2处漏光点，平均每100m接缝漏光点不多于16个为合格。

7）风管安装

（1）工艺流程

风管检查验收→确定标高→支架安装→风管排列→风管组对→吊装就位→调平→漏光试验→中间验收。

（2）技术要求

①风管与法兰连接前，应检查风管的外径或外边长和法兰内边尺寸的偏差是否符合要求。连接时，必须使法兰平面与风管同心线保持垂直。

②风管系统安装前，应进一步核实风管及送回（排）风口等部件的标高是否与

设计图纸相符。

③风管始端与通风机风管连接软接处必须设限位支架。

④干管上有较长的支管时，支管上必须设置支、吊、托架，以免干管承受的支管过重而造成破坏现象。

⑤垂直安装的保温风管支架间距为3m，并在每根立管上设置不少于两个固定件，穿楼板时应加固定支架。

⑥风管转弯处两端加支架。

⑦风管安装时，必须保持风管中心线的水平。

⑧风管安装时的支、吊、托架应等距离排列，但不能将其设置在风口、风阀、检视门及测定孔等部位。矩形保温风管不能直接与支、吊、托架接触，应垫上垫木，垫木的厚度与保温层厚度相当。

⑨支架埋入墙体或混凝土前应去除油污（不得喷涂油漆）以保证结合牢固，填塞水泥砂浆应稍低于墙面，以便土建修饰墙面补平。

⑩风管支、吊架的吊杆应按风管中心线对称安装，不能直接吊在风管法兰上。

⑪安装立管用线坠吊正，保证风管的垂直度。

⑫连接法兰的螺母应在同一侧，连接螺栓需作防腐处理。

⑬使用倒链起吊风管时，风管下不能站人，由专业人员指挥；固定点要牢固。

（3）防腐

①镀锌钢板在制作中镀锌层破坏处应涂环氧富锌漆。

②防锈漆面漆采用带油带水带锈防腐底漆，面漆颜色待施工中与装修专业协调好决定。

③对保温的风管应在保温前内外表面各涂防锈底漆两遍。

④在涂刷底漆前，必须清除表面的灰尘、污垢、锈斑、焊渣。

⑤支吊托架的防腐处理应与风管和管道一致。

⑥注意事项：

a.所有的油漆材料应有产品出厂合格证。

b.油漆施工前，对锈蚀的风管和支架进行除锈处理。

c.使用各种油漆，必须了解其性质，并按有关技术安全条件进行操作，以免发生事故。

d.涂漆后的干燥通常采用在18～25℃的环境温度中自然干燥，或采用人工干燥方法进行。

8）部件安装

（1）风口安装

①风口表面应平整、美观，风口外表面不得有明显的划伤、压痕与花斑，颜色应一致。

②可调节的风口安装前和安装后应扳动一下调节柄或杆，保证调节灵活。

③安装风口时，应注意风口与散流器平顶齐平，与散流器所在房间线条协调一致，做到横平竖直，尤其当风管暗装时，风口应服从房间的线条，吸顶的扩散圈应保持等距，散流器与总管的接口应牢固可靠。

（2）各类阀件安装

①阀门安装时，阀门调节装置要设在便于操作的位置，安装在高处的阀门要留检查维修的空间。

②防火阀、防（排）烟阀（防火阀应单独设置支吊架）安装时，注意气流方向，不能装反。安装时注意保护熔断片，不要损坏。

③止回阀、手动调节阀阀轴必须灵活，阀板关闭应严密。

9）质量通病防治措施

（1）风管法兰互换性差的防治措施

①质量评定标准中规定：圆形法兰的内径或矩形法兰的内边尺寸允许偏差为 +2mm，不平整度不应＞2mm。因此，法兰的下料尺寸必须准确。对于圆形法兰下料应按角钢划线后，可用角钢切断机或联合冲剪机切断。切断后的角钢还须进行找正调直，并将切口两端毛刺用角磨机磨光。

②人工热煨圆形法兰时，以直径偏差≤0.5mm的要求制作胎具。将角钢或扁钢加热至红黄色，进行煨制。直径较大的法兰可分段多次煨制，一般煨2～3次而成。煨好后的法兰，待冷却后，稍加找圆平整，即可焊接、钻孔。

③机械煨制圆形法兰时，应根据法兰直径的大小，搬动丝杠，对齐辊轮上、下位置进行调整试煨，待法兰直径符合要求后，可连续煨制。

④胎具是制作矩形法兰使其保证内边尺寸允许偏差、表面平整度和四边垂直的关键装置。在制作胎具时，必须保证四边的垂直度，对角线误差不得＞0.5mm。

⑤法兰螺栓的相隔间距要满足施工验收规范的规定，即对于通风、空调系统不应＞150mm；法兰按要求的螺栓间距分度后，将样板按孔的位置作正、反方向旋转，以检验其互换性。如孔的重合误差只＜1mm，则可用扩大孔径的办法进行补救，否则应重新分孔。

⑥为便于穿装螺栓，螺孔直径应比螺栓直径大1.5mm。在法兰上冲孔时，使

用定位胎具的孔径和螺孔间距尺寸要准确，安放要平稳。法兰钻孔时，可将定位后的螺孔中心用样冲定点，防止钻头打滑产生位移。

（2）法兰铆接后风管不严密的防治措施

①铆钉间距应按规范的要求打孔。一般通风系统法兰铆钉的间距不应＞150mm。

②铆钉与铆孔应为紧配合，而且要使铆钉穿入法兰和风管后留有一定的铆接长度，其铆钉孔与铆钉直径和长度应符合规定。

③风管在法兰上的翻边量应以翻边后不遮住螺栓孔为原则，规范中要求翻边尺寸为6～9mm，法兰用料的尺寸较小时可取上限值，用料尺寸较大时可取下限值。

④风管翻边四角开裂处应用锡焊或涂以密封胶。咬口重叠处，翻边后应将突出部分铲平，四角不应出现豁口，防止漏风。

（3）风管翻边宽度不一致的防治措施

①为了保证管件的质量，防止管件制成后出现扭曲、翘角和管端不平整现象，在展开下料过程中应对矩形的四边严格进行角方。

②法兰的内边尺寸正偏差过大，同时风管的外边尺寸负偏差也过大时，应更换法兰，在特殊情况下可采取加衬套管的方法来补救。

③风管在套入法兰前，应按规定的翻边尺寸确保角方无误后，方可进行铆接翻边。

（4）送风口安装不符合要求

①各类风口安装应注意美观、牢固、位置正确、转动灵活，在同一房间安装成排同类风口，必须拉线找直找平；送风口必须标高一致，横平竖直，表面平整，与墙面平齐，间距相等或匀称；散流器或高效过滤器风口，应与顶棚面平齐，位置对称，多风口成行成一直线；并注意风口外形的完整性，不得碰撞损坏。

②为保持洁净房间的密封性，防止顶棚内的灰尘落入室内，在安装散流器或高效过滤器风口时，顶棚与风口接触处必须垫上闭孔泡沫橡胶密封垫。

③风口与风管连接不论是硬连接或是柔性连接，风口必须固定，连接牢固可靠。

（5）风管柔性短管安装不当的防治措施

①柔性短管主要是用来隔离风机对风管的振动，降低机械噪声，常用于风机的吸入和排出口与风管的连接处。柔性短管的长度不宜过长，一般为150～250mm。

②为保证柔性短管在系统运转过程中不扭曲，安装应松紧适度。对于装在风机的吸入端的柔性短管，安装可稍紧些，防止风机运转时被吸入，减小柔性短管的截面尺寸。在安装过程中，不能将柔性短管作为找平找正的连接管或异径管来

建设工程创新创优实践
——武陟县人民医院门急诊医技综合楼工程创新创优纪实

使用。

2.管线综合布置技术

1）应用概况

工程在机电安装工程施工前，对工程楼层管线复杂的部位，利用BIM三维设计软件，模拟机电安装工程施工完成后的管线排布情况，直观地反映出设计图纸上的问题，结合原设计图纸管道的规格和走向，综合考虑后对施工图纸进行深化，达到实际施工图纸要求。

2）施工准备

（1）人员的配备与要求

①全面的专业机电安装知识与经验的技术人员1～2名。

②各专业技术质量人员1～2名，各专业有施工经验的施工人员1～2名。

③成员之间要有良好的团队意识，沟通交流能力，并且能熟练操作电脑，会使用CAD绘图、BIM系列软件。

④加强各专业（包括土建与安装）之间的配合。

⑤设计单位、建设单位、监理单位及施工单位要建立良好的沟通体系。施工单位要与建设单位、监理单位形成良好的沟通，及时了解需求及变化，确认深化设计的方向与成果。沟通与交流贯穿于整个管线布置综合平衡技术的全过程。

⑥理解设计院的施工图纸的设计意图可以更好地优化综合排布。除了需要熟悉原设计的系统工作原理、路线、位置外，还需要搞清楚系统的设计思路，基本计算公式，经验数值的取值范围，系统部件的工作正常条件与参数，以及正确的施工方法与施工要求，这是确保深化设计合理性、可行性、高效性的重要条件。

（2）材料与设备：

高配置计算机、AutoCAD软件、BIM系列软件、office办公软件、机电安装整套图纸、整套结构图纸、施工规范图集、打印机、移动存储设备、网络等。

3）施工工艺及施工方法

（1）施工工艺流程图

技术准备→施工图纸审查→整理施工图纸电子版→各专业修改、优化专业图纸→各专业对修改图纸进行自审→制作机电安装管线综合平面图→综合平面图的讨论及会审→编制剖面节点详图→出图报甲方及设计院审批→正式施工。

（2）施工方法

①技术准备时要选定各机电安装专业技术人员1～2名，调配计算机、打印机等相关设备，组建技术施工小组，对各人员进行职能分配。

②建设单位提供的设计院的全部机电安装施工图纸电子版。

③各专业技术人员对施工图认真审核，发现问题及时记录，当进行图纸会审时，积极与设计人员交流、充分沟通、完善节点设计和施工详图设计。

（3）整理施工图纸电子版

准备好电子版的施工图纸，并通过对施工图纸的审核及与设计人员的沟通对电子版的施工图纸进行优化整改，将不需要的尺寸线及构筑物线条去掉，并将土建的结构图纸与机电安装图纸进行合并检查，并形成记录。

（4）统一标注

由于各专业的习惯不同，在表示空间位置时各有各的表达方式。一般风管标注的是风管顶面标高，空调水管为管底标高，空调风管、水管所表示的均是不含保温层的标高，消防和给水排水管标高表示的是管中心标高，电缆桥架标注的是下底相对该层地面的标高。设备专业地下部分采用绝对标高，地上部分是以各层地面为参考点的相对标高，而电气专业全部以本楼层地面为参考点，标注的是相对楼层地面的桥架下底标高。为了进行管线综合，必须统一标注。首先电气和设备专业的做法统一，和设备专业一样，地下采用绝对标高，地上采用相对标高。考虑水管的外径尺寸、风管的厚度、桥架的高度、风管和空调水管保温层的厚度，将一点式标注改为两点式，即空间占位的上顶和下底标高。只有这样才便于比较，便于绘制管线综合图。

各专业修改、优化本专业图纸时，对原图中的管线示意走向及尺寸明确出来，在符合规范及原设计意图的前提下，从便于施工及实际操作等方面出发对图纸进行合理化的修改，并形成修改记录，技术负责人对各专业管线的制图颜色标准提出要求，便于区分。

各机电安装专业修改图纸后，从专业技术规范、设计意图、甲方、监理的要求出发，对完成的初稿进行自审，其间要注意垂直管线位置（如管道竖井，电气竖井）及至平面的标高与位置。

在绘制综合平面图前要查看施工现场的具体状况依照"临时管线让永久性管线，小管线让大管线，有压管线让无压管线，非主要管线让主要管线，可弯曲管线让不可弯曲管线，技术要求低的管线让技术要求高的管线"的原则确定标高及平面位置。

各机电安装专业图纸和建筑结构图纸梁、板、柱尺寸核对，无论何种管线均不得撞梁、穿梁，否则，应调整管线标高，使之在建筑结构允许的空间内进行。

利用计算CAD绘图软件将各专业电子图纸按照不同专业不同层的方法进行叠

加，形成管线布置综合平衡平面图。在绘制管线布置综合平衡图时，要结合各专业技术人员的意见，对其进行合理化的讨论，发现问题并加以整改。合并各专业图纸后由项目技术负责人绘制剖面图及节点详图。

图纸会审由设计院、建设单位、监理单位、施工单位共同参加，对综合平衡图纸进行最后一次会审，对各方意见进行汇总并形成记录。根据会审记录修改图纸，重新出图。出图后须按要求提交建设单位及设计单位审核批准。

（5）施工措施

①安全及环保措施

a.工作前必须检查各电源，确认完好方准使用。

b.电脑中应该安装杀毒及防火墙软件，并及时更新。

c.下班时必须关闭电脑及打印机电源。

d.防止触电、因电气短路引起的火灾等事故。

e.减少办公用纸、节约水电、加强饮用水卫生。

f.打印机的废旧墨盒设专门的堆放地点。

②质量保证措施

a.凡是原标高位置不动即可施工者一律不改，只对非动不可的管线进行调整。

b.管线调整需保证原设计功能不变，如有坡度的水管坡度不变，以利于管路排水等。

c.调整后便于安装、维修、使用和管理。

d.全面关注影响管线综合的各类因素，除建筑结构及管线本身尺寸外，还要考虑保温层厚度，施工维修所需要的间隙，吊架角钢、吊顶龙骨所占空间，以及有关设备如吊柜空调机组和吊顶内灯具，装修造型等各种有关因素。

3.非金属复合板风管施工技术

1）工程概况

工程消防区域共设置防排烟系统24个，排烟风管采用机制玻镁复合板，以改性氯氧镁水泥胶凝材料和中碱玻璃纤维网格布为表面加强层，泡沫绝热材料或不燃轻质材料为中间夹心层，采用机械化工艺制成。板材表面贴有铝箔或内外表面均贴有铝箔。非金属复合板风管用量约6500m^2。

2）施工准备

（1）材料及主要机具

所用的无机原料、玻纤布及填充等应符合设计要求。原料中填充料及含量应有法定检测部门的证明技术文件。玻纤布中的玻璃纤维含量与规格应符合设计要求，玻纤布应干燥、清洁，不得含蜡。主要机具有：各类胎具、料桶、刷子、不锈钢板尺、角尺、量角器、钻孔机。所制成品的主要技术参数应符合国家有关试验规定。

（2）作业条件

集中加工应具有宽敞、明亮、洁净、通风、地面平整、不潮湿的厂房。有一定的成品存放地并有防雨、雪、风且结构牢固的设施。作业点要有相应的加工用模具、设施电源、消防器材等。成品制作应有批准的图纸，经审查的大样图、系统图，并有负责人的书面技术、质量、安全交底。

（3）施工工艺及施工方法

①工艺流程：支模→成型（按规范要求一层无机原料一层玻纤布）→检验→固化→打孔→入库→安装。按大样图选适当模具支在特定的架子上开始操作。排烟风管用1:1经纬线的玻纤布增强，无机原料的重量含量为50%～60%。玻纤布的铺置接缝应错开，无重叠现象。原料应涂刷均匀，不得漏涂。玻璃钢排烟风管和配件的壁厚及法兰规格应符合表6-1-6的规定。

玻璃钢风管和配件壁厚及法兰规格　　　　　　　　表6-1-6

矩形风管大边尺寸（mm）	管壁厚度δ（mm）	法兰规格a×b（mm×mm）
＜500	2.5～3	40×10
501～1000	3～3.5	50×12
1001～1500	4～4.5	50×1
1501～2000	5	50×15

②法兰孔径：排烟风管大边长＜1250mm，孔径为9mm，风管大边长＞1250mm，孔径为11mm，法兰孔距控制在110～130mm之内。法兰与排烟风管应成一体并与壁面要垂直，与管轴线成直角。排烟风管边宽≥2m，单节长度≤2m，中间增一道加强筋，加强筋材料可用50mm×5mm扁钢。所有支管一律在现场开口，三通口不得开在加强筋位置上。

③安装方法：

a.排烟风管连接采用镀锌螺栓，螺栓与法兰接触处采用镀锌垫圈以增加其接触面。

b.法兰中间垫料采用Φ6～8石棉绳，若设计同意也可采用8501胶条垫料规格为12mm×3mm。

c.支吊托架形式及间距按下列标准执行：

建设工程创新创优实践
——武陟县人民医院门急诊医技综合楼工程创新创优纪实

排烟风管大边≤1000mm，间距＜3m（不超过），排烟风管大边＞1000mm，间距＜2.5m（不超过）

d.因排烟风管是固化成型且质量易受外界影响而变形，故支托架规格要比法兰高一档（表6-1-7）以加大受力接触面。

排烟风管规格   表6-1-7

排烟风管大边长（mm）	托盘（mm）	吊杆（mm）
＜500	L40×4	Φ8
500～1000	L50×4	Φ10
1000～2000	L50×4.5	Φ10
＞2000	L50×50	Φ12

e.排烟风管大边大于2000mm，托盘采用5号槽钢为加大受力接触面。要求槽钢托盘上面固定一条铁皮，规格为100mm（宽）×1.2mm（厚），如图6-1-2所示。

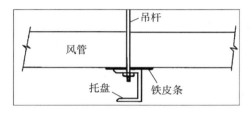

图6-1-2 排烟风管固定方式

f.所有排烟风管现场开洞，孔位置规格要正确，要求先打眼后开洞。

g.验收每批产品之后，将检查结果上报监理工程师审核，不合格的产品不能用于工程安装，由责任供货单位或厂家进行处理。

h.成品抽查率按系统的5%进行检验。

3）施工措施

（1）排烟风管板材应干燥、平整，板材表面的铝箔隔气保护层应与内芯材料粘合牢固，内表面应有防脱落的保护层，并应对人体无害。当排烟风管连接采用插入接口形式时，接缝处的粘结应严密、牢固，外表面铝箔胶带密封的每一边粘贴宽度不应小于25mm，并应有辅助的连接固定措施。

（2）当排烟风管的连接采用法兰形式时，法兰与排烟风管的连接应牢固，并应能防止板材内心材料外漏和冷桥。

（3）排烟风管表面应平整、两端面平行，无明显凹陷、变形、起泡。

（4）柔性短管应符合下列规定：

应选用防腐、防潮、不透气、不易霉变的材料。用于空调系统的应采取防止结露的措施，用于净化空调系统的还应是内壁光滑、不易产生尘埃的材料。柔性短管的长度，一般宜为150～300mm，其连接处应严密、牢固可靠。柔性短管不宜作为找平、找正的异径连接管。设于结构变形缝的柔性短管，其长度宜为变形缝宽度加100mm及以上。

（5）风管的安装应符合下列规定：

风管安装前，应清除内外杂物，并做好清洁和保护工作。风管安装的位置、标高、走向，应复合设计要求。现场风管接口的配置，不得缩小其有效截面。

（6）连接法兰的螺栓应均匀拧紧，其螺母宜在同一侧。

（7）风管接口的连接应严密、牢固。风管法兰的垫片材料应符合复合系统功能的要求，其厚度不应小于3mm。垫片不应凸入管内，亦不宜突出法兰外。

（8）柔性短管的安装，应松紧适度，无明显扭曲。

（9）可伸缩性金属或非金属软风管的长度不宜超过2m，并不应有死弯或塌凹。

（10）风管与混凝土风道的连接口，应顺着气流方向插入，并应采取密封措施。风管穿出屋面处应设置有防雨装置。

（11）不锈钢板保温层与碳素钢支架的接触处，应有隔绝或防腐绝缘措施。

（12）质量控制要点：

①排烟风管材料进场检验，要保证粘结强度，板材下料使用专用刀具等。

②板材切割要保证平直及切割面和板面垂直，否则风管组合时会出现折角歪斜、不美观，因此矩形风管板材切割时应采用平台式切割机。切割风管侧面时，应同时切割出组合用的阶梯线，切割深度控制在不触及板材外覆面层，切割宽度控制在与风管板材厚度相等。切割出阶梯线后，要注意用工具刀刮去阶梯线外夹心层。

③专用胶粘结剂须按原厂说明书要求严格配置（粉剂与液剂的重量比为5:3）。

④排烟风管固化养护时间必须充分。排烟风管粘结组合成型后，应根据环境温度，按照规定的时间确保粘结剂固化。在此时间内不得搬移排烟风管。专用胶固化后，拆除捆扎带，并再次修正粘结缝余胶，可以用角磨机打磨，填充空隙，然后在平整的场地进行养护。固化及养护时间必须保证，达到规定强度方可进行安装。

（13）成品保护措施

运输时注意成品保护，不得碰撞摔损。成品存放地要平整并有遮阳防雨措施。码放时总高度≤3m，上面无重物压力。运至工地的风管及管件应有统一正确的安装顺序编号及编号图。支吊托架的预埋件或膨胀螺栓位置应正确，牢固可靠，不得设在风口或其他开口处。法兰垫料不是凸出法兰外面，连接法兰的螺栓拉力要均，方向一致（螺母在同一侧），以免螺孔受损。排烟风管在安装时不得碰撞或从架上摔下，连接后不得出现明显扭曲。

6.1.6 绿色施工技术

1. 预拌砂浆技术

1）应用概况

工程砌筑砂浆和墙体抹灰用砂浆全部采用预拌砂浆。此项技术具有抗收缩、抗龟裂、防潮等特性。使用预拌砂浆墙体不空鼓、不开裂，大大提高房子的抗震等级。工程用量约为 6000m³。

2）施工准备

（1）根据施工图纸进行工程量计算，确定材料种类及各阶段材料用量，进行订货采购，与厂家签订供货合同，确保工程施工顺利进行。

（2）预拌砂浆的品种应根据设计、施工等要求确定。干混砂浆应外观色泽均匀，无结块、受潮现象。袋装干混砂浆应包装完整，不受潮。

（3）干混砂浆应采用机械搅拌，搅拌时间应确保砂浆搅拌均匀，并应符合产品使用说明书的要求。砂浆应随用随拌，一次搅拌量应在砂浆保塑时间或可操作时间内用完。搅拌结束后应及时清洗搅拌设备。

（4）应在筒仓外壁明显位置标明砂浆的品种、类型、批号等内容。筒仓应符合推荐性行业标准《干混砂浆散装移动筒仓》SB/T 10461—2008 的要求。

（5）设置在现场的筒仓应按筒仓使用要求安装牢固。更换砂浆品种时，筒仓应清空。

3）主要施工方法

（1）预拌砂浆按施工阶段的不同可分为预拌砌筑砂浆、预拌抹灰砂浆、预拌地面砂浆。干混砂浆使用时应按照产品说明书的要求在现场加水或配套组分搅拌，除规定组分外不得添加其他成分。

（2）预拌砂浆应采用机械搅拌。除水外不得添加其他成分。

（3）搅拌均匀的预拌砂浆拌合料应随拌随用，从加水搅拌至施工完毕，不超过2h。超过施工规定时间的砂浆拌合物严禁二次加水搅拌使用。

（4）抹灰砂浆和地面砂浆在施工前，必须进行基层处理，即将基层表面的尘土、污垢、油渍等清理干净，并应洒水润湿。每遍涂抹厚度宜为 7～9mm，应待前一遍抹灰凝结后，方可涂抹后一层。同时不可涂在比其强度低的抹灰砂浆上。

（5）施工方法均可按照施工及现场规范的有关规定执行。具体如下：

预拌砌筑砂浆的施工按现行国家标准《砌体工程验收规范》GB 50203—2011的有关规定执行。预拌抹灰砂浆的施工按现行国家标准《砌体工程验收规范》GB 50203—2011的有关规定执行。外墙、卫生间和厨房等易受潮部位的抹灰不得采用预拌抹灰石膏砂浆。预拌地面砂浆的施工按现行国家标准《砌体工程验收规范》GB 50203—2011的有关规定执行。

当施工现场气候炎热或干燥季节，可酌量增加搅拌用水量。当气温超过30℃时，必须在1.5h左右用完。当室外日平均气温连续5天稳定低于5℃时，即进入冬期施工阶段，预拌砂浆的施工应采取冬期施工措施。冬期施工期限以外，当日气温低于0℃时，也应按冬期施工的规定执行。

具体大致有以下措施：现场的砂浆拌合料应采取保温措施；砂浆拌合料的温度及施工面的温度不应低于5℃；抹灰（粘结）层应有防冻措施；生产厂家及时调整产品配方，以适应冬期施工。

4）质量控制措施

以质量求生存、求发展是我公司的质量方针。项目经理部通过认真学习预拌砂浆相关规定、标准，强化质量意识，建立行之有效的质量管理体系，能够使预拌砂浆的各项工作均处于良好的受控状态。

在施工过程中，项目经理部将严格按照现行地方性法规规定，认真做好工程的预拌砂浆工作，根据工程的特点，项目经理部将对以下环节作为预拌砂浆的质量控制点：

（1）选择有类似预拌砂浆工程施工经验的队伍，并对其在建工程（或已完工的工程）进行考察。

（2）预拌砂浆生产厂家有本市生产准用证、检验报告及出厂合格证，主要材料必须有材料交易证。使用前必须经复试合格后方能使用。

（3）制定相应技术措施，做好工序过程控制。

施工前应做好技术关口前移。施工前认真编好作业指导书，做好技术交底。

施工过程中严格执行三检制和样板引路制度，做好预测预控及全方位的过程控制。

做好技术复测及资料整理工作，主要材料及施工过程操作要留有痕迹，具有可追溯性。对关键部位及特殊工序要责任到人，进行控制。做好各专业接口及预留预埋的专业检查。

2.粘贴式外墙外保温隔热系统施工技术

1）应用概况

工程外墙采用55mm厚A级半硬质岩棉板，架空楼板处采用80mm厚A级半硬质岩棉板；半硬质岩棉板不仅具有很好的保温隔热性能、防火性能突出，还大大减少了温差应力造成的墙体开裂和破损，提高了建筑物的使用寿命，工程用量约为20815m²。

2）施工准备

（1）岩棉板材料必须有出厂合格证、检验报告单，进场后复试合格方能进行安装施工。

（2）根据施工现场施工需要，组织材料进场和施工人员进场。材料分类挂牌存放，保温板采用塑料薄膜袋包装，防潮防雨，包装袋不得破损，应存放在干燥通风的库房里，并按品种、规格分别堆放，避免重压；网布、锚固件也应防雨防潮存放。

（3）根据现场实际情况及工程特点、施工进度计划，实行动态管理。主要施工机具设备为：外接电源设备、电动搅拌机、电锤、冲击钻、搅拌桶、钢尺、剪刀、壁纸刀、抹刀、齿形锯刀、2m靠尺、墨斗、脱线板、锤子、滚筒、杠尺、阴阳角抹子等。施工用劳保用品，安全帽、手套、眼镜等准备齐全。

（4）熟悉图纸，编制施工方案。针对工程特点及材料特性，编制具体的施工方案，并经监理（建设）单位批准。

3）主要施工方法

（1）施工流程

基层处理→清洁岩棉板铺贴面→满刷专用粘贴胶→迅速粘贴墙上→养护24h→电钻打眼→安装膨胀螺栓→固定整理

（2）基层处理

墙面应清理干净、清洗油渍、清扫浮灰等。墙面松动、风化部分应剔除干净，墙表面凸起物大于10mm时应剔除。

为使基层墙面附着力统一、均质，墙体要做界面处理，可用喷枪或滚刷均匀涂覆界面砂浆，保证所有的墙面做到界面处理。砖墙、加气混凝土墙在界面处理前要先淋水湿润，堵脚手眼和废弃的孔洞时，应将洞内杂物、灰尘等清理干净，然后浇水湿润，最后用1:2～1:2.5水泥砂浆将其补齐砌严。

（3）锚固要求

采用Φ8×120mm专用配套膨胀螺栓固定岩棉板，每块岩棉板布置6个膨胀螺栓，小块岩棉板也必须保证有3个以上膨胀螺栓固定。岩棉板厚度为55mm、

80mm，为保证膨胀螺栓锚入结构层＞25mm，钻孔深度应＞100mm，操作时可在钻头上做好标记，确保锚固可靠。根据施工图在锚栓安装部位钻孔，并用U形卡子将大圆盘固定在钻孔位置。

（4）施工方法

①根据建筑物高度确定放线方式，利用墙大角、门窗口两边，用经纬仪打直线找垂直，绷低碳钢丝找规矩，横向水平线可依据楼层标高向上500mm线为水平基准线进行交圈控制。根据调垂直的线及保温厚度，每步架大角两侧弹上控制线，再拉水平通线做标志块。

②岩棉板安装按确定的排版图施工，工程是按自上而下沿水平方向进行的，横向按1/2板长错缝铺贴。从墙体拐角处开始垂直交错粘贴固定岩棉板，保证岩棉板在拐角处平顺垂直，阴阳角处岩棉板交错互锁。门窗洞口四角处不得使用小块岩棉板拼接，应采取整块岩棉板切割成型，切口与板面垂直，墙面的边角处应用同样的保温板粘贴固定。

③岩棉板使用前按排版设计好的组合铺贴方式，裁剪下料，裁剪边缘直线误差应＜2mm，拼缝宽≤2mm。

④岩棉板铺贴自上而下相互连接，岩棉板应按顺序铺设，当遇到门窗洞口时，按图纸要求施工。

⑤岩棉板锚固件进入结构墙深度≥25mm，选择用Φ8×120mm专用配套膨胀螺栓固定岩棉板，电锤钻孔，孔径为10mm，孔深为100～110mm（含岩棉板厚度，以55mm厚岩棉板为例），将塑料膨胀螺栓安装并固定，使岩棉板与外墙面紧密结合。锚固点紧固后应低于岩棉板表面1～2mm。锚固点布置方式：在岩棉板四角及水平缝中间均匀设置锚固点。

⑥岩棉板粘贴时先从阴、阳角和门、窗口向上施工，即先用大板做好特殊重点部位。从墙拐角（阳角）处粘贴，应先排好尺寸，切割岩棉板，使其粘贴时垂直交错连接，确保拐角处顺垂且交错垂直。

⑦接缝距洞口四周距离≥200mm。

4）质量保证措施

脚手架小横杆端部距墙应在300mm左右。所用材料、品种、质量应符合设计要求及国家相关规定的要求。岩棉板不得露天存放，为防止岩棉板受潮，岩棉板用塑料袋逐块包装。运输、存放要杜绝野蛮操作，要轻拿轻放，防止损坏岩棉板。施工时的环境温度不得低于5℃，5级以上大风天气和下雨天禁止施工。

夏季施工控制：应做好防晒措施，高于35℃时不得施工，抹面层和饰面层应

建设工程创新创优实践
——武陟县人民医院门急诊医技综合楼工程创新创优纪实

避免阳光直射。

3.工业废渣及（空心）砌块应用技术

1）应用概况

工程为框架结构，填充墙采用蒸压加气混凝土砌块砌筑，该技术具有使用灵活，劳动生产率相应较高；建筑抗震性能好，施工速度快，可节省大量砂浆，环保节能、降低建筑成本等优点。工程用量约为4500m³。

2）施工准备

（1）加气混凝土砌块在运输、装卸过程中，严禁抛掷和倾倒，砌块进场后，要按品种规格堆放整齐。堆放高度不超过2m。

（2）块材、水泥、构造柱钢筋、外加剂等主要材料要进行性能复试，合格后方可使用。

（3）砌筑砂浆：±0.000以下及防辐射房间采用M7.5水泥砂浆，其余部分采用M5的砌筑砂浆。

3）主要施工方法

（1）工艺流程：

墙体放线→制备砂浆→铺砂浆→砌块就位→校正→砂筑镶砖→竖缝灌浆→勾缝。

（2）施工方法

①严格控制好加气混凝土砌块上墙砌筑时的含水率。按有关规范规定，加气混凝土砌块施工时的含水率要小于15%。在砌筑前24h浇水，浇水量根据施工当时的季节和干湿温度情况决定，由表面湿润度控制。禁止直接使用饱含雨水或浇水过量的砌块。

②加气混凝土砌块砌筑墙体，墙底部用实心砖砌筑200mm高。按砌块每皮高度制作皮数杆，立于墙的两端，两相对皮数杆之间拉准线，在砌筑位置放出墙身边线。在砌筑时向砌筑面适量浇水。

③加气混凝土砌块砌至接近梁、板底时，要留一定的空隙待填充墙砌筑完毕，至少间隔7天后，再用实心砖补砌挤紧，砖倾斜度为60°左右，做到砂浆饱满。

④加气混凝土砌块每600mm高设2Φ6.5钢筋通长拉结，钢筋居中放置于灰缝中。端部与墙体内化学植筋绑扎牢固。墙长＞5000mm时，在墙中间处加设构造柱，大洞口（宽度＞2100mm时）两侧及窗间墙处设置构造柱。

⑤墙体放线：砌体施工前，将楼层结构按标高找平，20mm以内用水泥砂浆找平，超过30mm用细石混凝土找平，依据砌筑图放出每一片砌块的轴线、砌体边线

和门窗洞口线。砌筑时灰缝要做到横平竖直，上下层十字错缝，转角处要相互咬槎，砂浆要饱满，水平灰缝≤15mm，垂直灰缝≤20mm，砂浆饱满度要求在90%以上，垂直缝采用内外临时夹板灌缝，砌筑后立即用原砂浆内外勾灰缝，以保证砂浆的饱满度。

⑥构造柱钢筋在砌筑前绑扎到位并做好隐蔽，构造柱浇筑混凝土前必须将砌体留槎部位和模板浇水湿润将模板内的落地灰和其他杂物清理干净，并在结合面处注入适量与构造柱混凝土相同的水泥砂浆，振捣时避免触碰墙体，严禁通过墙体传震。

⑦构造柱处砌体砌筑成马牙槎，先退后进、顶部放开，并按规范要求设置拉结筋，拉结筋的长度伸出墙体不小于1.0m。为保证拉结筋位置准确，在砌筑墙体时按要求进行植筋。

4）施工质量保证措施

（1）砌块提前1天浇水湿润，砌块砌筑时将砌筑面适量浇水，以避免砂浆失水过快而影响粘结力和砂浆强度。

（2）制配砂浆：采用机械搅拌，按照配合比，砂、石、水泥必须先通过计量才能进行搅拌，搅拌时间≥2min。

（3）铺砂浆：用大铲、灰勺进行分块铺灰，砂浆的饱满度≥80%，较小的砌块最大铺灰长度≤1500mm。竖缝灌浆：每砌一皮砌块，就位校正后，用砂浆灌垂直缝，随后进行灰缝的勒缝，深度为3mm。按规定留置砂浆试块，每一层取样一组。

（4）砌体水平灰缝厚度一般为15mm，如果加钢筋网片的砌体，水平灰缝厚度为20~25mm，垂直灰缝宽度为20mm。>30mm的垂直缝，应用C20的细石混凝土灌实。

（5）砌体就位与校正：砌体就位时先远后近，先下后上，先外后内；每层开始时，从转角处或定位砌块处开始，吊砌一皮，校正一皮，皮皮拉线控制砌体标高和墙面平整度，砌块安装时，起吊砌块避免偏心。外墙转角及纵横墙交接处，将砌块分皮咬槎，交错搭砌。

（6）加气混凝土墙体中出现电线管时，必须用切割机切割线槽，然后用小铁锤钻子把芯内多余部分剔除掉，清理干净，管子安装位置要求离开墙面15mm，粘玻璃丝网固定，便于粉刷后不出现裂缝。切锯砌块使用专用工具，不得用斧或瓦刀任意砍劈。洞口两侧用规则整齐的砌块砌筑，加气混凝土砌块墙上不得留脚手眼。

（7）构造柱处砌体砌筑成马牙磋，先退后进、顶部放开，并按规范要求设置拉结筋，拉结筋的长度伸出墙体不得<1.0m。

（8）当绝缘导管在砌体上剔槽埋设时，采用M10的水泥砂浆抹面保护，保护层的厚度≤15mm。

4. 铝合金窗断桥技术

1）应用概况

工程外门窗采用断热低辐射铝合金中空玻璃窗，玻璃采用6Low-E单银钢化＋12A＋6钢化透明玻璃；隔热断桥铝合金的原理是在铝型材中间穿入隔热条，将铝型材断开形成断桥，有效阻止热量的传导。隔热铝合金型材窗的热传导性比非隔热铝合金型材窗降低40～70%，冬季可以有效防止室内结露。工程用量约4600m²。

2）施工准备

（1）材料及主要机具

①铝合金门窗：规格、型号应符合设计要求，且应有出厂合格证。

②铝合金门窗所用的五金配件应与门窗型号相匹配。所用的零附件及固定件采用不锈钢件，其他材质必须进行防腐处理。防腐材料及保温材料均应符合图纸要求，且应有产品的出厂合格证。

③与结构固定的连接铁脚、连接铁板，应按图纸要求的规格备好，并做好防腐处理。

④焊条的规格、型号应与所焊的焊件相符，且应有出厂合格证。

⑤嵌缝材料、密封膏的品种、型号应符合设计要求。

⑥防锈漆、铁纱（或铝纱）、压纱条等均应符合设计要求，且有产品的出厂合格证。

⑦密封条的规格、型号应符合设计要求，胶粘剂应与密封条的材质相匹配，且具有产品的出厂合格证。

⑧主要机具：铝合金切割机、手电钻、圆锉刀、半圆锉刀、十字螺丝刀、划针、铁脚、圆规、钢尺、钢直尺、钢板尺、钻子、锤子、铁锹、抹子、水桶、水刷子、电焊机、焊把线、面罩、焊条等。

（2）作业条件

①结构质量经验收后达到合格标准，工种之间办理交接手续。

②按图示尺寸弹好窗中线，并弹好+50cm水平线，校正门窗洞口位置尺寸及标高是否符合设计图纸要求，如有问题应提前剔凿处理。

③检查铝合金门窗两侧连接铁脚位置与墙体预留孔洞位置是否吻合，若有问题应提前处理，并将预留孔洞内的杂物清理干净。

④铝合金门窗的拆包检查，将窗框周围的包扎布拆去，按图纸要求核对型号，

检查外观质量和表面的平整度,如发现有劈棱、窜角和翘曲不平、严重超标、严重损伤、外观色差大等缺陷时,应找有关人员协商解决,经修整鉴定合格后才可安装。

⑤认真检查铝合金门窗的保护膜的完整,如有破损的,应补粘后再安装。

3)主要施工方法

(1)工艺流程

弹线找规矩→门窗洞口处理→门窗洞口内埋设连接铁件→铝合金门窗拆包检查→按图纸编号运至安装地点→检查铝合金保护膜→铝合金门窗安装门→窗口四周嵌缝、填保温材料→清理→安装五金配件→安装门窗密封条→质量检查→纱扇安装。

(2)弹线找规矩

在最高层找出门窗口边线,用大线坠将门窗口边线下引,并在每层门窗口处划线标记,对个别不直的口边应剔凿处理。用经纬仪找垂直线。门窗口的水平位置应以楼层+50cm水平线为准,往上量出窗下皮标高,弹线找直,每层窗下皮(若标高相同)则应在同一水平线上。

(3)墙厚方向的安装位置

根据外墙大样图及窗台板的宽度,确定铝合金门窗在墙厚方向的安装位置;如外墙厚度有偏差时,原则上应以同一房间窗台板外露尺寸一致为准,窗台板应以伸入铝合金窗的窗下5mm为宜。

(4)安装铝合金窗披水

按设计要求将披水条固定在铝合金窗上,应保证安装位置正确、牢固。

(5)防腐处理

门窗框两侧的防腐处理应按设计要求进行。如设计无要求时,可涂刷防腐材料,如橡胶型防腐涂料或聚丙烯树脂保护装饰膜,也可粘贴塑料薄膜进行保护,避免填缝水泥砂浆直接与铝合金门窗表面接触,产生电化学反应,腐蚀铝合金门窗。

铝合金门窗安装时采用连接铁件固定,铁件应进行防腐处理,连接件选用不锈钢件。

(6)就位和临时固定

根据已放好的安装位置线安装,并将其吊正找直,无问题后方可用木楔临时固定。

(7)与墙体固定

铝合金门窗与墙体固定有三种方法:

①沿窗框外墙用电锤打Φ6孔(深60mm),并用「形Φ钢筋(40mm×60mm)粘

107胶水泥浆，打入孔中，待水泥浆终凝后，再将铁脚与预埋钢筋焊牢。

②连接铁件与预埋钢板或剔出的结构箍筋焊牢。

③混凝土墙体可用射钉枪将铁脚与墙体固定。铁脚至窗角的距离不应＞180mm，铁脚间距应＜600mm。

（8）处理门窗框与墙体缝隙

铝合金门窗固定好后，应及时处理门窗框与墙体缝隙。玻璃棉毡条分层填塞缝隙，外表面留5～8mm深槽口填嵌嵌缝膏，严禁用水泥砂浆填塞。在门窗框两侧进行防腐处理后，填嵌设计指定的保温材料和密封材料。待铝合金窗和窗台板安装后，将窗框四周的缝隙同时填嵌，填嵌时用力不应过大，防止窗框受力后变形。

（9）铝合金门框安装

将预留门洞按铝合金门框尺寸提前修理好。在门框的侧边固定好连接铁件（或木砖）。门框按位置立好，找好垂直度及几何尺寸后，用射钉或自攻螺丝将其门框与墙体预埋件固定。用保温材料填嵌门框与砖墙（或混凝土墙）的缝隙。用密封膏填嵌墙体与门窗框边的缝隙。

（10）地弹簧座的安装

根据地弹簧安装位置，提前剔洞，将地弹簧放入剔好的洞内，用水泥砂浆固定。地弹簧安装质量必须保证：地弹簧座的上皮一定要与室内地坪一致；地弹簧的转轴轴线一定要与门框横料的定位销轴心线一致。

（11）铝合金门扇安装

门扇的连接采用铝角码的固定方法，具体做法与门框安装相同。

（12）安装五金配件

待浆活修理完，交活油刷完后方可安装门窗的五金配件，要求安装牢固，使用灵活。

（13）安装铝合金纱门窗

采用绷铁砂（或钢纱、铝纱）、裁纱、压条固定，其施工方法同钢纱门窗的绷砂，后挂纱扇，装五金配件。

4）质量标准及控制措施

（1）质量标准

铝合金门窗及其附件质量，必须符合设计要求和有关标准的规定。铝合金门窗的安装位置、开启方向必须符合设计要求。铝合金门窗安装必须牢固，预埋件的数量、位置、埋设连接方法，必须符合设计要求。铝合金门窗框与非不锈钢紧固件接触面之间，必须做防腐处理；严禁用水泥砂浆作门窗框与墙体之间的填塞材料。

平开门窗扇关闭严密，间隙均匀，开关灵活。推拉门窗扇关闭严密，间隙均匀，扇与框搭接量应符合设计要求。弹簧门扇自动定位准确，开启角度$90° ± 1.5°$，关闭时间在$6 \sim 10s$范围之内。

铝合金门窗附件齐全，安装位置正确、牢固、灵活适用，达到各自的功能，端正美观。铝合金门窗框与墙体间缝隙填嵌饱满密实，表面平整、光滑，无裂缝，填塞材料、方法符合设计要求。铝合金门窗表面洁净，无划痕、碰伤，无锈蚀；涂胶表面平滑、平整，厚度均匀，无气孔。

（2）质量保证措施

型材加工、存放所需台架等均垫胶垫等软物质。型材周转车、工具等凡与型材接触部位均以胶垫防护，不允许型材与钢制构件直接接触。加工完的铝合金窗框、钢副框立放，下部垫方木。玻璃周转采取胶垫皮等防护措施。玻璃加工平台需要平整，并垫毛毡等软质物。型材包装采用先贴保护胶带，然后外包编织袋的方法实现保护，包装前将其表面积腔内屑清理干净，防止划伤型材，当包装过程中发现型材变形、表面划伤、气泡、腐蚀等缺陷要随即抽出，单独存放，不得出厂。框料上墙前，拆去包裹编织袋，但表面粘贴的工程保护胶带不得撕掉，以防止室外抹灰、刷涂料时污染框料。铝合金窗附近进行电焊时，施工采取适当措施，以防造成铝合金型材表面镀膜受损。

6.1.7 防水技术

防水技术的分项内容为聚氨酯防水涂料施工技术。

1. 应用概况

工程楼地面局部降板处防水层及卫生间采用聚氨酯防水涂料。其操作简单，聚氨酯防水涂料综合性能好，涂膜致密，无接缝，整体性强，粘结密封性能好，在任何复杂的界面均易施工，涂层具有优良的抗渗性、弹性及低温柔性，抗拉强度高，绿色环保，无污染等。工程用量约为$5600m^2$。

2. 施工准备

（1）工具准备

施工前应备有电动搅拌器、搅拌桶、油漆桶、塑料或橡胶刮板、滚动刷、油漆刷、弹簧秤、干粉灭火器、铲刀、小抹子、扫帚、胶皮手套等。

（2）作业条件准备

①涂刷防水层的基层表面，必须将尘土、杂物等清扫干净，表面残留的灰浆硬

块和突出部分应铲平、扫净，阴阳角处应抹成圆弧或钝角。

②涂刷防水层的基层表面应保持干燥，并要平整、牢固，不得有空鼓、开裂及起砂等缺陷。

③在找平层接地漏、管根、出水口、卫生洁具根部，要收头圆滑。坡度符合设计要求，部件必须安装牢固，嵌封严密，经过隐蔽工程验收。

④突出地面的地漏、管根、出水口、卫生洁具根部、阴阳角等细部，应先做好附加层增补处理，刷完聚氨酯底胶后，经检查并办完隐蔽工程验收。

3. 施工工艺

（1）施工工艺

基层清理→底胶涂刷→附加层处理→涂膜层施工→闭水试验。

（2）施工方法

①基层清理

涂刷防水层的基层表面，必须将尘土、杂物等清扫干净，表面残留的灰浆硬块和突出部分应铲平、扫净，阴阳角处应抹成圆弧或钝角。涂刷防水涂料时基层应干燥，表面层含水率应小于9%。基层干燥鉴别的方法，一般可凭经验、肉眼观察。也可用1m见方的塑料布覆盖其上，利用阳光照射1～3h后（也可用吹风机加热的方法），观察其是否出现水汽，若无水汽出现可视为干燥。

②涂刷底胶

先将聚氨酯甲料、乙料加入二甲苯，比例为1:1.5:0.2（重量比）配合搅拌均匀，配制量应视具体情况定，不宜过多。将配制好的底胶混合料，均匀地涂刷在基层上，涂刷量为0.15～0.2 kg/m²。底胶涂刷应按照立面、阴阳角、排水管、立管周围、混凝土接口、裂缝处以及增强涂抹部位的顺序，然后大面积涂刷。涂刷后常温季节4h以后，手感不粘时，即可进行下道工序的施工。

③附加层处理

地面的地漏、管根、出水口、卫生洁具等根部，阴、阳角等部位，应在大面积涂刷前，先做一布二油防水附加层，两侧各压交界缝200mm。

④涂膜层施工

聚氨酯防水材料为聚氨酯甲料、乙料和二甲苯，配比为：1:1.5:0.2（重量比）。其配合比计量要准确，并必须用电动搅拌机进行强力搅拌，时间不低于3min。将已配制好的聚氨酯涂膜防水材料，用塑料或橡胶刮板均匀涂刮在已涂好底胶的基层表面，每平方米用量为0.8 kg，不得有漏刷和鼓泡等缺陷，24h固化后，可进行第二道涂膜层施工。

在已固化的涂层上，采用与第一遍涂膜层相互垂直的方向均匀的涂刷在涂层表面，涂刮量与第一道相同，不得有漏刷和鼓泡等缺陷。24h固化后，再按上述配方和方法涂刮第三道涂膜，涂刮量以$0.4\sim0.5\,kg/m^2$为宜。必须达到设计和规范要求的厚度以上，不得低于设计和规范要求的厚度。

⑤试水

涂膜防水完成，经验收合格后进行蓄水试验，24h无渗漏，方可进行下步施工。

⑥做保护层

防水层完全固化后进行保护层施工，保护层一次做完，加强养护。施工中注意不得破坏防水层。

4.质量保证措施

（1）保证项目

所用涂膜防水材料的品种、牌号及配合比，必须符合设计要求和有关现行国家标准的规定。每批产品应有产品合格证，并附有使用说明等文件。涂膜防水层及其变形缝、预埋管件等细部做法，必须符合设计要求和施工规范的规定。涂膜防水层不得有渗漏现象。

（2）基本项目

涂膜防水层的基层应牢固，表面平整、洁净，阴阳角处呈圆弧形或钝角；聚氨酯底胶应涂布均匀，无漏涂。聚氨酯底胶、聚氨酯涂膜附加层的涂刷方法、搭接收头，应符合设计要求和施工规范的规定，并应粘结牢固、紧密，接缝严密，无损伤、空鼓等缺陷。聚氨酯涂膜防水层，应涂刷均匀，紧密结合，不得出现起鼓、皱折、砂眼、脱层、损伤、厚度不匀等缺陷。涂抹防水层底板表面坡度应符合设计要求，不得有局部积水现象存在。

6.1.8 信息化应用技术

1.虚拟仿真施工技术

1）应用概况

工程建立以BIM应用为载体的项目管理信息化，提升项目生产效率、提高建筑质量、缩短工期、降低建造成本。实际实施过程中通过BIM技术结合施工方案、施工模拟和现场视频监测，大大减少建筑质量问题、安全问题，减少返工和整改。

2）Revit2016软件应用准备

工程被列为郑州市第一建筑工程集团有限公司的重点工程，确定了较高的项目管理目标。为确保项目管理各项目标的实现，充分发挥科技对工程进度、质量、安全的保证作用，提高项目的管理水平，项目部共配置了6台电脑，其中4台用于BIM模型使用，我部组建了BIM小组，明确小组成员各自分工，定期讨论学习，表6-1-8是我部BIM团队软硬件配备及使用情况。

项目经理部BIM技术小组软硬件配备及使用情况　　　　表6-1-8

单位名称：郑州一建第三十六项目经理部　　　　　　　　　　编号：ZZYJ-BIM-36

硬件名称	用途	建议配置	配置台数（实际配置）	已安装软件	说明
台式通用配置	建议建模硬件、BIM系统应用硬件	Windows7 64位 专业版；I7-4770 3.4GHz内存16GB；显卡Nvidia GTX 750以上	2台 Windows10 64位；I7-4790 3.6GHz内存8GB	Revit2016、广联达GGJ、广联达GCL、广联达GBQ、广联达BIM5D、广联达GFY、Sketup软件、品茗施工安全设施计算软件	运行正常
工作站推荐配置	主要用于后期视频制作，图片渲染，用于展示	Windows7 64位 专业版；E3-1240V3 3.40GH内存32GB以上；显卡NVIDIA Quadro系列	1台 Windows10 64位；E3-1231 v3 3.40GHz；内存32GB；显卡NVIDIA Quadro K620	Revit2016、广联达GGJ、广联达GCL、广联达GBQ、广联达BIM5D、广联达GFY、Project项目管理软件、品茗施工安全设施计算软件	运行正常
手提电脑	用于培训学习，外部交流展示	Windows7 64位 专业版；I7-4770 3.4GHz内存8GB；显卡NVIDIA GTX 650以上	1台 Windows10 64位；I7-4770 3.4GHz内存8GB	Revit2016、广联达GGJ、广联达GCL、广联达GBQ、广联达BIM5D、广联达GFY、Project项目管理软件、品茗施工安全设施计算软件	运行正常

3）Revit2016软件应用及方法

（1）Revit2016软件应用及特点

①通过Revit软件模拟技术对现在、未来的施工情况，场区平面布置进行1:1模拟，优化塔吊布置、钢筋及木工加工棚布置、材料堆场及现场道路的布置情况等。

②通过Revit模拟技术对复杂工序及构配件进行1:1模拟放样，多角度对比，优化方案。

③运用BIM模型对砌块进行排布，并精确计算各部位砌块用量，限额领料，确保砌块点对点运输，减少砌块浪费及建筑垃圾。

④漫游动画应用中，人们能够在一个虚拟的三维环境中，用动态交互的方式对在建建筑进行身临其境的全方位的审视。

⑤技术交底时以模型作为沟通平台，三维表达交底内容，提高交底质量。

⑥基于BIM的施工组织设计和方案优化与传统的施工组织设计相比有很大的提高，利用BIM对施工进度计划以及相关施工方案进行三维模拟，更加直观地展示了工程进度以及相关施工方案的具体实施过程，便于发现其中的问题，具体体现在以下两个方面：

a.通过为项目经理提供一个可视化计划验证与推敲的环境，根据项目总控计划，在可视化项目管理平台中利用BIM模型形象地模拟整个项目建造过程，对总控计划中不科学的地方进行先期干预调整，对关键节点进行重点把控，实现对项目总体进度预演与过程掌控辅助的目的，确保工程的顺利进展；

b.针对阶段性施工分解计划，在可视化项目管理平台中按施工任务时间先后顺序，在施工实施前，进行更细粒度施工过程模拟，及时发现可能出现的问题，制定相应的解决或规避办法，从而更好地开展施工前预防和施工中指导工作，不仅有效掌控施工进度，同时也能够减少工程变更，提高工程的整体质量。

（2）Revit2014软件工作流程

该项目BIM模型常见应用点的工作流程，如图6-1-3所示。

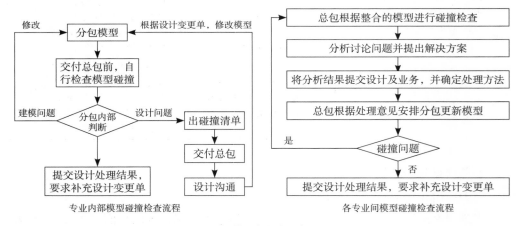

图6-1-3　BIM模型常见应用点的工作流程

4）技术保证措施

（1）BIM相关各部门按工作量大小，至少指定1位熟练掌握本专业业务、熟悉BIM建模、浏览软件操作的人员，组成项目各部门BIM团队，负责相关专业工作。

（2）按照BIM组织架构表成立BIM执行小组，由组长全权负责BIM系统管理和维护。

（3）BIM工作组内部每周召开一次碰头会，针对本周工作情况和遇到的问题，制定下周工作计划。

2.工程量自动计算技术

1) 应用概况

工程采用广联达软件进行自动计算工程量和钢筋计算，工程量自动计算技术是建立在二维或三维模型数据共享基础上，应用于建模、工程量统计、钢筋统计等过程，实现砌体、混凝土、装饰、基础等各部分的自动算量。

2) "广联达"预算软件的功能

广联达预算软件只需输入定额编号和工程量就可调出定额子目，自动汇总，进行工料分析；广联达钢筋软件及图形算量软件，只需将施工图纸及相关数据输入，软件便会自动计算工程量，数据准确，换算方便，并能按要求自动输出多种类型的表格，是项目预、结算动态管理的一个有效工具，大大减少了预算人员的工作量，提高了工作效率，降低了劳动强度，也使计算结果更为准确。广联达使用界面图如图6-1-4所示。

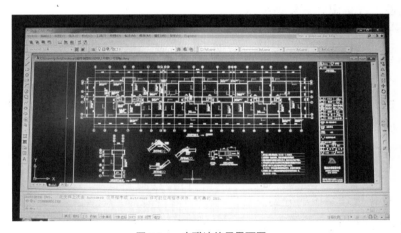

图6-1-4 广联达使用界面图

（1）为每种对象提供方便快捷的操作功能。用户操作简单，界面友好，提供在线帮助，与定额紧密结合，图形的显示、查看灵活方便。

（2）准确计算外墙装修工程量，软件将建筑物立面进行平面展开，预算人员只要将外墙不同的装修做法进行定义，软件就会自动计算不同做法的工程量。

（3）整层换算功能，如果建筑物标准层的实体结构相同，只是由于各层的混凝土标号或砌体砂浆标号不同，预算人员只需画完一层，其余各层通过该功能就可算出各实体的工程量。

（4）层高换算自动处理，如果建筑物的某一层高超过计算规则或定额规定的层高，往往要求相应实体做系数调整或增套子目。遇到这种情况，软件会自动对子目进行换算。

（5）预算处理和图形算量紧密结合，画图同时查套子目并可按要求换算。

（6）提供大量标准图集，只需输入图集的标准代号，子目和工程量自动得到。并提供分部定义的功能，方便施工现场管理，实现造价动态管理。可根据需要提取分层、分部的工程量，查看任意构件的工程量。

（7）处理更多零星项目。如增加采光井、集水坑等实体，提供更完整的子目工程量。可进行图块复制、旋转以及镜像复制。

（8）提供直线、矩形、弧线等多种画法，丰富易用。提供多种报表，方便工程量和子目校对工作，工程量计算书更加接近手工。

"广联达"预算软件是项目预、结算动态管理的一个有效工具，实现了工程量和钢筋量的自动计算和统计。大大减少了预算人员的工作量，提高了工作效率，降低了劳动强度，也使计算结果更为准确。

3.建设工程资源计划管理技术

1）应用概况

武陟县人民医院工程使用郑州一建集团有限公司的信息化管理系统，它包含办公系统、人力系统、项目平台、档案系统、财务系统，尤其是项目平台，包含了系统管理、知识管理、项目管理、合同管理、进度管理、生产管理、资金管理、物资管理、机械设备管理、劳务分包管理、专业分包管理、技术管理、质量管理、安全管理、成本管理、收尾管理、风险管理等内容，全面实现企业总部与项目部实时互动的同时，极大方便了项目管理工作。

2）信息化管理系统的分类及功能

信息化管理系统包括办公系统、人力系统、项目平台、档案系统、财务系统五大系统。

（1）办公系统是员工的日常办公平台，包括集团公司动态、项目部动态、工作计划、工作总结、个人事物、请假审批编辑、公司正常用印申请表等功能模块。平台用户在任何地点和时间都可以认证登录协同办公系统，随时收发信息和文件，使集团日常办公业务可以在网络上快速完成。为增强企业竞争力，提高员工工作效率提供帮助。

（2）人力系统包含HR服务台、我的信息、培训自助、绩效考评、招聘自助、考勤自助等模块，满足企业人力资源信息化的基本要求；帮助企业工作者更好地为企业培训优秀的员工队伍，提升企业的组织能力。为薪酬福利管理、绩效管理、人员优化配置等关键环节提供信息化管理工具，以专业的人力资源管理技术，依托动态翔实的数据，真正体现人力资源的管理价值，为企业的战略决策提供有力支持。

（3）项目平台包含了系统管理、知识管理、项目管理、合同管理、进度管理、生产管理、资金管理、物资管理、机械设备管理、劳务分包管理、专业分包管理、技术管理、质量管理、安全管理、成本管理、收尾管理、风险管理等内容，全面实现企业总部与项目部实时互动的同时，极大方便了项目管理工作。通过使用项目级信息平台将实现项目全过程管理、流程化控制，实现项目部与公司之间的内部协同管理及项目的各种资源集中管理。该系统的使用使公司在管理上有了一个新的飞跃。

（4）档案管理系统采用用户权限管理，内容包括档案著录、档案查询、档案借阅，项目资料管理员把工程档案资料著录到档案系统里，档案管理人员可以通过工程信息轻松地查找文件的编号、标题及归档日期，真正实现了工程档案、竣工资料管理的统一化和标准化管理，解决了工程档案、竣工资料管理的计划性、及时性、完整性和系统性管理难题。

（5）财务系统（或称之为会计系统）是根据财务目标设立组织机构、岗位、配置管理权责和人员，对经营活动、财务活动进行反映、监控、控制、协调的运作体系。

财务系统的基本特点包括：用户自定义会计核算期（包括非日历月）支持跨核算期的财务处理，可同时处理两个核算期账目。用户自定义科目级别（最多12级）及各级科目代码位长，支持随时科目细分。用户自定义自动转账凭证，实现期末自动转账，并可控制结转次序；费用成本成品销售成本利润多币种财务处理，并可定义外币核算方法。

自动控制数据平衡关系，保证数据完整性一致性；期末可自动结转汇兑损益支持数量核算、部门核算；灵活的多栏账设置功能；支持年终记账处理。可独立使用，也可与其他系统集成，信息共享。

另外，在施工项目中推广使用视频监视系统，对施工现场全过程全方位进行监控，达到管理直观、信息资源共享、管理水平提高的目标。视频监控系统的研发与应用，改变了传统的施工企业管理模式，大大提高了管理水平。

通过使用建设工程资源计划管理技术实现了各级管理层次对工程项目主要人、财、物等资源的分权管理，明确各方的责、权、利，实现项目管理的实时监控和透明化，实现公司对项目部主要经济指标的管控、降低成本，提高项目决策能力和管理水平，保障项目的工期及项目的投资成效。

6.1.9 其他技术

1.施工扬尘控制技术

1) 应用概况

通过采取多种有效的措施对扬尘问题进行控制,对施工现场的扬尘控制作了提前规划:主要包括建立洒水清扫制度,购置专业的洒水设备,安装自动喷淋系统,对现场裸土及时进行覆盖和绿化,临时道路进行硬化,在场区门口设置专门的洗车设备,对进出场的垃圾车进行覆盖,安排人员对现场扬尘进行观测记录,对于超标现象及时采取有效抑尘措施。

2) 施工现场扬尘的控制

(1) 土方铲、卸及碾压等过程设置专人淋水降尘。运输车辆装载工程土方,土方最高点不得超过槽帮上缘50cm,两侧边缘低于槽帮上缘10~20cm,并做好覆盖。

(2) 土方作业阶段,采取洒水等措施,如果现场存土,则采取用防尘网覆盖措施,达到作业区目测扬尘高度<1.5m,并不扩散到场区外。

(3) 施工现场出口设置洗车槽冲车处,旁侧设置集水井。

(4) 施工现场车辆进出必须冲洗车轮,行车路面要经常淋水清扫。

(5) 所有进场的水泥、沙子、石子、粒状材料必须用苫布进行覆盖,避免造成扬尘。施工现场使用封闭的库房堆放水泥、石灰粉等易飞扬的材料,防止扬尘;散落地面的粉状物应及时洒水进行打扫,不准遗撒或暴露。大风天气不准装卸水泥、石灰粉等易飞扬粉末性材料。

(6) 为降低施工现场扬尘发生和现浇混凝土对地面的污染,施工现场道路采用混凝土硬化。

(7) 在清理施工垃圾时应使用封闭的专用垃圾道或采用容器吊运,严禁凌空抛撒造成扬尘。施工现场内设置分类封闭垃圾站,及时清运,清运时适量洒水减少扬尘。

(8) 施工现场道路每天设专人随时进行洒水压尘。

(9) 作业面要工完场清,建筑物四周采取周边外架挂网封闭措施,脚手架在拆除前,先将水平网内、脚手板上的垃圾清理干净,放入袋内运下避免扬尘。

(10) 每道工序完工后,要及时清理,将垃圾装入垃圾袋运走。

(11) 现场不得私自乱设食堂,由总包集中建立,统一管理。

建设工程创新创优实践
——武陟县人民医院门急诊医技综合楼工程创新创优纪实

（12）四级以上大风天气，不得进行土方回填、转运以及其他可能产生扬尘污染的施工。

（13）对于装饰过程中的抹灰工程、涂料工程和基础处理、打磨工序采取淋水降尘、作业层（面）封闭措施，饰面板等切割造成的扬尘宜采取封闭处理。

（14）质量保证措施

①定期组织扬尘控制的教育培训，增强施工人员绿色施工意识。

②定期对施工现场扬尘控制实施情况进行检查，做好检查记录。

③建立以项目经理为第一负责人的扬尘控制管理体系，制定扬尘控制施工管理责任制度，定期开展自检、考核和评比工作。

（15）在施工组织设计中编制扬尘控制技术措施或专项施工方案，并确保扬尘控制施工费用的有效使用。

2.施工噪声控制技术

1）应用概况

施工现场噪声分为三个控制等级，混凝土输送泵房为一级控制区，采用封闭式隔声棚进行降噪，钢筋加工区及作业层为二级控制区，采用半封闭式围挡遮挡，其他区域为三级控制区，采用低噪设备降噪。

2）施工现场噪声的控制

（1）施工现场应根据现行国家标准《建筑施工场界环境噪声排放标准》GB 12523—2011的要求制定降噪措施，并对施工现场场界噪声进行检测和记录，噪声排放不得超过国家标准。

（2）提倡文明施工，加强人为噪声的管理，进行进场培训，减少人为的大声喧哗，增强全体施工生产人员防噪扰民的自觉意识。

（3）严格控制施工作业中的噪声，对机械设备安拆、脚手架搭拆、模板安拆、钢筋制作绑扎、混凝土浇捣、钢结构吊装等，按降低和控制噪声发生的程度，尽可能将以上工作安排在昼间进行。

（4）在脚手架或各种金属防护棚搭拆中，要求钢管或钢架的搭设要按搭拆程序，特别在拆除工作中，不允许从高空抛丢拆下的钢管、扣件或构件。

（5）在结构施工中，控制模板搬运、装配、拆除声及钢筋制作绑扎过程中的撞击声，要求按施工作业噪声控制措施进行作业，不允许随意敲击模板的钢筋，特别是高处拆除的模板不得撬落及自由落下，或从高处向下抛落。

（6）在混凝土振捣中采用低噪声振动器，按施工作业程序施工，控制振捣器撞击模板钢筋发出的尖锐噪声。

（7）在清理料斗及车辆时，采用铲、刮，严禁随意敲打制造噪声。木工棚、钢筋棚、砂浆搅拌棚进行围挡降噪。

（8）在现场材料及设备运输作业中，控制运输工具发出噪声的材料、设备搬运、堆放作业中的噪声，对于进入场内的运输工具，要求发出的声响符合噪声排放要求。

（9）在场材料如钢管、钢筋、金属构配件、钢模板材料的卸除，采用机械吊运或人工搬运方式，注意避免剧烈碰撞、撞击等产生噪声。

（10）在易发出声响的材料堆放作业时，采取轻拿轻放，不得从高处抛丢，以免发出较大的声响。

3）质量保证措施

（1）定期组织噪声控制的教育培训，增强施工人员绿色施工意识。

（2）定期对施工现场噪声控制实施情况进行检查，做好检查记录。

（3）建立以项目经理为第一负责人的噪声控制管理体系，制定噪声控制施工管理责任制度，定期开展自检、考核和评比工作。

（4）在施工组织设计中编制噪声控制技术措施或专项施工方案，并确保噪声控制施工费用的有效使用。

3. 工具式定型化临时设施技术

1）应用概况

现场施工区和办公区采用定型化成品彩钢板围挡进行分隔，装拆简便，可反复利用；临边防护、楼梯防护、水平防护定型化；现场施工用电配电箱，采用新型安全配电箱，统一标准化配置；现场氧气、乙炔储存装置定型化，设吊装吊环，可整体移动；室外照明的镝灯支架，施工区、生活区的路灯采用定型化；项目的门禁系统采用标准化门禁系统；临时设施采用彩钢板活动房，可反复利用；厕所的隔断定型化；宣传栏标准化。

2）施工现场工具式定型化临时设施的应用

（1）网片式工具化防护围栏

①1.5m×1.9m网片式工具化防护围栏：

适用范围：地面施工区域分隔、基坑周边防护、未搭设外脚手架张挂安全网的框架结构楼层临边防护、加工车间围护、塔吊基础处围护、消防泵房围护、材料堆场分隔等。

立柱采用50mm×50mm方钢，在上下两端250mm处各焊接50mm×50mm×5mm的钢板，三道连接板均用10mm螺栓固定连接。防护栏外框采用30mm×

建设工程创新创优实践
——武陟县人民医院门急诊医技综合楼工程创新创优纪实

30mm方钢，每片高1.5m，宽1.9m，底端200mm处加设钢板作为踢脚板，中间钢丝网片宜采用直径5mm冷拔丝点焊，网孔边长≤50mm。立柱和踢脚板刷黄黑相间油漆警示，网片刷黄色油漆，并张挂安全警示。立柱底部采用120mm×120mm×5mm钢板底座，并用M10膨胀螺栓与地面固定。

②1.2m×1.5m网片式工具化防护围栏：

适用范围：未搭设外脚手架张挂安全网的框剪结构楼层临边防护。

立柱采用50mm×50mm方钢，在上下两端250mm处各焊接50mm×50mm×5mm的钢板，三道连接板均采用10mm螺栓固定连接。防护栏外框采用30mm×30mm方钢，每片高1.2m，宽1.5m，底端200mm处加设钢板作为踢脚板，中间钢丝网片宜采用直径5mm冷拔丝点焊，网孔边长≤50mm。立柱和踢脚板刷黄黑相间油漆警示，网片刷黄色油漆，并张挂安全警示牌。立柱底部采用120mm×120mm×5mm钢板底座，并用M10膨胀螺栓与地面固定。

（2）工具式防护栏杆

①基本规定：

适用范围：搭设外脚手架并张挂安全网的结构楼层临边、楼梯临边及边长1.5m以上洞口周边的防护。

采用两道防护栏杆，分别设置于0.6m、1.2m处，栏杆表面刷黑黄相间油漆，不大于2m设置一道立柱。立柱底座应采用120mm×120mm×5mm预埋焊接钢板用M10膨胀螺栓与结构固定牢固。

②大于等于1.5m的洞口防护：

洞口四周搭设工具式防护栏杆，立柱底座应采用预埋焊接钢板用螺栓与结构固定牢固，洞口张挂平网。防护栏杆距离洞口边不小于200mm。栏杆表面刷黄黑相间油漆，底端200mm处加设踢脚板，踢脚板表面刷黑黄相间油漆。

③电梯井防护：

电梯井口防护门采用30mm×30mm方管焊接成型。防护门高为1.6m，宽度根据建筑物井口尺寸选定。若电梯井口宽度超过2m，井口防护宜选用A型1.5m×1.8m式工具化防护围栏进行组合安装。在防护门上口两端设置Φ16钢筋作为翻转轴，以使门能上下翻转，方便作业。在防护门底部安装200mm高踢脚板，防护门外侧张挂"当心坠落"安全警示牌。电梯井内首层和首层以上每隔2层且不超过10m设一道水平安全网，安全网应封闭严密。若采用硬防护（满铺脚手板）应每层都满铺。作业面电梯井口及因施工原因暂无法采用定型化防护的电梯井口应采取必要的防护措施。施工过程中，电梯井和管道井不得作为垂直运输通道和垃圾通道。

（3）洞口防护

①小于等于0.5m的预留洞口：

采用洞口内塞紧木枋，上边铺钉模板形式进行防护。盖板上刷黄黑相间油漆。

②0.5～1.5m的洞口：

设置以木枋顶紧洞口边框形成牢固的网格，并在其上满铺模板固定牢靠。四周设置工具式防护栏杆，立柱底座应采用20mm×120mm×5mm预埋焊接钢板用M10膨胀螺栓与结构固定牢固。盖板上刷黄黑相间油漆。后浇带用模板全封闭隔离，沿后浇带方向两侧设置木枋与主体固定，并在其上满铺模板固定牢靠，盖板上刷黑黄相间油漆。

（4）定型化防护棚

①基本规定：

钢筋、木工等加工车间，安全通道，施工电梯防护棚应采用可周转使用的定型化组装式金属框架搭设。加工车间及防护棚地面应采用混凝土硬化。加工车间及防护棚顶部应采用双层硬质防护，覆盖防雨材料，并应有防物体二次坠落措施。加工车间及防护棚顶部应张挂安全警示标识和安全宣传用语的横幅，横幅宽度宜为1m。各种型材及构配件具体尺寸应根据工作需要、当地风荷载、雪荷载进行核算。

②钢筋加工车间：

工具式钢筋加工车间防护棚搭设尺寸宜选用长宽高为4m×6m×5m，单组加工棚拼装加长，具体尺寸根据现场实际情况确定。立柱采用100mm×100mm方钢或12号工字钢。柱间连接杆件、桁架主梁采用100mm×100mm方钢。桁架除主梁外均用60mm×40mm方钢。立柱与桁架各焊接一片10mm×200mm×200mm钢板，以M12螺栓连接。基础尺寸为700mm×700mm×700mm，采用C30混凝土浇筑，预埋10mm×300mm×300mm钢板，钢板下部焊接直径20mm钢筋，并塞焊4个M16螺栓固定立柱。檩条为60mm×40mm方钢，檩条与桁架主梁采用桁架主梁上焊接竖向10mm×100mm×100mm耳板以两个M12螺栓连接。下层檩条下挂0.5mm厚白色压型钢板，檩条上方纵向满铺脚手板。上层檩条上横向满铺脚手板。柱间交叉支撑采用60mm×40mm方钢，用10mm×100mm×10mm耳板连接，M12螺栓固定。

③木工加工车间：

工具式木工加工车间尺寸宜选用4m×5m×6m，具体做法及要求同钢筋加工车间；对环境保护有特殊要求的项目，可采用彩钢板封闭木工加工车间。工具式木工加工车间须在醒目处悬挂操作规程及安全知识宣传图牌，图牌的尺寸为：长×高＝4m×1.5m，图牌朝内。

④移动式操作平台：

移动式操作平台的面积≤10m²，高度≤5m。移动式操作平台的轮子与平台的接合处应牢固可靠，立柱底端离地面≤80mm，平台工作时轮子应制动可靠。操作平台可采用钢管、扣件搭设，也可采用门架或承插式钢管脚手架组装。平台的次梁间距≤800mm，台面满铺脚手板。操作平台四周按临边作业要求设置防护栏杆，并布置登高扶梯。移动平台工作使用状态时，四周应加设抛撑固定。移动平台应悬挂限重及验收标识。

3）质量保证措施

（1）所用材料、品种、质量应符合设计要求及国家相关规定的要求。

（2）在施工组织设计中编制工具式定型化临时设施技术措施或专项施工方案，并确保工具式定型化临时设施费用的有效使用。

（3）建立日巡检制度，及时调整设施使用的范围。

6.1.10 技术攻关项

1.框架结构混凝土新型养护技术

1）应用概况

武陟县人民医院工程单体面积大，使用传统养护方法很难快速及时地进行养护，且养护成本高、养护效率低，无法准确监控洒水养护频次。为了克服上述现有新浇筑结构混凝土养护方式中的不足，工程项目团队拟研发使用一种结构简单、操作使用方便、使用周期长，大大提高新浇筑混凝土养护效率，减少人工投入的新浇筑结构混凝土养护方式。工程用量约58621m²。

2）施工准备

（1）技术准备

工程施工前，项目部QC小组就此创新施工技术研究探讨。查阅混凝土养护相关规范条例，重点掌握新浇筑混凝土养护频率。

编写专项施工方案。根据相关规范、企业标准和专项施工方案，对项目管理人员及施工班组进行技术交底和现场交底，交底内容应明确细部做法、施工质量标准及要求。根据实际操作，技术负责人应实时跟踪落实，检查结果，优化方案。

（2）材料准备

漏电保护器、定时控制器、交流接触器、电磁阀门、变频水泵、变频控制柜、PPR支管、内丝直接、360°旋转喷头、三通管件。

（3）施工工艺及要点

①工艺流程：

变频组件供水系统安装→自动定时控制系统安装→策划预埋供水管网→供水设备组合调试→混凝土浇筑→安装喷淋头→调试出水量、定时时间→进行自动定时控制喷淋养护。

②施工方法：

变频组件供水系统安装：购买合格的变频组件，由材料部负责原材料采购，按照公司《合格物资供方名录》采购材料，经多方看样比较后，为保证原材料质量，选择产品符合要求的可靠品牌厂家。厂家送货到现场后，由厂家技术人员指导现场专业技术人员按照说明书进行安装、固定，完成安装后调试。安装完成后，接入原临时供水水管网进行调试、试运行，查看压力及流量是否满足要求。对已经安装好的变频水泵组件进行验收，压力及流量均应满足要求，满足使用目标。

自动定时控制系统组装：安装前对施工人员进行专项培训，提高安装水平。项目部召集施工人员进行控制系统技术培训，严格按照使用说明书及使用要求安装及组装，确保控制系统正常运行。安装完成后与电磁阀正确连接，进行定时自动控制系统调试、试运行。对定时控制器控制系统进行性能检查，经试验，确保定时自动控制器监控准确、反应敏捷、安装合格。

供水设备组合调试：变频组件供水系统和定时控制系统安装完成后，设定自动启闭时间，数据处理程序设定进行组合调试。确认供水设备组合调试合格。

策划预埋供水管网：利用BIM技术进行模拟施工，优化管线区域布置。作业前进行专项技术交底，PPR塑料管热熔连接时应注意的各种事项，如热熔连接处是否存在渗漏的隐患部位。施工连接前，管道及管件上的杂物清理干净。进行管网安装过程中，热熔器达到加热时间后，应立即把PPR管材与管件从热熔器两端迅速取下，并迅速无旋转、均匀地用力把管子插入25mm深，使接头处形成均匀凸圈。在规定的加热时间内，对刚熔接好的接头出现歪斜迅速进行调直校正。喷头之间保持净距为15m。供水管网安装完成后，进行目测检查和管道试压。确保水压在实验持续时间内保持稳定，无渗漏现象。

360°旋转喷头安装：做好原材料采购，根据厂家产品介绍喷头有效覆盖10m，结合作业面实际情况及水压变化情况，选用360°旋转喷头，为保证原材料质量，选用可靠的供货商购买。对进场的原材料进行检查验收，原材料外观尺寸、规格尺寸、性能均符合要求，原材料合格证及质量检验报告齐全有效。根据喷头有效覆盖半径10m，考虑水压变化情况，最后将喷头间距确定为15m，并安装360°塑料喷淋头。在施工现场对360°旋转喷头进行效果检查，360°旋转喷头覆盖半径为10m，满足在四级风的情况下正常工作，确保满足要求。

喷淋养护装置组合联动调试：各个系统全部安装完成，进行对接连接，对变频组件系统和自动定时控制系统及供水管网和360°旋转喷头进行一次喷淋养护装置组合联动调试检验。设定自动启闭时间，数据处理程序设定进行组合联动调试，确保联合调试成功。

混凝土浇筑及收面施工：各种管线埋设完成验收后，用汽车泵进行混凝土泵送浇筑施工，抄平控制板面标高，人工进行插入式振捣棒振捣，确保混凝土浇筑质量，混凝土初凝前进行机械收面，保证板面平整密实，做好混凝土养护准备工作。

进行自动定时控制喷淋养护：根据现浇混凝土养护面积、养护周期、天气温度、设定养护时间间隔、喷水量，进行数据程序设定、设定自动启闭程序，启动装置开关，进行有效的现浇混凝土喷淋养护过程。

（4）质量保证措施

①做好混凝土的配合比试验，原材料送第三方试验室进行检测，根据配比报告添加外加剂，进行商品混凝土的配比施工。

②施工现浇筑过程中，做好混凝土的配送时间控制，做好混凝土的浇筑振捣施工，在初凝之前对混凝土进行机械收面施工，确保混凝土施工质量。

③在现浇混凝土养护装置启动实施过程中，加强跟踪检查，检查各个系统是否正常工作，喷淋头洒水覆盖面积是否全部覆盖到位，观察养护效果是否满足现场需要，浇水次数是否能保持混凝土处于湿润状态，既能达到养护的目标又节约水源。根据天气和温度，当日平均气温低于5℃时不再进行浇水养护。对用水水表水量进行数据统计，结合养护质量，按照时间控制系统进行微调，确保混凝土养护质量。根据统计用水量的数据，进行对比分析，比较新型设施的功率和能效，以及节约用水量。

2.二次结构管线暗埋砌块钻孔技术

1）应用概况

工程填充墙体采用蒸压加气混凝土砌块，传统二次配管施工需要砌体施工完毕后，在砌块墙体上开槽进行管线暗埋作业，在后期开槽作业过程中因开槽振动导致破坏墙体整体性，耗费大量的人力物力，对后期粉刷质量产生裂纹影响。工程拟在砌体工程施工阶段结合BIM技术，准确确定管线位置，对砌块使用一种结构简单、操作使用方便、使用周期长，可以提高砌块钻孔效率和钻孔垂直度的砌块钻孔装置进行钻孔，形成管线暗埋作业。工程用量约8000m³。

2）施工准备

（1）技术准备

①砌体工程施工前，要结合BIM技术进行墙体砌块预排版，准确确定管线位置。

②墙体放线：在楼层结构板弹墙体边线及控制线，在相邻框架柱和剪力墙上弹竖向墙体边线；应按墙体的宽度弹线，墨迹清楚，位置准确。

③技术交底：该施工程序与传统施工程序差别较大，需对各级管理人员及作业人员对施工工序及技术要求进行细致说明与讲解，使各级管理人员及作业人员明白操作要点及技术要求。

④编写专项施工方案。

⑤根据实际操作，技术负责人应实时跟踪落实，检查结果，优化方案。

（2）材料准备

蒸压混凝土加气块、灰砂砖、预拌砂浆、钢筋。

（3）主要施工机具准备

砌块切割机、电动运砖车、小推车、移动灰槽、大铲、瓦刀、扁铲、拖线板、线坠、白线、卷尺、水平尺、铝合金刮杠。

3）施工工艺及要点

（1）工艺流程

砌体排版→砌体排版优化、出具料单→集中加工→标注、植筋→统一配送→按排版图施工。

（2）施工方法

①砌体排版：

用revit软件建模完成后，将模型导入到BIM5D中，通过BIM5D砌体排布功能进行排版，由于现有软件功能原因，对墙体咬合关系处理得不是很理想，故需要将全部砌筑墙体先进行粗排。

排版时砌块排列应上、下皮错缝搭砌，搭砌长度不宜小于砌块长度的1/3，外墙转角及纵横墙交界处，应将砌块分皮咬槎，交错搭砌，如果不能咬槎，应按设计要求采取其他的构造措施，砌体的垂直缝与门窗洞口边线应避开通缝。

砖砌体水平缝、竖向灰缝厚度控制在8～12mm，蒸压加气混凝土砌块水平灰缝以10～12mm为宜，垂直灰缝以最大不超过15mm为宜；填充墙砌筑至板、梁底下30～50mm。

②砌体排版优化、出具料单：

砌筑墙体粗排后在规范范围内调整构造柱位置、腰梁位置、灰缝宽度、墙顶塞缝高度（斜砌高度）来寻求砌块的最大利用效率，对所列砌块自动编号，导出CAD图纸，根据项目实际情况添加木砖，调整完成后出具相应墙体精确料单。

③集中加工：

根据下发的CAD排版图和精确料单所标注的型号及规格，按墙体编号的先后顺序加工，用专用砌块裁切台锯集中加工，统一裁切；加工完成后应按墙体编号集中码放并做好标识。

水电工根据优化后的revit安装模型，在砌体排版图上找出与管线相对应的砌块，然后用水钻钻孔、切线盒槽，完成后对砌块做专用标识。

④标注、植筋：

根据优化的墙体排版图在所需砌筑墙体的结构侧边上用红色自喷漆标注灰缝间距、宽度、过梁、腰梁位置，自喷漆标注的灰缝宽度应超出墙体边线20mm左右，以便检查。

植筋时在红色自喷漆标注处植筋，以保证植筋位置的准确性，在施工过程中也可及时检查灰缝厚度；直径6mm的钢筋对应的钻孔直径为8mm，直径12mm的钢筋对应的钻孔直径为16mm，钻孔完成后用气泵、钢丝刷将钻孔内灰尘清理干净，要做到三吹二刷，注射植筋胶后把除锈处理完成的钢筋进行插筋锚固。

⑤统一配送：

集中加工完成后，由施工人员根据标识牌所标注的块材对应墙体位置，统一运送至块材对应位置，整砖由于场地原因不能一次配送完成，须在砌筑过程中进行二次配送。

⑥按排版图施工：

a.在施工伊始向施工人员讲解砌体排版图排版原则及砌筑规则。

b.将搅拌好的成品砂浆，通过专用运输工具、物料提升机运至砌筑地点，砌块就位前，用大铲进行分块铺灰砌筑；铺灰长度≤2000mm，灰缝饱满度≥90%。

c.砌筑就位应先远后近、先上后下、先外后内，每层开始时，应从转角处或定位砌块处开始；砌块安装时，砌块应避免偏心，使砌块底面能水平缓慢下落，对准位置，经小撬棒微翘，用拖线板挂直、核正为止。填充墙砌筑至板、梁底下30～50mm，待砌体沉实后（一般14d）再用干硬性微膨胀C20细石混凝土填实；砌筑砌块遇到构造柱时应按要求留设马牙槎，马牙槎宜先退后进，进退尺寸为60mm。

d.每砌筑一皮砌块，就位校正后，用砂浆灌垂直缝，随后进行灰缝的勒缝（原浆勾缝），深度一般为凹陷3～5mm。

e.拉结筋应沿墙全长贯通，拉结筋搭接长度55d且≥400mm。

f.门口从过离梁底下第二匹砖放置第一块木砖，木砖间距≤600mm，木砖为C20细石混凝土预制块。

4）质量保证措施

（1）理解排版意图，严格按照排版图施工。

（2）认真做好方案交底、技术交底，严格按照设计、施工方案、国家标准规范要求进行施工，砌筑材料、砌筑砂浆符合设计要求及相关规范要求。

（3）样板先行，先进行样板墙施工，并经甲方、监理检查确认合格后，再进行全面施工。

（4）施工时，必须严格按照设计图纸节点及材料特性情况，合理安排工序搭接，加强层层把关验收，确保工程结构施工质量。

（5）对于商品砂浆，必须严格按砌体工程量，制作砂浆试块。试块养护、试压必须符合相关规定，每个楼层相同配比砂浆均需做砂浆取样。

5）二次结构管线暗埋砌块钻孔装置

（1）技术领域

该实用新型涉及建筑工程施工结构砌体工程技术领域，是一种二次结构管线暗埋砌块钻孔装置。

（2）背景技术

传统二次配管施工需要砌体施工完毕后，在砌块墙体上开槽进行管线暗埋作业，在后期开槽作业过程中因开槽振动导致破坏墙体整体性，管线埋设后，由于管线表面光滑，与封闭材料不易结合，造成封闭不严密，不密实等缺陷；在后期粉刷施工中，即使粘贴耐碱玻纤网格布，但管线埋置处仍存在很大粉刷层开裂、空鼓隐患。

故在砌体工程施工阶段结合BIM技术，准确确定管线位置，对管线进行暗埋作业，因为管线暗埋作业时，是多个砌块叠砌，对钻孔垂直度要求较高；但现有的砌块水钻钻孔作业时，垂直度不好掌握，容易造成钻孔成孔后垂直度偏差较大，且钻孔作业效率低。

（3）发明内容

为了克服上述现有砌块水钻钻孔过程中的不足，该实用新型提供了一种结构简单，操作使用方便、使用周期长，大大提高砌块钻孔效率和钻孔垂直度的砌块钻孔装置。

该装置是由现场钢管焊接组成L型架体，立杆及底座均由直径25mm的不锈钢

建设工程创新创优实践
——武陟县人民医院门急诊医技综合楼工程创新创优纪实

钢管组成，底座长500mm，宽300mm；套管为直径32mm的不锈钢钢管，水钻通过丝杆与套管连接。

积极有益效果：①质量效益：通过该装置对砌体钻孔进行作业，保证了成孔的垂直度质量；②经济效益：通过该装置对砌体钻孔进行作业，提高了砌块钻孔作业的效率，减少了人力资源的投入，降低了劳动强度。

该系统在实际应用过程中，须先在砌体工程施工开始之前结合BIM技术，准确确定管线位置，在砌体排版图上标注出管线位置，并根据排版图及料单，确定暗埋管线相对应的砌块，并在砌块上表面标注处钻孔位置，使用该装置进行钻孔作业。

（4）该实用新型解决了如下问题：

砌块钻孔效率低下的问题：通过该装置的应用，减轻了钻孔作业的劳动强度，提高钻孔作业的施工效率。

砌块钻孔垂直度不好掌握的问题：1水钻通过4连接件、3套管与2立杆连接，通过对该装置的应用，提高了砌块钻孔作业成孔垂直度。

该实用新型能满足砌体工程砌块钻孔作业的使用需求，提高了砌块作业钻孔作业效率，保证了钻孔成孔垂直度，钻孔作业完毕后将装置拆除，水钻仍可正常使用，有效降低综合使用成本。

（5）二次结构管线暗埋砌块钻孔装置实用新型专利如图6-1-5所示。

图6-1-5　二次结构管线暗埋砌块钻孔装置实用新型专利

（6）二次结构管线暗埋砌块钻孔装置发明专利，如图6-1-6所示。

图6-1-6　二次结构管线暗埋砌块钻孔装置发明专利

6.2 新技术推广应用

6.2.1 新技术推广应用小组

为实现预定目标，项目部按照河南省建设厅及郑州一建集团有限公司大力开展推广应用10项新技术工作的有关文件精神，制定新技术应用工作计划，定人、定项、定时，落实到位。项目部建立新技术应用管理体系，成立新技术推广应用小组，项目经理为工地领导小组组长，集团公司总工为公司领导小组组长，从人财物各方面给予支持和保障。

公司从资金、设备、技术力量等方面加以重点支持。公司技术开发部负责与建设委员会保持联系，及时取得指导与支持。项目根据自身实际情况制定每项新技术应用的实施方案，公司不定期到现场检查、指导，领导小组及时进行新技术应用的总结，奖励在推广应用中做出有突出贡献的同志。各项新技术的应用实施，为项目节约了成本，提高了质量，创造了可观的经济效益，也产生了极大的社会效益。

公司成立以集团总工为组长的新技术推广应用小组（图6-2-1），小组成员以及项目部主要成员自下而上形成网络化管理，各级领导重视，层层宣传，掀起了学习新技术和推广应用新技术的热潮，使项目部全体管理人员提高了自身意识，认识到应用新技术的重要性，只有提高企业的技术水平，才能增强本企业在市场中的竞争力。为使制定的目标得以实现，在施工过程中，项目部严格按照公司质量体系标准文件落实过程措施，重点做了以下几方面的工作（图6-2-1）。

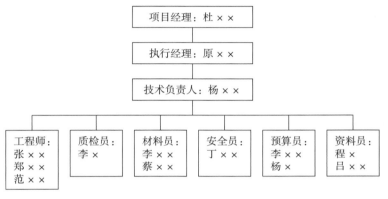

图6-2-1　新技术推广应用小组

（1）制定工程新技术应用推广计划，作为指导工程施工，合理组织落实纲领性文件。进行广泛的社会调研，积极收集有关技术资料，及时了解和掌握国内外建筑业新技术发展动态，力求为我所用。

（2）对推广应用的新技术项目逐层落实教育，进行三级技术培训。做到管理层到操作层都能熟知其应用方法，确保应用的可靠性。首先由公司小组对项目部小组进行深入技术培训，然后再由项目部小组进行技术交底，并安排施工员、质检员指导施工，跟班督促、检查，施工员将实施情况及时反馈给技术负责人。

（3）及时完成应用的新技术成果总结，并做新技术应用综合社会效益经济效益分析、收集，整理好应用新技术资料，以便更好地推广，取得更好的成果。

6.2.2　工程施工组织措施

（1）工期安排

根据工程的特点、结构形式及以往相似工程施工经验，计划配备工程机械设备、劳动力资源情况，合理安排工期。

为保证实现施工工期总目标，必须严格控制关键工序的施工工期，确保按计划完成施工任务。工程分基础（地下室）施工、地上主体施工、室内外装饰装修三个施工阶段进行组织施工。在砌筑和装饰阶段，利用作业面多的特点，充分安排劳动力，科学安排工序搭接，加快施工进度。

（2）施工顺序

根据以往施工相似工程结构特点的经验确定主要施工顺序如下：

施工准备→基坑（槽）开挖→混凝土垫层施工→地下室防水施工→地下室施工→回填土→主体工程施工→二次结构施工→室内、外装修工程施工→室外散水、管网、道路、绿化施工→竣工验收。

（3）施工段划分及流向

按劳动量大致相等的原则，在主体施工时，将门急诊医技综合楼作为一个施工段，地下停车场作为一个施工段。竖向以上楼层划分作业层，主楼每层划分为一个作业层，立体交叉流水施工。

（4）施工任务划分

根据工程施工图内施工项目要求，按工种、专业划分土建、装饰、水电安装三个任务段，项目经理对各任务段工程施工负责全权指挥和协调，项目技术负责人对工程技术负全责并负责施工方案及施工技术措施制定。

（5）工程管理模式

以现行国家标准《质量管理体系要求》GB/T 19001—2001及ISO9001质量管理体系进行该工程项目的质量管理，对整个工程施工的全过程、各个工序、关键部位实行预控和过程控制，控制施工质量，确保施工进度。

6.2.3 新技术应用情况

武陟县人民医院工程共应用8大项17个分项的建筑业10项新技术（表1-3-1），增加了该工程的科技含量，在不断应用"四新技术"同时还取得了较好的经济效益和社会效益；工程开工伊始便申报了河南省建筑业新技术应用示范工程。新技术的应用如图6-2-2～图6-2-5所示。

武陟县人民医院工程应用新技术成果总结如下。

混凝土裂缝控制技术：工程在墙、板、柱施工时应用了混凝土裂缝控制技术，横向构件采用塔吊自动喷淋养护技术，竖向构件采用雨水回收水自动喷淋技术，确保了混凝土的养护质量，与普通的人工洒水养护相比，大大节约了养护水用量，也提高了传统养护效率，有效减少了混凝土构件的表面裂缝。混凝土工程用

图6-2-2　高强钢筋应用

图6-2-3　大直径钢筋直螺纹连接技术应用

图6-2-4　清水混凝土模板技术的应用

量为3650m³。

　　高强钢筋应用技术：工程的基础筏板、基础梁、框架梁、板、柱均采用HRB400E三级高强钢筋，其强度比普通二级钢提高了19%，应用规格为Φ8～Φ32。在保证

图 6-2-5　建设工程资源计划管理技术的应用

工程质量的前提下，使用HRB400E高强钢筋节约了钢材总量，节约了成本，提高了施工效率。工程应用HRB400E三级钢筋4556t。

大直径钢筋直螺纹连接技术：直径16mm以上的钢筋均采用直螺纹机械连接，接头等级为Ⅰ级，该技术可提高工效，确保工程进度和施工质量。工程用量为33760个。

清水混凝土模板技术：工程选用1220mm×2440mm规格的喷漆胶合板，对拉螺栓孔间距为450mm，对拉丝杆在截面范围内采用硬PVC套管，拆模后对拉丝可抽出重复使用，模板拼缝均粘贴海绵条，保证梁、板混凝土均达到清水混凝土的质量要求。工程用量为114810m²。

管线综合布置技术：工程运用基于BIM技术的管线综合排布技术，工程为医院工程，机电工程安装量大、专业多、管线复杂；不同专业之间管线交叉，翻弯多；机电安装专业交叉作业多等情况。工程利用BIM技术对水电安装工程进行以下几个方面进行综合应用：土建工程与水电安装工程的碰撞检查、管线综合设计、多方案比较管线优化、设备机房深化设计、预留预埋图设计等、全专业碰撞检查、净高控制检查、维修空间检查，避免了返工。

金属矩形风管薄钢板法兰连接技术：工程通风及空调工程中的送、排风系统采用金属矩形风管薄钢板法兰连接技术，与传统角钢法兰连接技术相比，具有制作工艺先进、安装生产效率高、操作人员少（省去焊接、油漆工种）、操作劳动强度降低、产品质量稳定等特点，工程用量为10985m²。

非金属复合板风管施工技术：工程消防区域共设置防排烟系统24个，排烟风管采用机制玻镁复合板施工技术，是以改性氯氧镁水泥胶凝材料和中碱玻璃纤维网格布为表面加强层，泡沫绝热材料或不燃轻质材料为中间夹心层，采用机械化工艺制成的。板材表面贴有铝箔或内外表面均贴有铝箔。工程非金属复合板风管技术应用数量为6588m²。

预拌砂浆技术：工程砌筑砂浆和墙体抹灰用砂浆全部采用预拌砂浆。此项技术具有抗收缩、抗龟裂、防潮等特性。使用预拌砂浆墙体不空鼓、不开裂，大大提高房子的抗震等级。工程用量为144125m²。

粘贴式外墙外保温隔热系统施工技术：工程外墙采用55mm厚A级半硬质岩棉板，架空楼板处采用80mm厚A级半硬质岩棉板；半硬质岩棉板不仅具有很好的保温隔热性能、防火性能突出，还大大减少了温差应力造成的墙体开裂和破损，提高了建筑物的使用寿命，工程用量为20880m²。

工业废渣及（空心）砌块应用技术：工程填充墙体采用蒸压加气混凝土砌块，其密度小，抗压强度高，保温保热性能好，吸声、隔声，耐火强度高，可加工性能好。工程用量为51373m²。

铝合金窗断桥技术：工程外窗及门厅出入口采用断热铝合金低辐射中空玻璃窗、门，其自重轻、强度高，加工装配精密、准确，能有效阻止热量的传导，且保温、隔热、气密、防火隔声性能好。隔热铝合金型材窗的热传导性比非隔热铝合金型材窗降低40%～70%，冬季可以有效防止室内结露。工程用量为6993m²。

聚氨酯防水涂料施工技术：工程有水房间（男女卫浴、卫生间及前室、清洗、开水等）采用聚氨酯防水涂料，其操作简单，聚氨酯涂膜防水综合性好，涂膜致密，无接缝，整体性强，粘结密封性能好，在任何复杂的界面均易施工，涂层具有优良的抗渗性、弹性及低温柔性，抗拉强度高，绿色环保，无污染等。工程用量为5780m²。

虚拟施工仿真技术：工程伊始采用BIM技术进行土建工程与水电安装工程的碰撞检查、管线综合设计、多方案比较管线优化、设备机房深化设计、预留预埋图纸设计等、全专业碰撞检查、净高控制检查、维修空间检查。通过BIM技术的运用可以进行虚拟仿真预演优化设计，减少施工过程中可能发生的碰撞，优化并加快施工过程，提高施工质量。

工程量自动计算技术：工程的工程量和钢筋计算全部采用广联达软件进行自动计算，工程量和钢筋量的计算是工程建设过程中的重要环节，其工作贯穿项目招标投标、工程设计、施工、验收，结算的全过程。工程量自动计算技术使工程量计算高效、灵活，快速准确，一次建模，多次使用。

建设工程资源计划管理技术：工程使用了郑州一建集团信息化管理系统，该系统由企业办公系统、人力资源系统、档案管理系统、财务应用系统、项目应用平台组成。该系统从合同管理、进度计划管理、物资管理、成本管理等多方面实现项目全过程管理、流程化控制，使得工作更加系统化、标准化、规范化、提高了项目决策能力和管理水平。

施工扬尘控制技术：工程使用了多种有效的措施对扬尘问题进行控制，主要包括以下几个方面：土方开挖、回填土产生扬尘控制措施，现场裸露、集中堆放的土方采取扬尘控制措施，车辆运输产生扬尘控制措施，特殊工艺扬尘控制措施，搅拌站扬尘控制措施，现场垃圾扬尘的控制措施，作业面及外脚手架扬尘的控制措施，扬尘自动监控联动控制措施。

施工噪声控制技术：工程使用噪声控制技术，将施工现场噪声分为三个控制等级，混凝土输送泵房为一级控制区，采用封闭式隔声棚进行降噪，钢筋加工区及作业层为二级控制区，采用半封闭式围挡遮挡，其他区域为三级控制区，采用低噪设备降噪。加工场降噪屏如图6-2-6所示，办公区噪声监测点如图6-2-7所示。

图6-2-6　加工场降噪屏　　　　　　图6-2-7　办公区噪声监测点

工具式定型化临时设施技术：工程使用了工具式定型化临时设施技术（图6-2-8～图6-2-11），具体有以下几种：定型化基坑围挡、定型化办公区围挡、定型化水平、临边洞口防护、工具式楼梯防护栏杆、工具式电箱防护棚、标准化箱式施工用房、定型化加工棚、定型化安全通道、定型化升降机操作室、可重复使用临时道路板等。提高了建设临时设施的效率，缩短了工期。

框架结构混凝土新型养护技术：在工程施工过程中，使用框架结构混凝土新型养护技术，更好地达到新浇筑混凝土养护效果、提高养护效率、降低养护成本，项目部勇于创新，研制出了新浇筑混凝土结构自动养护装置，申请了专利，并形成框架结构混凝土新型养护技术施工工法。工程用量为63085m²。

二次结构管线暗埋砌块钻孔技术：在工程施工过程中，使用二次结构管线暗

图 6-2-8　定型化临边防护

图 6-2-9　工具式安全通道

图 6-2-10　工具式电箱防护棚

图 6-2-11　标准化箱式施工用房

埋砌块钻孔技术（图6-2-12），保证了砌体结构墙面整体性、避免管线切槽破坏。项目部对这种结构简单、操作使用方便、使用周期长、能够提高砌块钻孔效率和钻孔垂直度的砌块钻孔装置进行总结，申请了专利。工程用量为8208m³。

武陟县人民医院门急诊医技综合楼、感染楼、后勤楼及连廊工程在工程建设

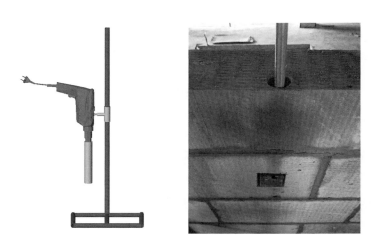

图 6-2-12　二次结构管线暗埋砌块钻孔技术

中，通过应用新技术，项目部管理人员积累了丰富的管理经验和技术水平，并积极开展技术攻关和科技创新活动，施工过程中荣获实用新型专利2项，省级工法1项，省级QC成果2项，并荣获"河南省建设工程中州杯"。

6.2.4　信息化技术应用

（1）OA办公平台应用

项目OA办公平台是员工日常办公的平台，包括电子公文、工作计划与总结、工作日志、员工请假、用印申请、项目部新闻、项目部工作动态、项目工作简报、项目部工作通知、BIM技术应用展示、项目获得荣誉展示、员工风采、项目部员工交流园地及工程亮点展示等模块。通过办公平台的使用零距离、全方位、公开透明、智能化地拉近了员工与项目部之间的距离。通过共有的信息平台，各个层面基本能同步得到相关信息，实时发现问题，实时解决问题，缩短了信息传递的链条，从问题出现到问题讨论、解决、发布、传达的时间大大缩短。迅速通过信息系统组织多方协同指挥、处理。OA办公平台应用如图6-2-13～图6-2-17所示。

图6-2-13　集团公司OA办公平台首页

（2）项目平台应用

项目平台是通过各级管理、作业人员对本职工作过程、结果的如实记录，系统可以采集到来自于最基层的第一手真实数据资料，并在此基础上，按照相同的既定统计分析规则进行数据处理，可以让管理者看到真实的数据分析资料，它涉及项目流程的再造，以及项目各个层面、各个部门。项目平台包含合同管理、进度管理、物资管理、机械设备管理、分包管理及成本管理等模块。

图6-2-14　项目经理部OA办公平台首页

图6-2-15　项目文化长廊

图6-2-16　项目工作文档

图6-2-17　项目新闻动态

合同管理模块：合同管理作为其他如资金管理、物资管理、进度管理等模块的基础资料，从合同编制到上传再到审批，实现了以多种方式对工程合同进行查询、追踪及合同的执行情况，做到合同的全面管理（图6-2-18）。

图6-2-18　劳务分包合同管理流程

物资管理模块：该模块可有效地监控材料采购的全过程，更重要的是使材料的管理更加"计划性"和"规范性"，材料管理员通过对计划的输入及出入库的登记，清楚了每个核算对象的材料用量，也保证了现场管理人员材料计划的准确性（图6-2-19、图6-2-20）。

图6-2-19　材料采购管理流程

成本管理模块：项目成本管理模块包括项目预算、目标成本、责任成本等功能，根据合同造价确定项目预算，确定目标成本，作为项目成本的控制目标。月度成本模块包括月度产值、月度目标成本、月度实际成本以及与上述成本相关的各种明细报表，通过每月的三算对比分析，及时对项目实际成本，项目利润率等进行过程控制，对亏损的项目进行预警。通过对人工费、材料费、机械费等各项细分费用的分析，发掘项目盈利、亏损的内在原因，作为项目管理参考的重要依据（图6-2-21）。

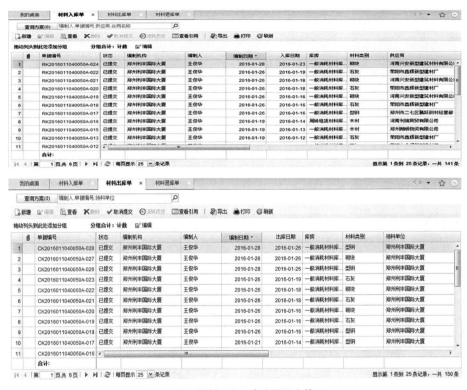

图6-2-20 材料入库、出库及退库管理

图6-2-21 成本核算与分析

（3）手机移动端APP应用

通过手机移动端APP云建造的应用，可以随时随地查看施工现场的动态及人员信息，在现场检查时可以及时将发现的安全隐患及质量问题上传云建造移动端，

及时落实责任人整改。云建造劳务管理系统如图6-2-22所示，云建造安全管理系统如图6-2-23所示。

图6-2-22　云建造劳务管理系统

图6-2-23　云建造安全管理系统

6.3　综合效益分析

工程应用建筑业10项新技术中的8大项，17小项，其他技术3项，技术攻关项2项，经确认经济效益和社会效益显著，工程降低工程成本647079元。

1.虚拟施工仿真技术共计节约26万元。

2.工程量自动计算技术共计节约6820元。

3.建设工程资源计划管理技术共计节约15250元。

4.框架结构混凝土新型养护技术共计节约12065元。

5.二次结构管线暗埋砌块钻孔技术共计节约352944元。

6.4 应用建筑业10项新技术体会

通过应用新技术，项目部管理人员积累了丰富的管理经验和技术水平，并积极开展技术攻关和科技创新活动。工程开工即确立了争创鲁班奖的质量目标，质量过程控制与管理体系健全、覆盖全面，施工中应用建筑业10项新技术中的8大项，17小项，其他技术3项，技术攻关项2项，获专利2项、省级工法1项，荣获河南省建筑业新技术应用示范工程金奖。施工全过程应用BIM技术，取得3项省级、1项国家级BIM成果。先后获得市级安全文明工地、市级优质结构工程、省级优质结构工程、省优质工程"中州杯"、省建筑业绿色施工示范工程、国家级安全生产标准化建设工地等17项荣誉称号。荣获2017年"焦作市安全文明工地"称号，2017年"河南省安全文明工地"称号，2017年"国家级安全文明标准化工地"，2017年"焦作市优质结构工程"，2018年"河南省优质结构工程"，2020年"河南省建设工程中州杯"，2017年"中国建设工程BIM大赛二等奖"，2017年"河南省BIM大赛一等奖"，2017年"河南省'匠心杯'工程建设BIM大赛二等奖"，2018年"河南省第二届建设工程'中原杯'BIM大赛一等奖"，2019年"河南省建筑业绿色施工示范工程"，2020年"河南省建筑业新技术应用示范工程金奖"，如图6-4-1～图6-4-6所示。

在以后的工程施工中，我们将会加大研发力度，提高创新能力，在推广应用新

图6-4-1 河南省安全文明工地

图6-4-2 河南省优质结构工程

图6-4-3　河南省建设工程"中州杯"

图6-4-4　河南省建筑业绿色施工示范工程

图6-4-5　中国建设工程BIM大赛二等奖

图6-4-6　河南省建筑业新技术应用示范工程

技术的同时，开发更环保、更安全、更有效的新技术，提高工程工作效率和经济效益，为社会的发展建设奉献一份力量。

6.5 本章小结

　　本章介绍了工程采用建筑业10项新技术中的8大项、17小项、其他技术3项、技术攻关2项，项目部建立新技术应用管理体系，成立新技术推广应用小组，本章详细介绍了新技术的施工方案以及新技术推广应用取得的一系列成果，新技术应用取得了巨大的经济和社会效益。

参考文献

[1] 2020～2021年度鲁班奖颁奖暨行业技术创新大会在南宁隆重召开[EB/OL].中国建筑业协会.2022-11-27.

[2] 中国建筑业协会.中国建设工程鲁班奖（国家优质工程）评选办法（建协〔2021〕35号）[EB/OL].中国建筑业协会.2021-07-09.

[3] 邢新建.建筑工程质量创优对策研究[D].西安建筑科技大学，2007.

[4] 丛君义.创鲁班奖房建工程质量控制研究[D].大连理工大学，2015.

[5] 叶涛.建筑工程中的工程管理及项目控制研究[J].住宅与房地产，2020（24）：129.

[6] 赵才魁.鲁班奖视角下的建筑工程数字化质量管理研究及应用[D].河北工程大学，2021.

[7] 冯新生.房建施工创优工程质量管理研究[J].企业科技与发展，2020（6）：255–256.

[8] 李朋.探析建筑工程质量及基础安全施工技术[A].上海筱虞文化传播有限公司，2022：200–202.

致谢

————

本书是结合武陟县人民医院门急诊医技综合楼工程创新创优纪实编写而成的，为创优工程申请鲁班奖提供实践经验，鼓励广大工程建设者争创高水平高质量工程项目。在本书编写过程中，作者要特别感谢以下人员，他们参与了本书内容相关的研究工作，他们是：广州大学许勇、王亚辉、博士生张岩，郑州一建集团有限公司原增欢、杜世涛、杨耀增、秦怀忠、郑昊阳、张永超、李喆、李甲、范玉琛、丁波涛、杨瑞、程菲、吕秀芳、裴宗强等。

特别感谢郑州一建集团有限公司的大力支持。武陟县人民医院工程由郑州一建集团承建，郑州一建集团为房建和市政双特双甲企业，同时具有机电工程总承包一级、钢结构工程专业承包一级、建筑装修装饰一级等25项施工资质及境外承包经营资格。集团公司所承建的"二七纪念塔"已成为郑州的象征，并被评为"新中国成立60周年百项经典暨精品工程奖"。所建工程获"鲁班奖"5项，国家优质工程奖5项，中国土木工程詹天佑奖优秀住宅小区金奖2项，河南省"中州杯"及优质工程奖百余项。